개정판

모아 |단기완성|

위험물
산업기사

모아합격전략연구소

 이론 + 과년도 8개년

위험물산업기사 자격시험 알아보기

01. 위험물산업기사는 어떤 업무를 담당하는가?

A. 위험물산업기사는 위험물의 안전한 취급, 저장, 관리 및 화재 예방을 담당하는 전문가로서 위험물로 인한 사고를 방지하고 안전한 작업 환경을 조성하는 데 핵심적인 역할을 합니다.

02. 위험물산업기사 자격시험은 어떻게 시행되는가?

시행기관
한국산업인력공단

시험과목(필기)
물질의 물리·화학적 성질
화재예방과 소화방법
위험물 성상 및 취급
※ 2025년부터 시험과목 변경

시행과목(실기)
위험물 취급 실무

검정방법(필기)
객관식 60문항
(1시간 30분)

검정방법(실기)
필답형 약 20문항
(2시간)

합격기준
필기 : 100점 만점에 과목당 40점 이상,
전과목 평균 60점 이상
실기 : 100점 만점에 60점 이상

03 위험물산업기사 자격시험은 언제 시행되는가?

구분	필기 원서접수	필기시험	필기 합격자 발표(예정자)	실기 원서접수	실기 시험	최종 합격자 발표일
2025년 제1회	1.13(월) ~ 1.16(목)	2.7(금) ~ 3.4(화)	3.12(수)	3.24(월) ~ 3.27(목)	4.19(토) ~ 5.9(금)	1차 6.5(목) 2차 6.13(금)
2025년 제2회	4.14(월) ~ 4.17(목)	5.10(토) ~ 5.30(금)	6.11(수)	6.23(월) ~ 6.26(목)	7.19(토) ~ 8.6(수)	1차 9.5(금) 2차 9.12(금)
2025년 제3회	7.21(월) ~ 7.24(목)	8.9(토) ~ 9.1(월)	9.10(수)	9.22(월) ~ 9.25(목)	11.1(토) ~ 11.21(금)	1차 12.5(금) 2차 12.24(수)

자세한 정보는 큐넷(https://www.q-net.or.kr)을 참고 바랍니다.

04 위험물산업기사 최근 합격률은 어떠한가?

연도	필기			실기		
	응시	합격	합격률	응시	합격	합격률
2024	27,847명	13,746명	49.4%	21,003명	9,567명	45.6%
2023	31,065명	16,007명	51.5%	19,896명	9,116명	45.8%
2022	25,227명	13,416명	53.2%	17,393명	8,412명	48.4%
2021	25,076명	13,886명	55.4%	18,232명	8,691명	47.7%
2020	21,597명	11,622명	53.8%	15,985명	8,544명	53.5%
2019	23,292명	11,567명	49.7%	14,473명	9,450명	65.3%
2018	20,662명	9,390명	45.4%	12,114명	6,635명	54.8%

05 위험물산업기사 자격시험 응시 사이트는 어디인가?

A. 큐넷(https://www.q-net.or.kr) 원서 접수는 온라인(인터넷, 모바일앱)에서만 가능합니다. 스마트폰, 태블릿PC 사용자는 모바일앱 프로그램을 설치한 후 접수 및 취소, 환불서비스를 이용하시기 바랍니다.

위험물산업기사 실기 | 단기완성 |
12일만에 합격하기

📝 모아 위험물산업기사 **실기**

DAY	내용	학습 Comment
DAY 1	Chapter 01 일반화학 기초 Chapter 02 위험물별 특성	기초화학과 위험물별 화학반응식을 적어본다.
DAY 2	Chapter 03 소방시설 및 소화약제 Chapter 04 제조소등의 유지관리와 탱크	소화에 대한 이론과 제조소등의 설치기준에 대한 중요한 내용을 암기하고, 탱크 용량 산정 계산문제를 대비한다.
DAY 3	Chapter 05 위험물 저장·취급 및 운송·운반 Chapter 06 위험물행정처리	위험물 취급등에 관련된 내용과 더불어 위험물안전관리법에 따른 행정처리 내용을 암기한다.
DAY 4	2024년 과년도 1회, 2회, 3회	
DAY 5	2023년 과년도 1회, 2회, 4회	
DAY 6	2022년 과년도 1회, 2회, 4회	
DAY 7	2021년 과년도 1회, 2회, 4회	하루에 과년도 3회차씩 풀면서 나만의 오답노트를 만들며 실전감각을 키운다.
DAY 8	2020년 과년도 1·2회, 4회, 5회	
DAY 9	2019년 과년도 1회, 2회, 4회	
DAY 10	2018년 과년도 1회, 2회, 4회	
DAY 11	2017년 과년도 1회, 2회, 4회	
DAY 12	오답노트 및 복습	과년도 틀린문제를 위주로 복습하고, 빈출 유형을 정리한다.

위험물산업기사 실기 | 단기완성 |
20일만에 합격하기

📝 모아 위험물산업기사 **실기**

DAY 1~2	Chapter 01 일반화학 기초	🖊️ **학습 Comment** 기초화학과 위험물별 화학반응식을 적어본다.
	Chapter 02 위험물별 특성	
DAY 3~4	Chapter 03 소방시설 및 소화약제	🖊️ **학습 Comment** 소화에 대한 이론과 제조소등의 설치기준에 대한 중요한 내용을 암기하고, 탱크 용량 산정 계산문제를 대비한다.
	Chapter 04 제조소등의 유지관리와 탱크	
DAY 5~6	Chapter 05 위험물 저장·취급 및 운송·운반	🖊️ **학습 Comment** 위험물 취급등에 관련된 내용과 더불어 위험물안전관리법에 따른 행정처리 내용을 암기한다.
	Chapter 06 위험물행정처리	
DAY 7	2024년 과년도 1회	
	2024년 과년도 2회	
DAY 8	2024년 과년도 3회	
	2023년 과년도 1회	
DAY 9	2023년 과년도 2회	
	2023년 과년도 4회	
DAY 10	2022년 과년도 1회	
	2022년 과년도 2회	
DAY 11	2022년 과년도 4회	
	2021년 과년도 1회	
DAY 12	2021년 과년도 2회	🖊️ **학습 Comment** 하루에 과년도 2회차씩 풀면서 나만의 오답노트를 만들며 실전감각을 키운다.
	2021년 과년도 4회	
DAY 13	2020년 과년도 1·2회	
	2020년 과년도 4회	
DAY 14	2020년 과년도 5회	
	2019년 과년도 1회	
DAY 15	2019년 과년도 2회	
	2019년 과년도 4회	
DAY 16	2018년 과년도 1회	
	2018년 과년도 2회	
DAY 17	2018년 과년도 4회	
	2017년 과년도 1회	
DAY 18	2017년 과년도 2회	
	2017년 과년도 4회	
DAY 19~20	오답노트 및 복습	🖊️ **학습 Comment** 과년도 틀린문제를 위주로 복습하고, 빈출 유형을 정리한다.

참 잘 만들어서 참 공부하기 쉬운
모아 위험물산업기사 실기

이 책의 특징 살짝 엿보기

합격에 딱 맞춰 제대로 다이어트한 핵심이론

이것저것 교재에 담아내기보다 **최대한 간결하고 빠르게 이해** 할 수 있도록 정리했습니다.

1 완전연소반응식

(1) 유기물(C 포함한 물질)과
(2) 예시

| 메테인 연소반응 |
| 에탄올 연소반응 |
| 벤젠 연소반응 |

핵심 이론의 반복과 체계적 정리

중요 핵심 이론은 해설을 통해 **반복적으로 제시**하여 학습자들이 내용을 **자연스럽게 정리**하고 **체계적으로 이해**할 수 있도록 구성하였습니다. 이를 통해 학습 과정에서 필수 개념을 효과적으로 정리할 수 있습니다.

[해설]
위험물 품명
- n - 뷰탄올[$CH_3(CH_2)_3OH$]
- 아이소프로필알코올[CH_3...
- t - 뷰탄올[$(CH_3)_3COH$]
- 1 - 프로판올[CH_3CH_2CH...
- 아이소뷰틸알코올[(CH_3)...

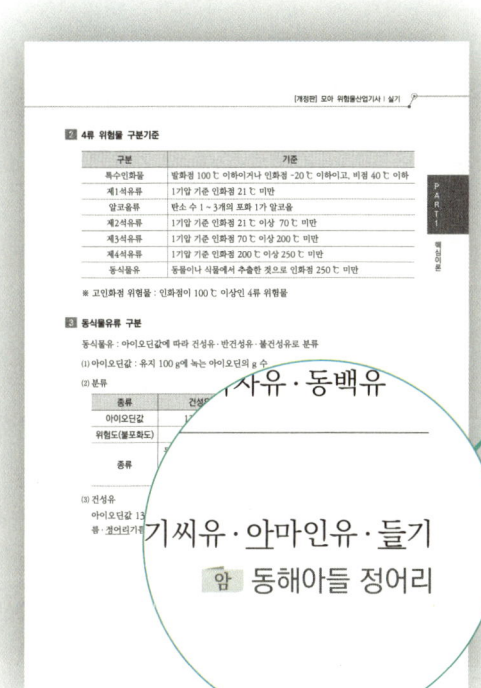

실전에 유용한 암기법

실전에 유용한 암기법을 제시하여 **한눈에 쉽게 외우고**, 시험일까지 **오랫동안 기억**할 수 있습니다.

지난 시험문제를 모두 모아 준비할 수 있는 과년도 기출문제

기출 정복이 곧 합격 정복입니다.
2024년 최신 기출 복원문제부터 2017년 기출문제까지 **모두 수록**하여 충분한 연습이 가능하도록 하였습니다. 또한 **풍부한 해설**을 포함하여 어려움 없이 문제를 해결할 수 있습니다.

안녕하세요. 위험물산업기사 수험생 여러분, 강단아입니다.

2025년, 위험물산업기사의 범위가 개정되었습니다.
무엇보다 표준화 지침에 따라 위험물에 관련된 명칭도 일부 변경되었습니다.
이렇게 변경된 내용들이 많아 처음 응시하는 분들뿐만 아니라 기존에 공부를 했었던 분들까지도 적잖게 어려움을 느꼈을 거라 생각합니다.
본 교재는 넓어진 범위에 맞춰 관련 내용을 모두 담아내기 위해 노력했습니다.

위험물산업기사 자격증을 취득하기 위해서는 이론 내용도 중요하지만, 문제 풀이가 매우 중요하기 때문에 2017년부터 2024년까지 8개년의 문제와 해설로 구성했습니다.
많은 문제를 풀이하면서 꼭 한 번에, 동차 합격하시길 진심으로 응원하겠습니다.
감사합니다.

개정판

모아 | 단기완성 |

위험물
산업기사

모아합격전략연구소

 이론 + 과년도 8개년

목차

PART 01 핵심이론

Chapter 01	일반화학 기초	14
Chapter 02	위험물별 특성	17
Chapter 03	소방시설 및 소화약제	38
Chapter 04	제조소등의 유지관리와 탱크	42
Chapter 05	위험물 저장·취급 및 운송·운반	59
Chapter 06	위험물 행정처리	64

PART 02 과년도 기출문제

- 2024년 1회 기출문제 ··· 100
- 2024년 2회 기출문제 ··· 117
- 2024년 3회 기출문제 ··· 134

- 2023년 1회 기출문제 ··· 151
- 2023년 2회 기출문제 ··· 169
- 2023년 4회 기출문제 ··· 185

- 2022년 1회 기출문제 ··· 201
- 2022년 2회 기출문제 ··· 218
- 2022년 4회 기출문제 ··· 234

- 2021년 1회 기출문제 ··· 250
- 2021년 2회 기출문제 ··· 264
- 2021년 4회 기출문제 ··· 279

- 2020년 1, 2회 기출문제 ………………………………… 295
- 2020년 4회 기출문제 …………………………………… 308
- 2020년 5회 기출문제 …………………………………… 324
- 2019년 1회 기출문제 …………………………………… 338
- 2019년 2회 기출문제 …………………………………… 350
- 2019년 4회 기출문제 …………………………………… 362
- 2018년 1회 기출문제 …………………………………… 374
- 2018년 2회 기출문제 …………………………………… 386
- 2018년 4회 기출문제 …………………………………… 399
- 2017년 1회 기출문제 …………………………………… 411
- 2017년 2회 기출문제 …………………………………… 424
- 2017년 4회 기출문제 …………………………………… 437

위·험·물·산·업·기·사

Part 01

핵심이론

Chapter 01 일반화학 기초

01 화학반응식

1 $aA + bB \rightarrow cC$

인자	A, B	C	a, b, c
설명	반응물질	생성물질	반응계수, 몰수에 비례

2 반응계수 맞추기

(1) 반응물의 원소 수와 생성물의 원소 수는 같아야 한다.

(2) $CH_4 + O_2 \rightarrow CO_2 + H_2O$
- C : 반응물 생성물 개수 동일
- H : 반응물 4개, 생성물 2개이므로 $CH_4 + O_2 \rightarrow CO_2 + 2H_2O$
- O : 반응물 2개, 생성물 4개이므로 $CH_4 + 2O_2 \rightarrow CO_2 + 2H_2O$
- 최종 메테인 연소반응식 $CH_4 + 2O_2 \rightarrow CO_2 + 2H_2O$

02 화학반응식별 특징

1 완전연소반응식

(1) 유기물(C 포함한 물질)과 산소가 반응하여 이산화탄소와 물 등을 발생하는 반응

(2) 예시

메테인 연소반응	$CH_4 + 2O_2 \rightarrow CO_2 + 2H_2O$
에탄올 연소반응	$C_2H_5OH + 3O_2 \rightarrow 2CO_2 + 3H_2O$
벤젠 연소반응	$C_6H_6 + 7.5O_2 \rightarrow 6CO_2 + 3H_2O$

2 금속류와 물과 반응

(1) 금속이나 금속을 포함한 화합물과 물이 반응하면 물의 −OH가 금속과 붙어 결합한다.

(2) 예시

마그네슘과 물 반응	$Mg + 2H_2O \rightarrow Mg(OH)_2 + H_2$
과산화나트륨과 물 반응	$Na_2O_2 + H_2O \rightarrow 2NaOH + 0.5O_2$
트라이에틸알루미늄과 물 반응	$(C_2H_5)_3Al + 3H_2O \rightarrow Al(OH)_3 + 3C_2H_6$
탄화칼슘과 물 반응	$CaC_2 + 2H_2O \rightarrow Ca(OH)_2 + C_2H_2$

3 분해반응식

(1) 정해진 형태는 없으나 기본 분자단위로 분해되는 경향이 있다(N_2, O_2, NH_3, H_2O 등).

(2) 예시

과산화칼륨 열분해반응	$K_2O_2 \rightarrow K_2O + 0.5O_2$
질산암모늄 열분해반응	$NH_4NO_3 \rightarrow N_2 + 2H_2O + 0.5O_2$
과염소산 열분해반응	$HClO_4 \rightarrow HCl + 2O_2$
질산 열분해반응	$2HNO_3 \rightarrow H_2O + 2NO_2 + 0.5O_2$

03 이상기체상태방정식

1 이상기체를 가정해 압력 P, 부피 V, 온도 T 간의 상관관계에 대한 방정식

$$PV = nRT$$

P : 압력(atm, Pa), V : 부피(L, m³)
n : 몰수(mol, kmol), R : 이상기체상수
T : 절대온도(K)

2 인자 설명

(1) 부피 : 표준상태(0 ℃ 1기압) 22.4 L는 1 mol(아보가드로 법칙)

(2) 절대온도 : ℃ + 273 = K

(3) 몰수 : 질량(g) / 분자량(g/mol) = 몰수(mol)

(4) 이상기체상수 : 0.082 atm·L/mol·K 또는 8.314 Pa·m³/mol·K 사용

(5) 압력환산 : 1 atm = 101325 Pa = 101.325 kPa = 760 mmHg

Chapter 02 위험물별 특성

01 위험물 분류

1 종류

위험물 유별	명칭	특징
제1류	산화성 고체	가연물은 아니나, 반응하여 산소를 방출하는 고체 위험물류
제2류	가연성 고체	가연물로서 산소공급을 받아 비교적 낮은 온도에서 발화하는 고체 위험물류
제3류	자연발화성 및 금수성 물질	공기 중 스스로 발화하거나 가연성 가스를 발생하는 위험물류
제4류	인화성 액체	액체 중 인화성 가스를 내뿜어 연소범위 내에서 발화하는 위험물류
제5류	자기반응성 물질	가연물이면서 스스로 산소를 발생해 폭발을 일으키는 위험물류
제6류	산화성 액체	가연물은 아니나 반응하여 산소를 방출하는 액체 위험물류

암 산가자, 인자산

2 위험물 정리

유별	위험등급	품명	소화방법	지정수량	운반용기 외부 표시	제조소등 표시
제1류 위험물	I	아염소산염류 염소산염류 과염소산염류	냉각소화	50 kg	화기·충격주의 가연물접촉주의	필요 없음
		무기과산화물				
		무기과산화물 중 알칼리금속의 과산화물	질식소화		화기·충격주의 가연물접촉주의 물기엄금	물기엄금
	II	브로민산염류 질산염류 아이오딘산염류	냉각소화	300 kg	화기·충격주의 가연물접촉주의	필요 없음
	III	과망가니즈산염류 다이크로뮴산염류		1,000 kg		
제2류 위험물	II	황화인 적린 황	냉각소화	100 kg	화기주의	화기주의
	III	철분, 마그네슘 금속분	질식소화	500 kg	화기주의 물기엄금	
		인화성 고체	냉각소화 질식소화	1,000 kg	화기엄금	화기엄금

유별	위험등급	품명		소화방법	지정수량	운반용기 외부 표시	제조소등 표시
제3류 위험물	I	칼륨, 나트륨, 알킬리튬, 알킬알루미늄		질식소화	10 kg	물기엄금	물기엄금
		황린		냉각소화	20 kg	화기엄금 공기접촉엄금	화기엄금
	II	알칼리금속 (칼륨, 나트륨 제외) 및 알칼리토금속 유기금속화합물		질식소화	50 kg	물기엄금	물기엄금
	III	금속수소화물 금속인화물 칼슘탄화물 알루미늄탄화물			300 kg		
제4류 위험물	I	특수인화물		질식소화	50 L	화기엄금	화기엄금
	II	제1석유류	비수용성		200 L		
			수용성		400 L		
		알코올류			400 L		
	III	제2석유류	비수용성		1,000 L		
			수용성		2,000 L		
		제3석유류	비수용성		2,000 L		
			수용성		4,000 L		
		제4석유류			6,000 L		
		동식물류			10,000 L		

유별	위험등급	품명	소화방법	지정수량	운반용기 외부 표시	제조소등 표시
제5류 위험물	Ⅰ Ⅱ	질산에스터류 유기과산화물 나이트로화합물 나이트로소화합물 아조화합물 다이아조화합물 하이드라진유도체 하이드록실아민 하이드록실아민염류	냉각소화	10 kg (제1종) 100 kg (제2종)	화기엄금 충격주의	화기엄금
제6류 위험물	Ⅰ	과염소산 과산화수소 질산	냉각소화	300 kg	가연물접촉주의	필요 없음

02 연소형태

1 고체 연소형태

표면연소	목탄(숯)·코크스·금속분
분해연소	목재·종이·석탄·플라스틱
자기연소	제5류 위험물
증발연소	황·나프탈렌·양초(파라핀)

암 표분자증

2 액체 연소형태(제4류 위험물)

증발연소	특수인화물·제1석유류·알코올류·제2석유류
분해연소	제3석유류·제4석유류·동식물유

03 제1류 위험물

1 종류

품명	물질명	
아염소산염류	아염소산(ClO_2)	
염소산염류	염소산(ClO_3)	
과염소산염류	과염소산(ClO_4)	
무기(알칼리금속) 과산화물	과산화(O_2)	
브로민산염류	브로민산(BrO_3)	+ 염류(K · Na · Li · NH_4 등)
질산염류	질산(NO_3)	
아이오딘산염류	아이오딘산(IO_3)	
과망가니즈산염류	과망가니즈산(MnO_4)	
다이크로뮴산염류	다이크로뮴산(Cr_2O_7)	

2 특징

(1) 대부분 무색 결정이거나 흰색 분말

(2) 산화성이 강한 고체로 열분해하거나 물과 만나 산소를 발생

(3) 조연성으로 직접 타지 않는 불연성 물질

(4) 탄소를 포함하지 않는 무기화합물

3 위험물별 주요내용

(1) 과산화나트륨(Na_2O_2)

① 열분해 : $Na_2O_2 \rightarrow Na_2O + 0.5O_2$

② 이산화탄소와 반응 : $Na_2O_2 + CO_2 \rightarrow Na_2CO_3 + 0.5O_2$

③ 아세트산과 반응 : $Na_2O_2 + 2CH_3COOH \rightarrow 2CH_3COONa + H_2O_2$

(2) 염소산칼륨($KClO_3$)

　① 열분해 : $KClO_3 \rightarrow KCl + 1.5O_2$

　② 적린과 반응 : $5KClO_3 + 6P \rightarrow 5KCl + 3P_2O_5$(오산화인)

(3) 질산암모늄(NH_4NO_3)

　① ANFO 폭약 : 질산암모늄 94 % + 경질유 6 %를 혼합한 폭약

　② 열분해반응식 : $NH_4NO_3 \rightarrow N_2 + 2H_2O + 0.5O_2$

(4) 과염소산암모늄(NH_4ClO_4)

　열분해 : $2NH_4ClO_4 \rightarrow N_2 + 4H_2O + Cl_2 + 2O_2$

(5) 과망가니즈산칼륨($KMnO_4$)과 묽은 황산(H_2SO_4)

　황산과 반응 : $4KMnO_4 + 6H_2SO_4 \rightarrow 2K_2SO_4 + 4MnSO_4 + 6H_2O + 5O_2$

(6) 다이크로뮴산칼륨(KCr_2O_7)

　열분해 : $2KCr_2O_7 \rightarrow 2KCrO_4 + Cr_2O_3 + 0.5O_2$

04 2류 위험물

1 종류

품명	물질명
황화인	삼황화인(P_4S_3), 오황화인(P_2S_5), 칠황화인(P_4S_7)
적린	적린(P)
황	황(S)
철분	철분(Fe)
마그네슘	마그네슘(Mg)
금속분	금속분
인화성 고체	고형알코올

2 특징

(1) 산소를 공급받아 직접 타는 가연성 고체이다.

(2) 비중이 1보다 크다.

(3) 대부분 물에 녹지 않는 불용성이다.

3 위험물별 주요내용

(1) 황화인

① 삼황화인 연소반응 : $P_4S_3 + 8O_2 \rightarrow 3SO_2 + 2P_2O_5$

② 오황화인 연소반응 : $P_2S_5 + 7.5O_2 \rightarrow 5SO_2 + P_2O_5$

③ 오황화인 물과 반응 : $P_2S_5 + 8H_2O \rightarrow 5H_2S(황화수소) + 2H_3PO_4$

④ 칠황화인 연소반응 : $P_4S_7 + 12O_2 \rightarrow 7SO_2 + 2P_2O_5$

(2) 알루미늄(Al, 금속분)

① 연소반응 : $2Al + 1.5O_2 \rightarrow Al_2O_3$

② 물과 반응 : $Al + 3H_2O \rightarrow Al(OH)_3 + 1.5H_2$

③ 염산과 반응 : $Al + 3HCl \rightarrow AlCl_3 + 1.5H_2$

(3) 마그네슘(Mg)

① 물과 반응 : $Mg + 2H_2O \rightarrow Mg(OH)_2 + H_2$

② 이산화탄소와 반응 : $2Mg + CO_2 \rightarrow 2MgO + C$

4 위험물이 되는 조건

(1) 황 : 순도 60 중량% 이상

(2) 철분 : 철 분말로 53 μm 표준체 통과하는 50 중량% 이상

(3) 금속분 : 금속 분말로 150 μm 표준체 통과하는 50 중량% 이상

(4) 마그네슘 : 직경 2 mm 이상이거나 2 mm 체를 통과 못하는 덩어리 제외

(5) 인화성 고체 : 고형알코올 그 밖에 1기압에서 인화점이 섭씨 40 ℃ 미만인 고체

05 제3류 위험물

1 종류

품명	물질명	상태
칼륨	칼륨(K)	고체
나트륨	나트륨(Na)	
알킬알루미늄	• 트라이메틸알루미늄($(CH_3)_3Al$) • 트라이에틸알루미늄($(C_2H_5)_3Al$)	액체
알킬리튬	• 메틸리튬 • 에틸리튬	액체
황린	황린(P_4)	고체
알칼리금속(칼륨·나트륨 제외) 및 알칼리토금속	• 리튬(Li) • 칼슘(Ca)	고체
유기금속화합물 (알킬리튬·알킬알루미늄 제외)	• 다이메틸마그네슘 • 에틸나트륨	고체 또는 액체
금속수소화물	• 수소화칼륨 • 수소화나트륨 • 수소화리튬 • 수소화알루미늄	고체
금속인화물	• 인화칼슘(Ca_3P_2) • 인화알루미늄(AlP)	고체
칼슘·알루미늄의 탄화물	• 탄화칼슘(CaC_2) • 탄화알루미늄(Al_4C_3)	고체

2 위험물별 주요 내용

(1) 나트륨(Na)

① 불꽃색 : 노란색
② 물과 반응 : $Na + H_2O \rightarrow NaOH + 0.5H_2$

(2) 칼륨(K)

　　① 이산화탄소와 반응 : $4K + 3CO_2 \rightarrow 2K_2CO_3 + C$

　　② 에탄올과 반응 : $K + C_2H_5OH \rightarrow C_2H_5OK + 0.5H_2$

(3) 트라이에틸알루미늄($(C_2H_5)_3Al$)

　　① 연소반응 : $2(C_2H_5)_3Al + 21O_2 \rightarrow Al_2O_3 + 12CO_2 + 15H_2O$

　　② 물과 반응 : $(C_2H_5)_3Al + 3H_2O \rightarrow Al(OH)_3 + 3C_2H_6$

　　③ 염소와 반응 : $(C_2H_5)_3Al + 3Cl_2 \rightarrow AlCl_3 + 3C_2H_5Cl$

　　④ 메탄올과 반응 : $(C_2H_5)_3Al + 3CH_3OH \rightarrow (CH_3O)_3Al + 3C_2H_6$

(4) 황린(P_4)

　　① 연소반응 : $P_4 + 5O_2 \rightarrow 2P_2O_5$(오산화인)

　　② 물과 반응하지 않고 자연발화하여 흰 연기(P_2O_5) 발생

(5) 금속인화물

　　① 인화칼슘(Ca_2P_3)

　　　물과 반응 : $Ca_3P_2 + 6H_2O \rightarrow 3Ca(OH)_2 + 2PH_3$

　　② 인화알루미늄(AlP)

　　　물과 반응 : $AlP + 3H_2O \rightarrow Al(OH)_3 + PH_3$

(6) 금속수소화물

　　① 수소화알루미늄리튬($LiAlH_4$)

　　　물과 반응 : $LiAlH_4 + 4H_2O \rightarrow LiOH + Al(OH)_3 + 4H_2$

　　② 수소화칼슘(CaH_2)

　　　물과 반응 : $CaH_2 + 2H_2O \rightarrow Ca(OH)_2 + 2H_2$

　　③ 수소화칼륨(KH)

　　　물과 반응 : $KH + H_2O \rightarrow KOH + H_2$

(7) 탄화칼슘(CaC_2)

　　① 물과 반응 : $CaC_2 + 2H_2O \rightarrow Ca(OH)_2 + C_2H_2$

　　② 탄화칼슘이 물과 반응 시 가연성 가스 C_2H_2(아세틸렌) 발생

06 제4류 위험물

1 종류

품명	수용성 여부	물질명	
특수인화물	비수용성	• 다이에틸에터	• 이황화탄소
	수용성	• 아세트알데하이드	• 산화프로필렌
제1석유류	비수용성	• 휘발유(가솔린) • 톨루엔 • 메틸에틸케톤 • 초산에틸(아세트산에틸)	• 벤젠 • 사이클로헥세인 • 초산메틸(아세트산메틸)
	수용성	• 아세톤 • 사이안화수소	• 피리딘 • 포름산메틸
알코올류	수용성	• 메틸알코올 • 프로필알코올	• 에틸알코올
제2석유류	비수용성	• 등유 • 크실렌(자일렌) • 스틸렌(스타이렌)	• 경유 • 클로로벤젠 • 부틸알코올
	수용성	• 포름산(폼산, 개미산) • 하이드라진	• 아세트산(초산) • 아크릴산
제3석유류	비수용성	• 중유 • 아닐린	• 크레오소트유 • 나이트로벤젠
	수용성	• 글리세린(글리세롤)	• 에틸렌글라이콜
제4석유류	비수용성	• 기어유(윤활유)	• 실린더유
동식물유	-	• 건성유 • 불건성유	• 반건성유

2 제4류 위험물 구분기준

구분	기준
특수인화물	발화점 100 ℃ 이하이거나 인화점 -20 ℃ 이하이고, 비점 40 ℃ 이하
제1석유류	1기압 기준 인화점 21 ℃ 미만
알코올류	탄소 수 1~3개의 포화 1가 알코올
제2석유류	1기압 기준 인화점 21 ℃ 이상 70 ℃ 미만
제3석유류	1기압 기준 인화점 70 ℃ 이상 200 ℃ 미만
제4석유류	1기압 기준 인화점 200 ℃ 이상 250 ℃ 미만
동식물유	동물이나 식물에서 추출한 것으로 인화점 250 ℃ 미만

※ 고인화점 위험물 : 인화점이 100 ℃ 이상인 제4류 위험물

3 동식물유류 구분

동식물유 : 아이오딘값에 따라 건성유·반건성유·불건성유로 분류

(1) 아이오딘값 : 유지 100 g에 녹는 아이오딘의 g 수

(2) 분류

종류	건성유	반건성유	불건성유
아이오딘값	130 이상	100~130	100 이하
위험도(불포화도)	크다	중간	작다
종류	동유·해바라기씨유·아마인유·들기름·정어리기름	채종유·참기름·목화씨기름	야자유·올리브유·피마자유·동백유

(3) 건성유

아이오딘값 130 이상으로 자연발화 위험도가 크고, 동유·해바라기씨유·아마인유·들기름·정어리기름 등이 있다. 　　　　암 동해아들 정어리

4 제4류 위험물 빈출 인화점

(1) 다이에틸에터(특수인화물) : -45 ℃

(2) 산화프로필렌(특수인화물) : -37 ℃

(3) 이황화탄소(특수인화물) : -30 ℃

(4) 아세톤(제1석유류) : -18 ℃

(5) 초산에틸(제1석유류) : -4 ℃

(6) 메탄올(알코올류) : 11 ℃

(7) 나이트로벤젠(제3석유류) : 88 ℃

(8) 에틸렌글라이콜(제3석유류) : 111 ℃

5 제4류 위험물 주요 분자식

(1) 산화프로필렌(특수인화물) : CH_3CH_2CHO

(2) 메틸에틸케톤(제1석유류) : $CH_3COC_2H_5$

(3) 초산메틸(제1석유류) : CH_3COOCH_3

(4) 피리딘(제1석유류) : C_5H_5N

(5) 클로로벤젠(제2석유류) : C_6H_5Cl

6 위험물별 주요 내용

(1) 이황화탄소(CS_2)
  ① 연소반응 : $CS_2 + 3O_2 \rightarrow CO_2 + 2SO_2$
  ② 황 연소 시 푸른 불꽃 발생
  ③ 이황화탄소를 저장하는 옥외저장탱크는 벽 및 바닥 두께 0.2 m 이상인 철근콘크리트 수조에 넣어 보관한다.

(2) 에탄올(C_2H_5OH)
  ① 완전연소반응식 : $C_2H_5OH + 3O_2 \rightarrow 2CO_2 + 3H_2O$
  ② 칼륨과 반응 : $C_2H_5OH + K \rightarrow C_2H_5OK + 0.5H_2$

③ 에탄올의 구조이성질체 : 다이메틸에터(CH_3OCH_3)

④ 황산을 촉매로 탈수축합 시 반응식 : $2C_2H_5OH \xrightarrow{H_2SO_4} C_2H_5OC_2H_5 + H_2O$

(3) 아세트알데하이드(CH_3CHO)

① 산화과정

C_2H_5OH(에탄올) $\xrightarrow{산화}$ CH_3CHO(아세트알데하이드) $\xrightarrow{산화}$ CH_3COOH(아세트산)

② $CuCl_2$ 촉매하에 에틸렌과 산소를 반응시켜 생성

$C_2H_4 + 0.5O_2 \xrightarrow{CuCl_2} CH_3CHO$

③ 수은·은·구리·마그네슘 등과 반응하여 위험하므로 저장용기로 사용 금지

(4) 글리세린[글리세롤, $C_3H_5(OH)_3$]

① 3가 알코올(-OH기가 3개)이며, 비중은 1.26이다.

② 무색이며 단맛이 난다.

구조식	H H H │ │ │ H─C─C─C─H │ │ │ OH OH OH

(5) 크실렌[$C_6H_4(CH_3)_2$]

구조이성질체

O-크실렌	M-크실렌	P-크실렌
(ortho 구조)	(meta 구조)	(para 구조)

(6) 시안화수소(HCN)

수용성으로 무색을 띠는 맹독성 기체

(7) 산화프로필렌(CH_3CH_2CHO)

① 무색 투명한 액체

② 저장
- 수은·은·구리·마그네슘 등과 반응하여 위험하므로 저장용기로 사용 금지
- 불활성 가스에 봉입하여 보관

(8) 아세톤(CH_3COCH_3)

① 아이소프로필알코올[$CH_3CH(OH)CH_3$] 산화로 생성

$$CH_3CH(OH)CH_3 \xrightarrow{-H_2} CH_3COCH_3(\text{아세톤})$$

② 아이오딘폼(CHI_3, 노란색 결정) 반응

7 인화점 측정시험

(1) 신속평형법 인화점 측정기에 의한 인화점 측정시험
- 시험장소는 1기압, 무풍의 장소로 할 것
- 시료컵을 설정온도까지 가열 또는 냉각하여 시험물품(설정온도가 상온보다 낮은 온도인 경우에는 설정온도까지 냉각한 것) 2 mL를 시료컵에 넣고 즉시 뚜껑 및 개폐기를 닫을 것

(2) 태크 밀폐식 인화점 측정기에 의한 인화점 측정시험
- 시험장소는 1기압, 무풍의 장소로 할 것
- 시료컵에 시험물품 50 cm^3을 넣고 시험물품의 표면의 기포를 제거한 후 뚜껑을 덮을 것

(3) 클리브랜드 개방컵 인화점 측정기에 의한 인화점 측정시험
- 시험장소는 1기압, 무풍의 장소로 할 것
- 시료컵의 표선까지 시험물품을 채우고 시험물품 표면의 기포를 제거한 후 뚜껑을 덮을 것

8 알코올류 정의

"알코올류"라 함은 1분자를 구성하는 탄소 원자의 수가 1개부터 3개까지인 포화 1가 알코올을 말한다. 다만 다음 각 목의 1에 해당하는 것은 제외한다.

(1) 알코올 함유량이 60 중량% 미만인 수용액

(2) 가연성 액체량이 60 중량% 미만이고, 인화점 및 연소점이 에틸알코올 60 중량%인 수용액의 인화점 및 연소점을 초과하는 것

07 제5류 위험물

1 종류

품명	물질명	상태	지정수량
질산에스터류	• 질산메틸 • 질산에틸	액체 액체	종 판단 필요
	• 나이트로글라이콜 • 나이트로글리세린 • 나이트로셀룰로오스	액체 액체 고체	10 kg
	• 셀룰로오스	고체	100 kg
유기과산화물	• 벤조일퍼옥사이드(과산화벤조일) • 메틸에틸케톤퍼옥사이드 (과산화메틸에틸케톤) • 아세틸퍼옥사이드	고체 액체 고체	100 kg
나이트로화합물	• 트라이나이트로페놀(피크르산) • 트라이나이트로톨루엔(TNT) • 테트릴	고체 고체 고체	100 kg 10 kg 10 kg
나이트로소화합물	파라다이나이트로소벤젠 등	고체	-
아조화합물	아조디카본아미드 등	고체	
다이아조화합물	다이아조아세토니트릴 등	액체 또는 고체	
하이드라진유도체	염산하이드라진 등	고체	
하이드록실아민	하이드록실아민	액체	
하이드록실아민염류	황산하이드록실아민 등	고체	

2 위험물별 주요 특징

(1) 트라이나이트로페놀[$C_6H_2OH(NO_2)_3$, 피크르산]

구조식	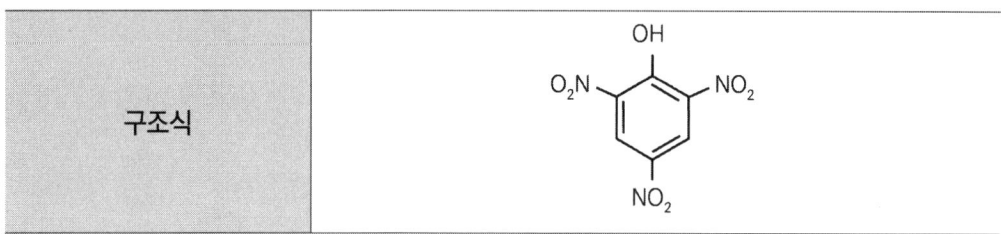

① 휘황색 침상결정이고 쓴맛과 독성이 있다.
② 분자량은 229이고, 비중은 1.8이다.

(2) 트라이나이트로톨루엔[$C_6H_2CH_3(NO_2)_3$, TNT]

톨루엔($C_6H_5CH_3$)을 질산·황산과 반응시켜 나이트로화 생성

구조식	![TNT 구조식]

(3) 과산화벤조일[$(C_6H_5CO)_2O_2$]

구조식	![과산화벤조일 구조식]

08 제6류 위험물

1 종류

품명	물질명	위험물이 되는 조건
과염소산	과염소산	모두 위험물
과산화수소	과산화수소	농도 36 중량% 이상
질산	질산	비중 1.49 이상

2 위험물별 주요 특징

(1) 과산화수소(H_2O_2)

① 이산화망간(MnO_2) 촉매하에 과산화수소(H_2O_2) 열분해반응식

$$H_2O_2 \xrightarrow{MnO_2} H_2O + 0.5O_2$$

② 하이드라진(N_2H_4)와 반응 : $2H_2O_2 + N_2H_4 \rightarrow N_2 + 4H_2O$

(2) 과염소산($HClO_4$)

분해반응식 : $HClO_4 \rightarrow HCl + 2O_2$

3 제6류 위험물 시험방법

산화성 액체의 시험방법에서는 목분, 질산 90 % 수용액 및 시험물품을 사용하여 온도 20 ℃, 습도 50 %, 1기압의 실내에서 시험 방법에 의하여 실시한다. 다만 배기를 행하는 경우에는 바람의 흐름과 평행하게 측정한 풍속이 0.5 m/s 이하이어야 한다.

[정리] 중요 화학반응식

분류	화학반응식
제1류 위험물	**염소산칼륨[$KClO_3$]** ① 열분해 : $KClO_3 \rightarrow KCl + 1.5O_2$ ② 적린과 반응 : $5KClO_3 + 6P \rightarrow 5KCl + 3P_2O_5$ ③ 황산과 반응 : $6KClO_3 + 3H_2SO_4$ $\rightarrow 2HClO_4 + 3K_2SO_4 + 4ClO_2 + 2H_2O$ **과염소산칼륨[$KClO_4$]** 열분해 : $KClO_4 \rightarrow KCl + 2O_2$ **과염소산암모늄[NH_4ClO_4]** 열분해 : $2NH_4ClO_4 \rightarrow N_2 + 4H_2O + Cl_2 + 2O_2$ **과산화칼륨[K_2O_2]** ① 열분해 : $K_2O_2 \rightarrow K_2O + 0.5O_2$ ② 물과 반응 : $K_2O_2 + H_2O \rightarrow 2KOH + 0.5O_2$ ③ 이산화탄소와 반응 : $K_2O_2 + CO_2 \rightarrow K_2CO_3 + 0.5O_2$ ④ 초산과 반응 : $K_2O_2 + 2CH_3COOH \rightarrow 2CH_3COOK + H_2O_2$ ⑤ 염산과 반응 : $K_2O_2 + 2HCl \rightarrow 2KCl + H_2O_2$ **과산화나트륨[Na_2O_2]** ① 열분해 : $Na_2O_2 \rightarrow Na_2O + 0.5O_2$ ② 이산화탄소와 반응 : $Na_2O_2 + CO_2 \rightarrow Na_2CO_3 + 0.5O_2$ ③ 아세트산과 반응 : $Na_2O_2 + 2CH_3COOH \rightarrow 2CH_3COONa + H_2O_2$ **브로민산칼륨[$KBrO_3$]** 열분해 : $KBrO_3 \rightarrow KBr + 1.5O_2$ **질산칼륨[KNO_3]** 열분해 : $2KNO_3 \rightarrow 2KNO_2 + O_2$ **질산암모늄[NH_4NO_3]** - 흡열 열분해 : $NH_4NO_3 \rightarrow N_2 + 0.5O_2 + 2H_2O$ ※ ANFO 폭약 : 질산암모늄 94 % + 경질유 6 %

분류	화학반응식
제1류 위험물	과망가니즈산칼륨[$KMnO_4$] ① 열분해 : $2KMnO_4 \rightarrow K_2MnO_4 + MnO_2 + O_2$ ② 진한 황산과 반응 : $2KMnO_4 + H_2SO_4 \rightarrow K_2SO_4 + 2HMnO_4$ 　묽은 황산과 반응 : $4KMnO_4 + 6H_2SO_4$ 　　　　　　　　　　$\rightarrow 2K_2SO_4 + 4MnSO_4 + 6H_2O + 5O_2$ ③ 염산과의 반응 : $2KMnO_4 + 16HCl$ 　　　　　　　　　$\rightarrow 2KCl + 2MnCl_2 + 8H_2O + 5Cl_2$ 다이크로뮴산칼륨[$K_2Cr_2O_7$] - 열분해 : $2K_2Cr_2O_7 \rightarrow 2K_2CrO_4 + Cr_2O_3 + 1.5O_2$
제2류 위험물	황화인 ① 삼황화인 연소반응 : $P_4S_3 + 8O_2 \rightarrow 3SO_2 + 2P_2O_5$ ② 오황화인 연소반응 : $P_2S_5 + 7.5O_2 \rightarrow 5SO_2 + P_2O_5$ ③ 오황화인 물과 반응 : $P_2S_5 + 8H_2O \rightarrow 5H_2S + 2H_3PO_4$ ④ 칠황화인 연소반응 : $P_4S_7 + 12O_2 \rightarrow 7SO_2 + 2P_2O_5$ 적린[P] 연소반응 : $2P + 2.5O_2 \rightarrow P_2O_5$ 황[S] 연소반응 : $S + O_2 \rightarrow SO_2$ 알루미늄(Al, 금속분) ① 연소반응 : $2Al + 1.5O_2 \rightarrow Al_2O_3$ ② 물과 반응 : $Al + 3H_2O \rightarrow Al(OH)_3 + 1.5H_2$ ③ 염산과 반응 : $Al + 3HCl \rightarrow AlCl_3 + 1.5H_2$ 마그네슘(Mg) ① 물과 반응 : $Mg + 2H_2O \rightarrow Mg(OH)_2 + H_2$ ② 이산화탄소와 반응 : $2Mg + CO_2 \rightarrow 2MgO + C$
제3류 위험물	나트륨[Na] ① 물과 반응 : $Na + H_2O \rightarrow NaOH + 0.5H_2$ ② 이산화탄소와 반응 : $4Na + 3CO_2 \rightarrow 2Na_2CO_3 + C$ 칼륨(K) ① 이산화탄소와 반응 : $4K + 3CO_2 \rightarrow 2K_2CO_3 + C$ ② 에탄올과 반응 : $K + C_2H_5OH \rightarrow C_2H_5OK + 0.5H_2$

분류	화학반응식
제3류 위험물	트라이에틸알루미늄[$(C_2H_5)_3Al$] ① 연소반응 : $2(C_2H_5)_3Al + 21O_2 \rightarrow Al_2O_3 + 12CO_2 + 15H_2O$ ② 물과 반응 : $(C_2H_5)_3Al + 3H_2O \rightarrow Al(OH)_3 + 3C_2H_6$ ③ 염소와 반응 : $(C_2H_5)_3Al + 3Cl_2 \rightarrow AlCl_3 + 3C_2H_5Cl$ ④ 메탄올과 반응 : $(C_2H_5)_3Al + 3CH_3OH \rightarrow (CH_3O)_3Al + 3C_2H_6$ ⑤ 에탄올과 반응 : $(C_2H_5)_3Al + 3C_2H_5OH \rightarrow (C_2H_5O)_3Al + 3C_2H_6$
	황린[P_4] 연소반응 : $P_4 + 5O_2 \rightarrow 2P_2O_5$
	수소화칼륨[KH] 물과 반응 : $KH + H_2O \rightarrow KOH + H_2$
	인화칼슘[Ca_3P_2] 물과 반응 : $Ca_3P_2 + 6H_2O \rightarrow 3Ca(OH)_2 + 2PH_3$
	인화알루미늄[AlP] 물과 반응 : $AlP + 3H_2O \rightarrow Al(OH)_3 + PH_3$
	탄화칼슘[CaC_2] 물과 반응 : $CaC_2 + 2H_2O \rightarrow Ca(OH)_2 + C_2H_2$
	탄화알루미늄[Al_4C_3] 물과 반응 : $Al_4C_3 + 12H_2O \rightarrow 4Al(OH)_3 + 3CH_4$
제4류 위험물	다이에틸에터[$C_2H_5OC_2H_5$] 제조법 : $2C_2H_5OH \xrightarrow{H_2SO_4} C_2H_5OC_2H_5 + H_2O$
	이황화탄소[CS_2] ① 연소반응 : $CS_2 + 3O_2 \rightarrow CO_2 + 2SO_2$ ② 물과 반응(150℃ 가열 시) : $CS_2 + 2H_2O \rightarrow CO_2 + 2H_2S$
	아세트알데하이드[CH_3CHO] 제조법 : $C_2H_4(에틸렌) + 0.5O_2 \xrightarrow{CuCl_2} CH_3CHO$
	아세톤[CH_3COCH_3] 제조법 : $CH_3CH(OH)CH_3 \xrightarrow{-H_2} CH_3COCH_3$

분류	화학반응식
제4류 위험물	메탄올[메틸알코올, CH_3OH] 산화반응 : $CH_3OH \rightarrow HCHO$(폼알데하이드) $\rightarrow HCOOH$(폼산) 에탄올[에틸알코올, C_2H_5OH] ① 산화반응 : $C_2H_5OH \rightarrow CH_3CHO$(아세트알데하이드) $\rightarrow CH_3COOH$(아세트산) ② 탈수축합반응 : $2C_2H_5OH \xrightarrow{H_2SO_4} C_2H_5OC_2H_5 + H_2O$
제5류 위험물	나이트로글리세린[$C_3H_5(ONO_2)_3$] ① 제조법 : $C_3H_5(OH)_3$(글리세린) $+ 3HNO_3 \xrightarrow{H_2SO_4} C_3H_5(ONO_2)_3 + 3H_2O$ ② 열분해 : $4C_3H_5(ONO_2)_3 \rightarrow 12CO_2 + 10H_2O + 6N_2 + O_2$ 트라이나이트로톨루엔[$C_6H_2CH_3(NO_2)_3$] ① 제조법 : $C_6H_5CH_3$(톨루엔) $+ 3HNO_3 \xrightarrow{H_2SO_4} C_6H_2CH_3(NO_2)_3 + 3H_2O$ ② 열분해 : $6C_6H_2CH_3(NO_2)_3 \rightarrow 2C + 3N_2 + 5H_2 + 12CO$
제6류 위험물	과염소산[$HClO_4$] 열분해 : $HClO_4 \rightarrow HCl + 2O_2$ 과산화수소[H_2O_2] ① 열분해 : $2H_2O_2 \rightarrow 2H_2O + O_2$ ② 하이드라진과 반응 : $2H_2O_2 + N_2H_4 \rightarrow N_2 + 4H_2O$ 질산[HNO_3] 열분해 : $4HNO_3 \rightarrow 2H_2O + 4NO_2 + O_2$

Chapter 03 소방시설 및 소화약제

01 1소요단위와 소화설비의 능력단위

1 1소요단위

구분	내화구조	비내화구조
제조소·취급소	연면적 100 m²	연면적 50 m²
저장소	연면적 150 m²	연면적 75 m²
위험물	지정수량 10배	

2 소화설비의 능력단위

소화설비	용량 [L]	능력단위
소화전용 물통	8	0.3
수조(물통 3개 포함)	80	1.5
수조(물통 6개 포함)	190	2.5
건조사(삽 1개 포함)	50	0.5
팽창질석·진주암(삽 1개 포함)	160	1.0

02 소방시설 및 소화약제

1 옥내·외소화전설비 비교

구분	옥내소화전설비	옥외소화전설비
수원량	가장 많이 설치된 층 소화전 수(최대 5개) × 7.8 m³(260 L/min × 30min)	옥외소화전의 수(최대4개) × 13.5 m³(450 L/min × 30min)
방수압	350 kPa 이상	350 kPa 이상
호스접속구까지 수평거리	25 m 이하	40 m 이하
방수량	260 L/min 이상	450 L/min 이상

2 불활성 가스소화설비와 소화약제

(1) 불활성 가스 소화설비(질식소화)가 적응성 있는 위험물

제2류 위험물 중 인화성 고체, 제4류 위험물

[위험물별 소화방법]

분류	소화방법
제1류 위험물(알칼리금속의 과산화물 제외)	냉각소화
제2류 위험물 (철분·금속분·마그네슘, 인화성 고체 제외)	냉각소화
제2류 중 인화성 고체	냉각소화, 질식소화 모두 가능
제3류(금수성 물질 제외)	냉각소화
제4류 위험물	질식소화
제5류 위험물	냉각소화
제6류 위험물	냉각소화
알칼리금속의 과산화물(제1류) 철분·금속분·마그네슘(제2류) 금수성 물질(제3류)	탄산수소염류·건조사·팽창질석· 팽창진주암

(2) 불활성 가스 소화약제 구성원소

약제명	구성 원소
IG - 100	N_2 100 %
IG - 55	N_2 50 % + Ar 50 %
IG - 541	N_2 52 % + Ar 40 % + CO_2 8 %

3 분말소화약제

(1) 분말소화약제 종류

분말소화약제 종류	주성분	적응화재	분말색
제1종	탄산수소나트륨($NaHCO_3$)	BC	백색
제2종	탄산수소칼륨($KHCO_3$)	BC	담회색
제3종	인산암모늄($NH_4H_2PO_4$)	ABC	담홍색
제4종	탄산수소칼륨 + 요소 $KHCO_3$ + $(NH_2)_2CO$	BC	회색

(2) 열분해반응식

분말소화약제 종류	반응식
제1종	1차 분해반응식(270 ℃) : $2NaHCO_3 \rightarrow Na_2CO_3 + CO_2 + H_2O$ 2차 분해반응식(850 ℃) : $2NaHCO_3 \rightarrow Na_2O + 2CO_2 + H_2O$
제2종	1차 분해반응식(190 ℃) : $2KHCO_3 \rightarrow K_2CO_3 + CO_2 + H_2O$ 2차 분해반응식(590 ℃) : $2KHCO_3 \rightarrow K_2O + 2CO_2 + H_2O$
제3종	1차 분해반응식(190 ℃) : $NH_4H_2PO_4 \rightarrow NH_3 + H_3PO_4$(오쏘인산) 2차 분해반응식(215 ℃) : $2H_3PO_4 \rightarrow H_2O + H_4P_2O_7$(피로인산) 3차 분해반응식(300 ℃) : $H_4P_2O_7 \rightarrow H_2O + 2HPO_3$(메타인산)

※ 참고 [소화설비의 적응성]

소화설비의 구분			대상물 구분	건축물·그밖의공작물	전기설비	제1류 위험물		제2류 위험물			제3류 위험물		제4류 위험물	제5류 위험물	제6류 위험물
						알칼리금속의과산화물등	그밖의것	철분·금속분·마그네슘등	인화성고체	그밖의것	금수성물품	그밖의것			
옥내소화전 또는 옥외소화전설비				○			○		○	○		○		○	○
스프링클러설비				○			○		○	○		○	△	○	○
물분무등소화설비	물분무소화설비			○	○		○		○	○		○	○	○	○
	포소화설비			○			○		○	○		○	○	○	○
	불활성 가스소화설비				○				○				○		
	할로젠화합물소화설비				○				○				○		
	분말소화설비	인산염류등		○	○		○		○				○		○
		탄산수소염류등			○	○		○	○		○		○		
		그 밖의 것				○		○			○				
대형·소형수동식소화기	봉상수(棒狀水)소화기			○			○		○	○		○		○	○
	무상수(霧狀水)소화기			○	○		○		○	○		○		○	○
	봉상강화액소화기			○			○		○	○		○		○	○
	무상강화액소화기			○	○		○		○	○		○	○	○	○
	포소화기			○			○		○	○		○	○	○	○
	이산화탄소소화기				○				○				○		△
	할로젠화합물소화기				○				○				○		
	분말소화기	인산염류소화기		○	○		○		○				○		○
		탄산수소염류소화기			○	○		○	○		○		○		
		그 밖의 것				○		○			○				
기타	물통 또는 수조			○			○		○	○		○		○	○
	건조사					○	○	○	○	○	○	○	○	○	○
	팽창질석 또는 팽창진주암					○	○	○	○	○	○	○	○	○	○

Chapter 04 제조소등의 유지관리와 탱크

01 제조소등 정의

1 위험물을 제조·저장·취급하는 제조소, 저장소, 취급소 모두를 포괄하는 것

2 제조소등 분류

02 제조소등 주의사항 표지

위험물 종류	주의사항 내용	색상
• 제2류 위험물 중 인화성 고체 • 제3류 위험물 중 자연발화성 물질 • 제4류 위험물 • 제5류 위험물	화기엄금	적색바탕, 백색문자
• 제2류 위험물(인화성 고체 제외)	화기주의	적색바탕, 백색문자
• 제1류 위험물 중 알칼리금속의 과산화물 • 제3류 위험물 중 금수성 물질	물기엄금	청색바탕, 백색문자
• 제1류 위험물(알칼리금속의 과산화물 제외) • 제6류 위험물	게시판을 설치할 필요 없음	

[비교] 운반용기의 주의사항

위험물 유별	위험물 종류	주의사항 내용
제1류 위험물	알칼리금속의 과산화물	화기·충격주의, 물기엄금, 가연물접촉주의
	그 밖의 것	화기·충격주의, 가연물접촉주의
제2류 위험물	철분·금속분·마그네슘	화기주의, 물기엄금
	인화성 고체	화기엄금
	그 밖의 것	화기주의
제3류 위험물	자연발화성 물질	화기엄금, 공기접촉엄금
	금수성 물질	물기엄금
제4류 위험물		화기엄금
제5류 위험물		화기엄금, 충격주의
제6류 위험물		가연물접촉주의

03 위험물제조소등 설치기준

1 위험물제조소와의 안전거리 기준

시설 종류	안전거리
지정문화유산 및 천연기념물 등	50 m 이상
병원·학교·극장	30 m 이상
고압가스·액화석유가스	20 m 이상
주거용 건축물	10 m 이상
전압 35,000 V 초과 특고압전선	5 m 이상
전압 7,000 ~ 35,000 V 특고압전선	3 m 이상

2 위험물제조소 보유공지 기준

(1) 보유공지 너비
　① 위험물 지정수량 10배 이하 : 3 m 이상
　② 위험물 지정수량 10배 초과 : 5 m 이상

(2) 작업장이 제조소와 인접한 장소에 있고 공지를 두면 작업에 지장을 초래하는 경우 보유공지를 확보하지 않고 방화벽을 설치하는 것으로 대체할 수 있다.
　① 방화벽은 내화구조로 할 것(단, 제6류 위험물 제조소라면 불연재료도 가능)
　② 방화벽에 설치하는 출입구 및 창에는 자동폐쇄식의 60분+방화문 또는 60분방화문을 설치할 것
　③ 방화벽의 양단 및 상단의 외벽 또는 지붕으로부터 50 cm 이상 돌출할 것

3 위험물제조소 배출설비

(1) 배출설비는 배풍기, 배출덕트, 후드 등을 이용한 강제배기방식으로 할 것

(2) 일반적으로 국소방식의 배출설비를 할 것

(3) 배출능력
　① 국소방식 : 시간당 배출장소 용적 20배 이상
　② 전역방식 : 바닥면적 1 m^2당 18 m^3 이상

⑷ 급기구는 높은 곳에 설치하고, 가는 눈의 구리망 등으로 인화방지망을 설치할 것

⑸ 배출구는 지상 2 m 이상에 설치하고, 배출 덕트가 관통하는 벽부분의 바로 가까이에 화재 시 자동으로 폐쇄되는 방화댐퍼를 설치할 것

4 위험물제조소 방유제 기준

⑴ 옥외에 있는 위험물취급탱크로서 액체위험물(이황화탄소 제외)을 취급하는 것의 주위에는 철근콘크리트로 된 방유제를 설치할 것

⑵ 방유제의 용량
  ① 하나의 취급탱크 : 당해 탱크용량의 50 % 이상
  ② 2 이상의 취급탱크 : 용량이 최대인 탱크의 50 % + 나머지 탱크용량 합계의 10 % 이상

⑶ 방유제의 높이 : 0.5 m 이상 3 m 이하

⑷ 방유제의 두께 : 0.2 m 이상

⑸ 지하매설깊이 : 1 m 이상

⑹ 방유제 내의 면적 : 8만 m^2 이하

⑺ 방유제 내 탱크의 기수
  ① 10기 이하
  ② 20기 이하로 할 경우 : 방유제 내의 전 탱크용량이 20만 L 이하이고, 위험물의 인화점이 70 ℃ 이상 200 ℃ 미만인 것
  ③ 기수에 제한을 두지 않을 경우 : 인화점 200 ℃ 이상인 것

⑻ 계단 : 높이 1 m 이상의 방유제에는 50 m 간격으로 방유제의 안과 밖에 설치

⑼ 옥외저장탱크의 지름에 따라 그 탱크의 옆판으로부터 다음에 정하는 거리를 유지
  ① 지름이 15 m 미만인 경우에는 탱크 높이의 3분의 1 이상
  ② 지름이 15 m 이상인 경우에는 탱크 높이의 2분의 1 이상

⑽ 용량이 1,000만 ℓ 이상인 옥외저장탱크의 주위에 설치하는 방유제에는 당해 탱크마다 간막이 둑을 설치할 것

5 제조소등의 안전거리의 단축기준

(1) 방화상 유효한 담의 높이는 2 m 이상으로 한다.

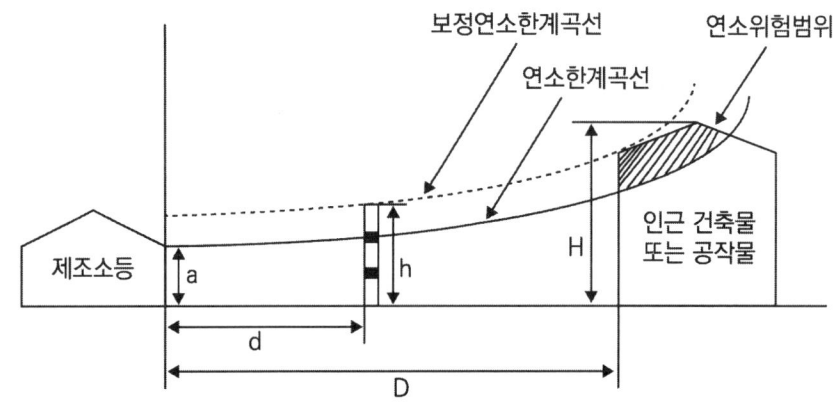

$$H \leq pD^2 + a$$

H : 인근 건축물·공작물 높이
p : 상수
D : 제조소등과 건축물·공작물 사이 거리
a : 제조소등의 외벽 높이
d : 제조소등과 방화상 유효한 담과의 거리
h : 방화상 유효한 담의 높이

(2) 그 외의 경우 담의 높이는 $h = H - p(D^2 - d^2)$ 이상으로 한다.

04 옥내저장소

1 옥내저장소 보유공지 기준

저장 또는 취급하는 위험물의 최대수량	공지의 너비	
	벽·기둥 및 바닥이 내화구조로 된 건축물	그 밖의 건축물
지정수량의 5배 이하	-	0.5 m 이상
지정수량의 5배 초과 10배 이하	1 m 이상	1.5 m 이상
지정수량의 10배 초과 20배 이하	2 m 이상	3 m 이상
지정수량의 20배 초과 50배 이하	3 m 이상	5 m 이상
지정수량의 50배 초과 200배 이하	5 m 이상	10 m 이상
지정수량의 200배 초과	10 m 이상	15 m 이상

다만 지정수량의 20배를 초과하는 옥내저장소와 동일한 부지 내에 있는 다른 옥내저장소와의 사이에는 동표에 정하는 공지의 너비의 3분의 1(당해 수치가 3 m 미만인 경우에는 3 m)의 공지를 보유할 수 있다.

2 옥내저장소 저장창고 처마높이 20 m 이하로 할 수 있는 조건

제2, 4류 위험물만을 저장하고 다음 기준에 적합한 경우 처마높이 20 m 이하로 할 수 있다.

(1) 벽·기둥·바닥·보를 내화구조로 할 것

(2) 출입구를 60분+방화문 또는 60분방화문을 설치할 것

(3) 피뢰침을 설치할 것. 다만 주위상황이 안전상 지장이 없는 경우에는 그러하지 아니하다.

3 옥내저장소 저장창고 기준

(1) 처마높이가 6 m 미만인 단층건물, 바닥을 지반면보다 높게 한다.

(2) 저장창고의 바닥면적(2 이상의 구획된 실이 있는 경우에는 각 실의 바닥면적의 합계)은 다음 각 목의 구분에 의한 면적 이하로 하여야 한다)

바닥면적	저장하는 위험물
1,000 m² 이하	• 제1류 위험물 중 아염소산염류, 염소산염류, 과염소산염류, 무기과산화물 그 밖에 지정수량이 50 kg인 위험물 • 제3류 위험물 중 칼륨, 나트륨, 알킬알루미늄, 알킬리튬 그 밖에 지정수량이 10 kg인 위험물 및 황린 • 제4류 위험물 중 특수인화물, 제1석유류 및 알코올류 • 제5류 위험물 중 유기과산화물, 질산에스터류 그 밖에 지정수량이 10 kg인 위험물 • 제6류 위험물
2,000 m² 이하	그 외의 위험물
1,500 m² 이하	위의 위험물을 내화구조의 격벽으로 완전히 구획된 실에 각각 저장하는 창고

TIP 1,000 m² 이하 기준은 위험등급 I 인 물질을 저장할 때이다.
(제4류 위험물 중 위험등급II인 제1석유류, 알코올류만 따로 암기)

(3) 제1류 위험물 중 알칼리금속의 과산화물, 제2류 위험물 중 철분·금속분·마그네슘, 제3류 위험물 중 금수성 물질 또는 제4류 위험물의 저장창고의 바닥 : 물이 스며 나오거나 스며들지 아니하는 구조

4 지정과산화물(제5류 위험물 중 유기과산화물) 옥내저장소의 저장창고 강화 기준

(1) 저장창고는 150 m² 이내마다 격벽(두께 30 cm 이상의 철근콘크리트조 또는 철골철근콘크리트조 또는 두께 40 cm 이상의 보강콘크리트블록조)으로 완전하게 구획할 것. 격벽은 저장창고의 양측의 외벽으로부터 1 m 이상, 상부의 지붕으로부터 50 cm 이상 돌출하게 하여야 한다.

(2) 저장창고의 외벽 : 두께 20 cm 이상의 철근콘크리트조나 철골철근콘크리트조 또는 두께 30 cm 이상의 보강콘크리트블록조

05 옥외저장소

1 옥외저장소에 저장 가능한 위험물

저장가능 위험물 종류	세부 위험물
제2류 위험물	• 황 • 인화성 고체(인화점 0 ℃ 이상)
제4류 위험물	• 제1석유류(인화점 0 ℃ 이상) • 알코올류 • 제2 ~ 4석유류 • 동식물류
제6류 위험물	모두 포함

2 옥외저장소 보유공지

위험물의 최대수량	공지너비
지정수량의 10배 이하	3 m 이상
지정수량의 10 ~ 20배 이하	5 m 이상
지정수량의 20 ~ 50배 이하	9 m 이상
지정수량의 50 ~ 200배 이하	12 m 이상
지정수량의 200배 초과	15 m 이상

다만 제4류 위험물 중 제4석유류와 제6류 위험물 : 위의 표에 의한 보유공지의 1/3 이상

06 옥내탱크저장소

1 옥내저장탱크 구조와 용량 기준

(1) 옥내저장탱크의 두께 : 3.2 mm 이상의 강철판

(2) 옥내저장탱크와 탱크전용실 벽과의 사이 간격 : 0.5 m 이상

⑶ 옥내저장탱크 상호 간의 간격 : 0.5 m 이상

⑷ 옥내저장탱크 용량(동일한 탱크전용실에 옥내저장탱크를 2 이상 설치하는 경우에는 각 탱크의 용량의 합계) : 지정수량의 40배 이하
다만 제4석유류 및 동식물유류 외의 제4류 위험물에 있어서 당해 수량이 20,000 ℓ를 초과할 때에는 20,000 ℓ 이하

2 옥내저장탱크에 저장할 수 있는 위험물 종류

⑴ 탱크전용실을 단층 건축물에 설치한 옥내저장탱크 : 모든 위험물

⑵ 탱크전용실을 단층 건물 외의 건축물에 설치한 옥내저장탱크
① 1층 또는 지하층
- 제2류 위험물 중 황화린·적린·덩어리 황
- 제3류 위험물 중 황린
- 제6류 위험물 중 질산

② 그 외의 층
제4류 위험물 중 인화점이 38 ℃ 이상인 것

3 옥내탱크저장소 밸브 없는 통기관 설치기준

⑴ 통기관 선단까지 거리
① 창·출입구 등의 개구부 : 1 m 이상
② 지면으로부터 높이 : 4 m 이상
③ 인화점 40 ℃ 미만인 위험물 탱크의 통기관과 부지경계선 이격거리 : 1.5 m 이상

⑵ 직경 30 mm 이상일 것

⑶ 선단은 수평면보다 45° 이상 구부려 빗물 등의 침투를 막는 구조로 할 것

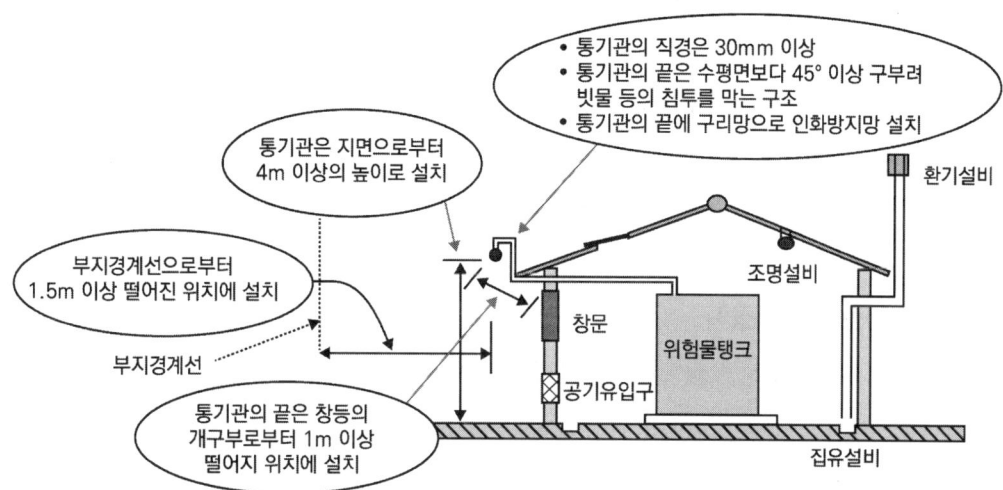

07 옥외탱크저장소

1 옥외탱크저장소 특례기준

(1) 알킬알루미늄 등을 취급하는 설비
  ① 누설범위를 국한하기 위한 설비 및 누설된 물질을 안전한 장소에 설치된 조에 이끌어 들일 수 있는 설비를 설치할 것
  ② 불활성 기체를 봉입하는 장치를 설치할 것

(2) 아세트알데하이드 등을 취급하는 설비
  ① 수은·은·구리·마그네슘 또는 이들을 성분으로 하는 합금을 만들지 아니할 것

  　　　　　　　　　　　　　　　　　　　　　　　　　　　　　　　　　암 수은구루마

  ② 연소성 혼합기체의 생성에 의한 폭발을 방지하기 위한 불활성 기체를 봉합하는 장치를 설치할 것

(3) 하이드록실아민 등을 취급하는 설비
  ① 온도 상승에 의한 위험한 반응을 방지하기 위한 조치를 강구할 것
  ② 철 이온 등의 혼합에 의한 위험한 반응을 방지하기 위한 조치를 강구할 것

2 옥외탱크저장소 방유제 기준

(1) 방유제 용량

① 제4류 위험물 저장 시 : 탱크 용량의 110 %(2기 이상일 때는 최대 탱크 용량의 110 %)

② 제6류 위험물 저장 시 : 탱크 용량의 100 %(2기 이상일 때는 최대 탱크 용량의 100 %)

(2) 그 외 위험물제조소 방유제 기준과 동일

3 옥외탱크저장소 보유공지

지정수량 배수	공지의 너비
500배 이하	3 m 이상
500배 초과 1,000배 이하	5 m 이상
1,00배 초과 2,000배 이하	9 m 이상
2,000배 초과 3,000배 이하	12 m 이상
3,000배 초과 4,000배 이하	15 m 이상
4,000배 초과	• 탱크 지름과 높이 중 큰 것 이상 • 최소 15 m 이상, 최대 30 m 이하

08 지하저장탱크

1 지하탱크저장소의 기준

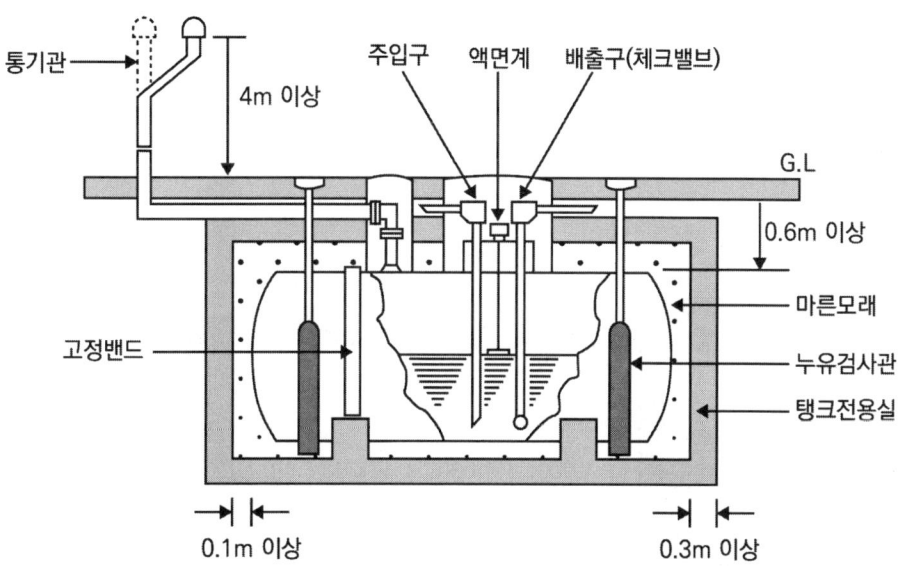

(1) 탱크전용실은 지하의 가장 가까운 벽·피트·가스관 등의 시설물 및 대지경계선으로부터 0.1 m 이상 떨어진 곳에 설치하고, 지하저장탱크와 탱크전용실의 안쪽과의 사이는 0.1 m 이상의 간격을 유지하도록 하며, 당해 탱크의 주위에 마른 모래 또는 습기 등에 의하여 응고되지 아니하는 입자지름 5 mm 이하의 마른 자갈분을 채워야 한다.

(2) 지하저장탱크의 윗부분은 지면으로부터 0.6 m 이상 아래에 있어야 한다.

(3) 지하저장탱크를 2 이상 인접해 설치하는 경우에는 그 상호 간에 1 m(당해 2 이상의 지하저장탱크의 용량의 합계가 지정수량의 100배 이하인 때에는 0.5 m) 이상의 간격을 유지하여야 한다. 다만 그 사이에 탱크전용실의 벽이나 두께 20 cm 이상의 콘크리트 구조물이 있는 경우에는 그러하지 아니하다.

(4) 벽·바닥 및 뚜껑의 두께는 0.3 m 이상일 것

2 지하저장탱크의 시험압력

(1) 압력탱크(최대상용압력이 46.7 kPa 이상인 탱크) : 최대상용압력의 최대상용압력의 1.5배의 압력으로 10분간 수압시험을 실시하여 새거나 변형되지 아니하여야 한다.

(2) 그 외의 탱크 : 70 kPa의 압력으로 10분간 수압시험을 실시하여 새거나 변형되지 아니하여야 한다.

09 이동탱크저장소

1 이동저장탱크 구조

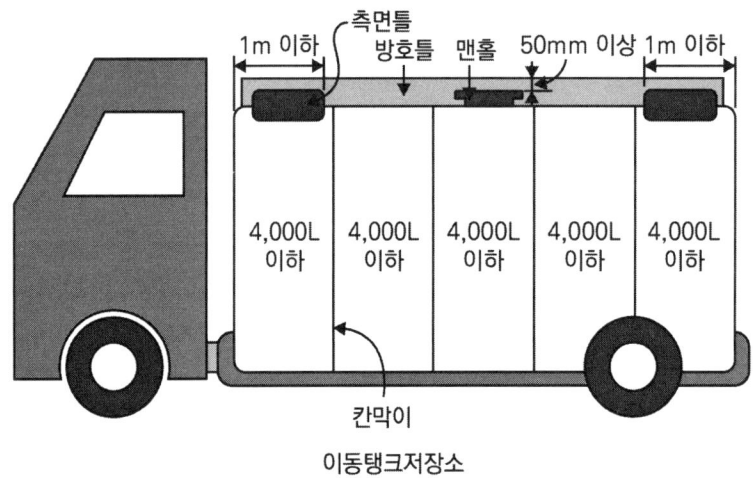

이동탱크저장소

(1) 지정수량 이상 위험물 운반 시 이동탱크저장소에 흑색바탕의 황색반사도료 "위험물" 표지를 설치할 것

(2) 탱크(맨홀 및 주입관의 뚜껑 포함)는 두께 3.2 mm 이상의 강철판 또는 이와 동등 이상의 강도·내식성 및 내열성이 있는 것

(3) 이동저장탱크는 그 내부에 4,000 ℓ 이하마다 3.2 mm 이상의 강철판 또는 이와 동등 이상의 강도·내열성 및 내식성이 있는 금속성의 것으로 칸막이를 설치

(4) 칸막이로 구획된 각 부분마다 맨홀과 안전장치 및 방파판을 설치하여야 한다.

(5) 압력탱크(최대상용압력이 46.7 kPa 이상인 탱크) 외의 탱크는 70 kPa 압력으로, 압력탱크는 최대상용압력의 1.5배의 압력으로 각각 10분간의 수압시험을 실시해 변형되지 아니할 것. 이 경우 수압시험은 용접부에 대한 비파괴시험과 기밀시험으로 대신할 수 있다.

2 이동저장탱크 주입설비

주입설비에는 위험물이 샐 우려가 없고 화재예방상 안전한 구조이며, 그 선단에 정전기를 유효하게 제거할 수 있는 장치를 설치하고 주입설비의 길이는 50 m 이내로 하며, 분당 토출량은 200 L 이하로 한다.

3 이동저장탱크 칸막이와 방파판

(1) 이동저장탱크 칸막이
　① 용량 : 하나당 4,000 L 이하
　② 두께 : 3.2 mm 이상의 강철판

(2) 이동저장탱크 방파판 : 칸막이 구획 부분이 2,000 L 미만이면 설치하지 않을 수 있다.
　① 개수 : 하나의 구획부분에 2개 이상
　② 두께 : 1.6 mm 이상 강철판
　③ 면적의 합 : 구획부분의 최대 수직단면적의 50 % 이상

(3) 칸막이와 방파판은 출렁임 방지 기능

10 취급소

1 주유취급소

(1) 주유취급소의 주유공지
　① 주유공지의 너비 : 15 m 이상
　② 주유공지의 길이 : 6 m 이상

(2) 주유취급소 표지 및 게시판 색상기준

구분	색상	게시판 크기
"위험물 주유취급소" 표지	백색바탕 흑색문자	한 변 길이 0.3 m 이상, 다른 한 변 길이 0.6 m 이상인 직사각형
"주유 중 엔진정지" 게시판	황색바탕 흑색문자	

(3) 주유취급소 바닥에 필요한 설비
　배수구, 집유설비, 유분리장치

(4) 고정주유설비 및 고정급유설비 설치기준

구분	도로경계선	부지경계선	개구부 없는 벽
고정주유설비 중심선 기준	4 m 이상	2 m 이상	1 m 이상
고정급유설비 중심선 기준	4 m 이상	1 m 이상	1 m 이상

(5) 주유취급소 탱크용량

① 고정주유설비, 고정급유설비와 직접 접속한 탱크 : 50,000 L 이하
② 고속도로에 있는 고정주유설비, 고정급유설비와 직접 접속한 탱크 : 60,000 L 이하
③ 보일러 탱크 : 10,000 L 이하
④ 폐유, 윤활유 탱크 : 모두 합해 2,000 L 이하

(6) 고정주유설비 등의 주유관 선단에서의 최대 토출량

① 제1석유류(휘발유) : 50 L/min 이하
② 등유 : 80 L/min 이하
③ 경유 : 180 L/min 이하

2 판매취급소

(1) 판매취급소 분류와 취급하는 위험물 수량

지정수량의 20배 이하인 판매취급소	제1종 판매취급소
지정수량의 40배 이하인 판매취급소	제2종 판매취급소

TIP 제2종 판매취급소가 더 많은 위험물을 취급하기 때문에 더 위험

(2) 위험물을 배합하는 실

① 바닥면적 : 6 m^2 이상 15 m^2 이하
② 출입구 문턱의 높이 : 바닥면으로부터 0.1 m 이상

11 탱크

1 내용적 계산

(1) 탱크용적 = 내용적 - 공간용적
① 탱크용적 : 위험물이 담겨 있는 용량
② 내용적 : 탱크 전체의 용량
③ 공간용적 : 탱크 내에 비워 둔 공간

타원형 탱크	양쪽이 볼록한 모양
	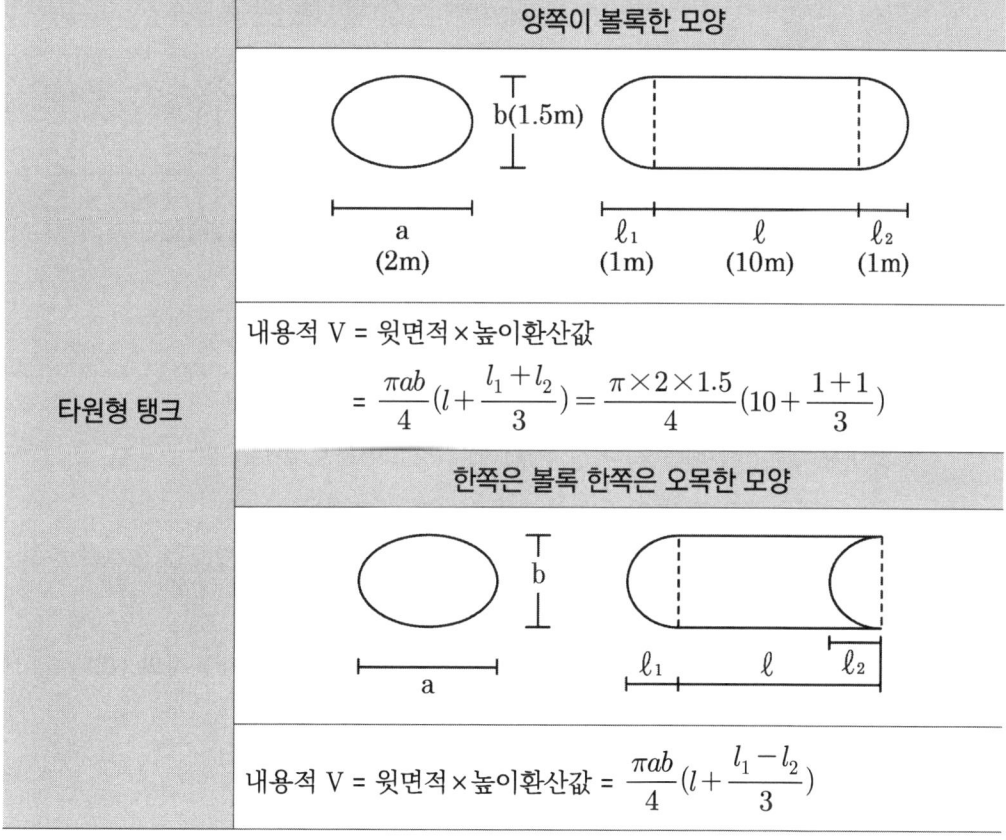
	내용적 V = 윗면적 × 높이환산값
	$= \dfrac{\pi ab}{4}(l + \dfrac{l_1 + l_2}{3}) = \dfrac{\pi \times 2 \times 1.5}{4}(10 + \dfrac{1+1}{3})$
	한쪽은 볼록 한쪽은 오목한 모양
	내용적 V = 윗면적 × 높이환산값 = $\dfrac{\pi ab}{4}(l + \dfrac{l_1 - l_2}{3})$

Chapter 04. 제조소등의 유지관리와 탱크

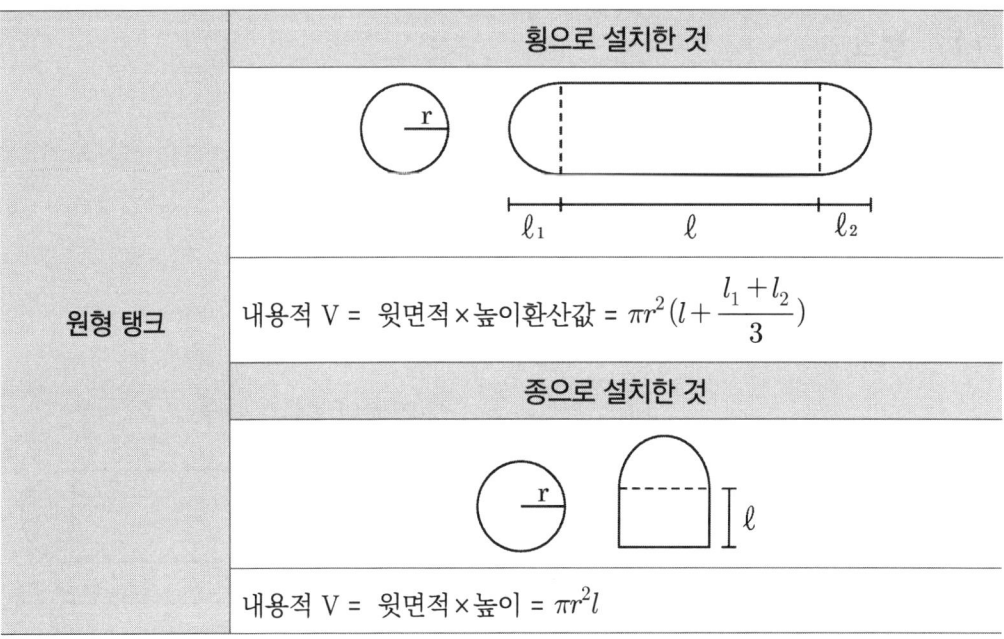

2 탱크 공간용적 기준

(1) 탱크의 공간용적

　탱크 내용적의 5/100(5 %) 이상 10/100(10 %) 이하로 한다.

(2) 소화약제 방출구를 탱크 안의 윗부분에 설치한 탱크의 공간용적

　소화약제 방출구 아래의 0.3 m 이상 1 m 미만의 사이의 면으로부터 윗부분의 용적

(3) 암반탱크의 공간용적

　해당 탱크 내에 용출하는 7일 간의 지하수의 용적과 그 탱크 내용적의 100분의 1의 용적 중에서 보다 큰 용적

Chapter 05 위험물 저장·취급 및 운송·운반

01 위험물 저장소 및 취급소 저장 기준

1 옥내·외저장소의 위험물 저장 기준

(1) 저장소에는 위험물 외의 물품을 저장하지 않아야 한다.

(2) 옥내·외저장소에 위험물을 1 m 이상 간격을 두고 저장할 수 있는 유별

제1류 위험물(알칼리금속의 과산화물 제외)	제5류 위험물
제1류 위험물	• 제3류 위험물 중 자연발화성 물질 • 제6류 위험물
제2류 위험물 중 인화성 고체	제4류 위험물
제3류 위험물 중 알킬알루미늄·알킬리튬	제4류 위험물
제4류 위험물	제5류 위험물 중 유기과산화물

(3) 제3류 위험물 중 황린과 금수성 물질은 동일한 저장소에서 저장하지 아니하여야 한다.

2 옥내·외저장소 위험물 용기 저장 높이

(1) 기계에 의하여 하역하는 구조로 된 용기 : 6 m 이하

(2) 제4류(3·4석유류, 동식물유)를 수납하는 용기 : 4 m 이하

(3) 그 외의 위험물 : 3 m 이하

(4) 용기를 선반에 저장하는 경우
　① 옥내저장소에 설치한 선반 : 높이 제한 없음
　② 옥외저장소에 설치한 선반 : 6 m 이하

3 옥내·외저장탱크 또는 지하저장탱크의 위험물 저장 기준

(1) 압력탱크에 저장하는 경우
산화프로필렌·다이에틸에터 등 : 40 ℃ 이하

(2) 압력탱크 외의 탱크에 저장할 때 저장온도
① 산화프로필렌·다이에틸에터 등 : 30 ℃ 이하
② 아세트알데하이드 : 15 ℃ 이하

4 이동저장탱크의 위험물 저장 기준

(1) 이동저장탱크의 저장온도
① 보냉장치가 있는 경우 : 비점 이하
② 보냉장치가 없는 경우 : 40 ℃ 이하

02 위험물 운반 및 운송 기준

1 위험물 운반 시 혼재 가능 위험물

구분	제1류	제2류	제3류	제4류	제5류	제6류
제1류		×	×	×	×	O
제2류	×		×	O	O	×
제3류	×	×		O	×	×
제4류	×	O	O		O	×
제5류	×	O	×	O		×
제6류	O	×	×	×	×	

[1 2 3 4 5 6을 화살표 방향으로 적고 가운데에 4를 적어서 같은 줄이 혼재 가능 위험물]

위험물 종류			혼재 여부
1 ↓	6		혼재 가능
2 ↓	5 ↑	4	혼재 가능
3 →	4 ↑		혼재 가능

2 위험물 운반 시 피복(덮개) 기준

차광성 피복을 사용해야 하는 위험물	방수성 피복을 사용해야 하는 위험물
• 제1류 위험물 • 제3류 위험물 중 자연발화성 물질 • 제4류 위험물 중 특수인화물 • 제5류 위험물 • 제6류 위험물	• 제1류 위험물 중 알칼리금속의 과산화물 • 제2류 위험물 중 철분·금속분·마그네슘 • 제3류 위험물 중 금수성 물질

3 운반용기 수납률

(1) 고체위험물 : 내용적 95 % 이하의 수납률로 수납할 것

(2) 액체위험물 : 내용적 98 % 이하의 수납률로 수납하되 55 ℃에서 누설되지 않도록 충분한 공간용적을 유지할 것

(3) 자연발화성 물질 중 알킬알루미늄등 : 내용적의 90 % 이하의 수납률로 수납하되, 50 ℃의 온도에서 5 % 이상의 공간용적을 유지할 것

4 위험물의 운송

(1) 운송책임자의 감독 또는 지원을 받아야 하는 위험물
  ① 알킬알루미늄
  ② 알킬리튬
  ③ 제1호 또는 제2호의 물질을 함유하는 위험물

(2) 위험물운송자는 장거리(고속국도에 있어서는 340 km 이상, 그 밖의 도로에 있어서는 200 km 이상)에 걸치는 운송을 하는 때에는 2명 이상의 운전자로 할 것. 다만 다음의 경우에는 그러하지 아니하다.
　① 운송책임자를 동승시킨 경우
　② 운송하는 위험물이 제2류 위험물·제3류 위험물(칼슘 또는 알루미늄의 탄화물)또는 제4류 위험물(특수인화물 제외)인 경우
　③ 운송도중에 2시간 이내마다 20분 이상씩 휴식하는 경우

(3) 위험물(제4류 위험물에 있어서는 특수인화물 및 제1석유류에 한함)을 운송하는 위험물운송자는 위험물안전카드 휴대

03 위험물 저장 기준

1 위험물 유별 저장·취급의 공통기준

(1) 제1류 위험물
　① 가연물과의 접촉·혼합이나 분해를 촉진하는 물품과의 접근 또는 과열·충격·마찰 등을 피한다.
　② 제1류 위험물 중 알칼리금속의 과산화물 : 물과의 접촉을 피하여야 한다.

(2) 제2류 위험물
　① 산화제와의 접촉·혼합이나 불티·불꽃·고온체와의 접근 또는 과열을 피한다.
　② 제2류 위험물 중 철분·금속분·마그네슘 : 물이나 산과의 접촉을 피한다.
　③ 제2류 위험물 중 인화성 고체 : 함부로 증기를 발생시키지 아니하여야 한다.

(3) 제3류 위험물 중 자연발화성 물품
　① 불티·불꽃 또는 고온체와의 접근·과열 또는 공기와의 접촉을 피한다.
　② 제3류 위험물 중 금수성 물품 : 물과의 접촉을 피한다.

(4) 제4류 위험물
불티·불꽃·고온체와의 접근 또는 과열을 피하고, 함부로 증기를 발생시키지 아니하여야 한다.

(5) 제5류 위험물

불티·불꽃·고온체와의 접근이나 과열·충격 또는 마찰을 피하여야 한다.

(6) 제6류 위험물

가연물과의 접촉·혼합이나 분해를 촉진하는 물품과의 접근 또는 과열을 피한다.

2 특정 위험물 저장방법

(1) 황린(제3류, 자연발화성 물질) : pH 9의 약알칼리성 물속에 저장

(2) 나트륨(제3류, 금수성 물질) : 등유, 경유, 유동파라핀 속에 저장

(3) 이황화탄소(제4류, 특수인화물) : 물속에 저장

Chapter 06 위험물 행정처리

01 위험물의 저장 및 취급

1 시·도의 조례로 정하는 경우

(1) 지정수량 미만인 위험물의 저장 및 취급

(2) 임시로 저장 또는 취급하는 장소에서의 지정수량 이상인 위험물의 저장 및 취급
① 시·도의 조례가 정하는 바에 따라 관할소방서장의 승인을 받아 지정수량 이상의 위험물을 90일 이내의 기간 동안 임시로 저장 또는 취급하는 경우
② 군부대가 지정수량 이상의 위험물을 군사목적으로 임시로 저장 또는 취급하는 경우

2 위험물시설의 설치 및 변경

(1) 제조소등을 설치하고자 하는 자는 시·도지사의 허가를 받아야 한다.

(2) 제조소등의 위치·구조 또는 설비의 변경 없이 당해 제조소등에서 저장하거나 취급하는 위험물의 품명·수량 또는 지정수량의 배수를 변경하고자 하는 자는 변경하고자 하는 날의 1일 전까지 시·도지사에게 신고하여야 한다.

(3) 허가·신고를 받지 않고 제조소등을 설치하거나 그 위치·구조 또는 설비, 위험물의 품명·수량 또는 지정수량의 배수를 변경할 수 있는 제조소등
① 주택의 난방시설(공동주택의 중앙난방시설을 제외한다)을 위한 저장소 또는 취급소
② 농예용·축산용 또는 수산용으로 필요한 난방시설 또는 건조시설을 위한 지정수량 20배 이하의 저장소

(4) 제조소등의 설치자의 지위를 승계한 자는 승계한 날부터 30일 이내에 시·도지사에게 그 사실을 신고하여야 한다.

(5) 제조소등의 관계인은 당해 제조소등의 용도를 폐지한 때에는 폐지한 날부터 14일 이내에 시·도지사에게 신고하여야 한다.

02 위험물안전관리

1 위험물안전관리자

(1) 위험물취급자격자의 자격

위험물취급자격자의 구분	취급할 수 있는 위험물
위험물기능장, 위험물산업기사, 위험물기능사의 자격 취득자	모든 위험물
안전관리자교육이수자	제4류 위험물
소방공무원으로 근무한 경력이 3년 이상인 자	제4류 위험물

(2) 위험물안전관리자 선임 및 신고
   ① 제조소등(허가를 받지 아니하는 제조소등과 이동탱크저장소 제외)의 관계인은 위험물 취급자격자를 위험물안전관리자로 선임하여야 한다.
   ② 안전관리자를 선임한 제조소등의 관계인은 그 안전관리자를 해임하거나 안전관리자가 퇴직한 때에는 해임하거나 퇴직한 날부터 30일 이내에 다시 안전관리자를 선임하여야 한다.
   ③ 제조소등의 관계인은 안전관리자를 선임한 경우에는 선임한 날부터 14일 이내에 소방본부장 또는 소방서장에게 신고하여야 한다.
   ④ 안전관리자를 선임한 제조소등의 관계인은 안전관리자가 여행·질병 그 밖의 사유로 인하여 일시적으로 직무를 수행할 수 없거나 안전관리자의 해임 또는 퇴직과 동시에 다른 안전관리자를 선임하지 못하는 경우에는 대리자를 지정하여 그 직무를 대행하게 하여야 한다. 이 경우 대리자가 대행하는 기간은 30일을 초과할 수 없다.

(3) 안전교육대상자
   ① 안전관리자로 선임된 사람
   ② 탱크시험자의 기술인력으로 종사하는 자
   ③ 위험물운반자로 종사하는 자
   ④ 위험물운송자로 종사하는 자

2 예방규정을 정해야 하는 제조소등

(1) 지정수량의 10배 이상의 위험물을 취급하는 제조소
(2) 지정수량의 100배 이상의 위험물을 저장하는 옥외저장소

(3) 지정수량의 150배 이상의 위험물을 저장하는 옥내저장소

(4) 지정수량의 200배 이상의 위험물을 저장하는 옥외탱크저장소

(5) 암반탱크저장소

(6) 이송취급소

(7) 지정수량의 10배 이상의 위험물을 취급하는 일반취급소. 다만 제4류 위험물(특수인화물 제외)만을 지정수량의 50배 이하로 취급하는 일반취급소(제1석유류·알코올류의 취급량이 지정수량의 10배 이하인 경우)로서 다음 어느 하나에 해당하는 것을 제외
   ① 보일러·버너 또는 이와 비슷한 것으로서 위험물을 소비하는 장치로 이루어진 일반취급소
   ② 위험물을 용기에 옮겨 담거나 차량에 고정된 탱크에 주입하는 일반취급소

03 자체소방대

1 자체소방대 설치 기준

(1) 자체소방대를 설치하여야 하는 사업소
   ① 제4류 위험물의 지정수량 3천 배 이상을 취급하는 제조소 및 일반취급소

   > [참고] 일반취급소 중 자체소방대 설치 제외 대상
   > - 보일러, 버너 그 밖에 유사한 장치로 위험물을 소비하는 일반취급소
   > - 이동저장탱크 그 밖에 유사한 것에 위험물을 주입하는 일반취급소(충전하는 일반취급소)
   > - 용기에 위험물을 옮겨 담는 일반취급소
   > - 유압장치, 윤활유순환장치 그 밖에 이와 유사한 장치로 위험물을 취급하는 일반취급소
   > - 「광산안전법」의 적용을 받는 일반취급소

   ② 제4류 위험물의 최대수량이 지정수량의 50만 배 이상 저장하는 옥외탱크저장소

(2) 자체소방대를 두어야 하는 화학소방자동차 중 포수용액을 방사하는 화학소방자동차는 전체 화학소방차의 2/3 이상으로 한다.

(3) 2 이상의 사업소가 상호응원 협정을 체결하고 있는 경우 해당 사업소를 하나의 사업소로 본다.

2 자체소방대에 두는 화학소방자동차 및 인원

사업소의 구분	화학소방자동차	자체소방대원의 수
1. 제조소 또는 일반 취급소에서 취급하는 제4류 위험물의 최대수량의 합이 지정수량의 3천 배 이상 12만 배 미만인 사업소	1대	5인
2. 제조소 또는 일반취급소에서 취급하는 제4류 위험물의 최대수량의 합이 지정수량의 12만 배 이상 24만 배 미만인 사업소	2대	10인
3. 제조소 또는 일반취급소에서 취급하는 제4류 위험물의 최대수량의 합이 지정수량의 24만 배 이상 48만 배 미만인 사업소	3대	15인
4. 제조소 또는 일반취급소에서 취급하는 제4류 위험물의 최대수량의 합이 지정수량의 48만 배 이상인 사업소	4대	20인
5. 옥외탱크저장소에 저장하는 제4류 위험물의 최대수량이 지정수량의 50만 배 이상인 사업소	2대	10인

3 화학소방자동차에 갖추어야 하는 소화능력 및 설비의 기준

화학소방자동차의 구분	소화능력 및 설비의 기준
포수용액 방사차	포수용액의 방사능력이 매분 2,000ℓ 이상일 것
	소화약액탱크 및 소화약액혼합장치를 비치할 것
	10만ℓ 이상의 포수용액을 방사할 수 있는 양의 소화약제를 비치할 것
분말 방사차	분말의 방사능력이 매초 35 kg 이상일 것
	분말탱크 및 가압용가스설비를 비치할 것
	1,400 kg 이상의 분말을 비치할 것
할로젠화합물 방사차	할로젠화합물의 방사능력이 매초 40 kg 이상일 것
	할로젠화합물탱크 및 가압용가스설비를 비치할 것
	1,000 kg 이상의 할로젠화합물을 비치할 것

화학소방자동차의 구분	소화능력 및 설비의 기준
이산화탄소 방사차	이산화탄소의 방사능력이 매초 40 kg 이상일 것
	이산화탄소저장용기를 비치할 것
	3,000 kg 이상의 이산화탄소를 비치할 것
제독차	가성소다 및 규조토를 각각 50 kg 이상 비치할 것

4 자체소방대를 두지 아니하고 제조소 등의 허가를 받은 관계인

1년 이하의 징역 또는 1,000만 원 이하의 벌금

04 제조소등의 완공검사

1 완공검사 신청시기

(1) 이동탱크저장소 : 이동저장탱크를 완공하고 상치장소를 확보한 후

(2) 지하탱크가 있는 제조소등 : 지하탱크를 매설하기 전

(3) 이송취급소 : 이송배관 공사의 전체 또는 일부가 완료한 후(지하·하천 등에 매설하는 경우는 이송배관을 매설하기 전)

(4) 전체 공사가 완료된 후에는 완공검사를 실시하기 곤란한 경우
  ① 위험물설비 또는 배관설비가 완료되어 기밀시험 또는 내압시험을 실시하는 시기
  ② 배관을 지하에 설치하는 경우에는 시·도지사, 소방서장 또는 기술원이 지정하는 부분을 매몰하기 직전
  ③ 기술원이 지정하는 부분의 비파괴시험을 실시하는 시기

(5) 위의 경우를 제외한 제조소등 : 제조소등의 공사를 완료한 후

2 제조소등의 완공검사를 실시한 결과 기술기준에 적합할 경우

시·도지사는 완공검사합격확인증을 교부하여야 한다.

05 소화난이도 등급 I 의 제조소등 및 설치해야 하는 소화설비

제조소등의 구분	제조소등의 규모, 저장 또는 취급하는 위험물의 품명 및 최대수량 등
제조소 및 일반취급소	• 연면적 1,000 m² 이상인 것 • 지정수량의 100배 이상인 것 • 지반면으로부터 6 m 이상의 높이에 위험물 취급설비가 있는 것
	[소화설비] 옥내소화전설비, 옥외소화전설비, 스프링클러설비 또는 물분무등소화설비
주유취급소	주유취급소의 직원 외의 자가 출입하는 부분의 면적의 합이 500 m²를 초과하는 것
	[소화설비] 스프링클러설비(건축물에 한정한다), 소형수동식소화기등
옥외저장소	• 덩어리 상태의 황을 저장하는 것으로서 경계표시 내부의 면적이 100 m² 이상인 것 • 인화성 고체·제1석유류 또는 알코올류를 저장하는 것으로서 지정수량의 100배 이상인 것
	[소화설비] 옥내소화전설비, 옥외소화전설비, 스프링클러설비 또는 물분무등소화설비
옥내저장소	• 지정수량의 150배 이상인 것 • 연면적 150 m²를 초과하는 것 • 처마높이가 6 m 이상인 단층건물의 것
	[소화설비] • 처마높이가 6 m 이상인 단층건물 또는 다른 용도의 부분이 있는 건축물에 설치한 옥내저장소 : 스프링클러설비 또는 이동식 외의 물분무등소화설비 • 그 밖의 것 : 옥외소화전설비, 스프링클러설비, 이동식 외의 물분무등소화설비 또는 이동식 포소화설비

옥외탱크저장소 옥내탱크저장소	• 액표면적이 40 m² 이상인 것 • 지반면으로부터 탱크 옆판의 상단까지 높이가 6 m 이상인 것 • 제6류 위험물을 저장하는 것 및 고인화점위험물만을 100 ℃ 미만의 온도에서 저장하는 것은 제외
	[소화설비] • 황만을 저장취급하는 것 : 물분무소화설비 • 인화점 70 ℃ 이상의 제4류 위험물만을 저장취급하는 것 : 물분무소화설비 또는 고정식 포소화설비 • 그 밖의 것 : 고정식 포소화설비(포소화설비가 적응성이 없는 경우에는 분말소화설비)
암반탱크저장소	• 액표면적이 40 m² 이상인 것 • 고체위험물만을 저장하는 것으로서 지정수량의 100배 이상 • 제6류 위험물을 저장하는 것 및 고인화점위험물만을 100 ℃ 미만의 온도에서 저장하는 것은 제외
	[소화설비] • 황만을 저장취급하는 것 : 물분무소화설비 • 인화점 70 ℃ 이상의 제4류 위험물만을 저장취급하는 것 : 물분무소화설비 또는 고정식 포소화설비 • 그 밖의 것 : 고정식 포소화설비(포소화설비가 적응성이 없는 경우에는 분말소화설비)
이송취급소	모든 대상
	[소화설비] 옥내소화전설비, 옥외소화전설비, 스프링클러설비 또는 물분무등소화설비

■ 위험물안전관리에 관한 세부기준 [별지 제9호서식]　　　　　　　　　　　　　　　　　　　　　　(5쪽 중 1쪽)

제 조 소 일반취급소		일반점검표		점검기간 : 점 검 자 :　　　　　　(서명 또는 인) 설 치 자 :　　　　　　(서명 또는 인)		
제조소등의 구분		[ ]제조소　[ ]일반취급소	설치허가 연월일 및 완공검사번호			
설치자			안전관리자			
사업소명			설치위치			
위험물 현황		품명	허가량		지정수량의 배수	
위험물 저장·취급 개요						
시설명/호칭번호						
점검항목		점검내용	점검방법	점검결과		비고
안전거리		보호대상물 신설여부	육안 및 실측	[ ]적합 [ ]부적합 [ ]해당 없음		
		방화상 유효한 담의 손상유무	육안	[ ]적합 [ ]부적합 [ ]해당 없음		
보유공지		허가외 물건 존치여부	육안	[ ]적합 [ ]부적합 [ ]해당 없음		
		방화상 유효한 격벽의 손상유무	육안	[ ]적합 [ ]부적합 [ ]해당 없음		
건축물	벽·기둥· 보·지붕	균열·손상 등 유무	육안	[ ]적합 [ ]부적합 [ ]해당 없음		
	방화문	변형·손상 등 유무 및 폐쇄기능의 적부	육안	[ ]적합 [ ]부적합 [ ]해당 없음		
	바닥	체유·체수 유무	육안	[ ]적합 [ ]부적합 [ ]해당 없음		
		균열·손상·패임 등 유무	육안	[ ]적합 [ ]부적합 [ ]해당 없음		
	계단	변형·손상 등 유무 및 고정상황의 적부	육안	[ ]적합 [ ]부적합 [ ]해당 없음		
환기설비· 배출설비 등		변형·손상 유무 및 고정상태의 적부	육안	[ ]적합 [ ]부적합 [ ]해당 없음		
		인화방지망의 손상 및 막힘 유무	육안	[ ]적합 [ ]부적합 [ ]해당 없음		
		방화댐퍼의 손상 유무 및 기능의 적부	육안 및 작동확인	[ ]적합 [ ]부적합 [ ]해당 없음		
		팬의 작동상황 적부	작동확인	[ ]적합 [ ]부적합 [ ]해당 없음		
		가연성증기경보장치의 작동상황 적부	작동확인	[ ]적합 [ ]부적합 [ ]해당 없음		
옥외 위험물 취급 설비	방유턱· 바닥	균열·손상 등 유무	육안	[ ]적합 [ ]부적합 [ ]해당 없음		
		체유·체수·토사퇴적 등 유무	육안	[ ]적합 [ ]부적합 [ ]해당 없음		
	집유설비· 배수구· 유분리장치	균열·손상 등 유무	육안	[ ]적합 [ ]부적합 [ ]해당 없음		
		체유·체수·토사퇴적 등 유무	육안	[ ]적합 [ ]부적합 [ ]해당 없음		
위험 물의 누출· 비산 방지 장치 등	누출방지설 비 등 (이중배관 등)	체유 등 유무	육안	[ ]적합 [ ]부적합 [ ]해당 없음		
		변형·균열·손상 유무	육안	[ ]적합 [ ]부적합 [ ]해당 없음		
		도장상황의 적부 및 부식 유무	육안	[ ]적합 [ ]부적합 [ ]해당 없음		
		고정상황의 적부	육안	[ ]적합 [ ]부적합 [ ]해당 없음		
	역류방지 설비 (되돌림관 등)	기능의 적부	육안 및 작동확인	[ ]적합 [ ]부적합 [ ]해당 없음		
		변형·균열·손상 유무	육안	[ ]적합 [ ]부적합 [ ]해당 없음		
		도장상황의 적부 및 부식 유무	육안	[ ]적합 [ ]부적합 [ ]해당 없음		
		고정상황의 적부	육안	[ ]적합 [ ]부적합 [ ]해당 없음		
	비산방지 설비	체유 등 유무	육안	[ ]적합 [ ]부적합 [ ]해당 없음		
		변형·균열·손상 유무	육안	[ ]적합 [ ]부적합 [ ]해당 없음		
		기능의 적부	육안 및 작동확인	[ ]적합 [ ]부적합 [ ]해당 없음		
		고정상황의 적부	육안	[ ]적합 [ ]부적합 [ ]해당 없음		
	기초·지주 등	변형·균열·손상·침하 유무	육안	[ ]적합 [ ]부적합 [ ]해당 없음		
		볼트 등의 풀림 유무	육안	[ ]적합 [ ]부적합 [ ]해당 없음		
		도장상황의 적부 및 부식 유무	육안	[ ]적합 [ ]부적합 [ ]해당 없음		

구분	부위	점검항목	점검방법	점검결과	조치
가열·냉각·건조설비	본체부	누설 유무	육안 및 가스검지	[ ]적합 [ ]부적합 [ ]해당 없음	
		변형·균열·손상 유무	육안	[ ]적합 [ ]부적합 [ ]해당 없음	
		도장상황의 적부 및 부식 유무	육안 및 두께측정	[ ]적합 [ ]부적합 [ ]해당 없음	
		볼트 등의 풀림 유무	육안	[ ]적합 [ ]부적합 [ ]해당 없음	
		보냉재의 손상·탈락 유무	육안	[ ]적합 [ ]부적합 [ ]해당 없음	
	접지	단선 유무	육안	[ ]적합 [ ]부적합 [ ]해당 없음	
		부착부분의 탈락 유무	육안	[ ]적합 [ ]부적합 [ ]해당 없음	
		접지저항치의 적부	저항측정	[ ]적합 [ ]부적합 [ ]해당 없음	
	안전장치	부식·손상 유무	육안	[ ]적합 [ ]부적합 [ ]해당 없음	
		고정상황의 적부	육안	[ ]적합 [ ]부적합 [ ]해당 없음	
		기능의 적부	작동확인	[ ]적합 [ ]부적합 [ ]해당 없음	
	계측장치	손상 유무	육안	[ ]적합 [ ]부적합 [ ]해당 없음	
		부착부의 풀림 유무	육안	[ ]적합 [ ]부적합 [ ]해당 없음	
		작동·지시사항의 적부	육안	[ ]적합 [ ]부적합 [ ]해당 없음	
	송풍장치	손상 유무	육안	[ ]적합 [ ]부적합 [ ]해당 없음	
		부착부의 풀림 유무	육안	[ ]적합 [ ]부적합 [ ]해당 없음	
		이상진동·소음·발열 등 유무	육안 및 작동확인	[ ]적합 [ ]부적합 [ ]해당 없음	
	살수장치	부식·변형·손상 유무	육안	[ ]적합 [ ]부적합 [ ]해당 없음	
		살수상황의 적부	육안	[ ]적합 [ ]부적합 [ ]해당 없음	
		고정상태의 적부	육안	[ ]적합 [ ]부적합 [ ]해당 없음	
	교반장치	손상 유무	육안	[ ]적합 [ ]부적합 [ ]해당 없음	
		고정상황의 적부	육안	[ ]적합 [ ]부적합 [ ]해당 없음	
		이상진동·소음·발열 등 유무	육안 및 작동확인	[ ]적합 [ ]부적합 [ ]해당 없음	
		누유 유무	육안	[ ]적합 [ ]부적합 [ ]해당 없음	
		안전장치의 작동 적부	육안 및 작동확인	[ ]적합 [ ]부적합 [ ]해당 없음	
위험물 취급설비	기초·지주 등	변형·균열·손상·침하 유무	육안	[ ]적합 [ ]부적합 [ ]해당 없음	
		볼트 등의 풀림 유무	육안	[ ]적합 [ ]부적합 [ ]해당 없음	
		도장상황의 적부 및 부식 유무	육안	[ ]적합 [ ]부적합 [ ]해당 없음	
	본체부	누설 유무	육안 및 가스검지	[ ]적합 [ ]부적합 [ ]해당 없음	
		변형·균열·손상 유무	육안	[ ]적합 [ ]부적합 [ ]해당 없음	
		도장상황의 적부 및 부식 유무	육안 및 두께측정	[ ]적합 [ ]부적합 [ ]해당 없음	
		볼트 등의 풀림 유무	육안	[ ]적합 [ ]부적합 [ ]해당 없음	
		보냉재의 손상·탈락 유무	육안	[ ]적합 [ ]부적합 [ ]해당 없음	
	접지	단선 유무	육안	[ ]적합 [ ]부적합 [ ]해당 없음	
		부착부분의 탈락 유무	육안	[ ]적합 [ ]부적합 [ ]해당 없음	
		접지저항치의 적부	저항측정	[ ]적합 [ ]부적합 [ ]해당 없음	
	안전장치	부식·손상 유무	육안	[ ]적합 [ ]부적합 [ ]해당 없음	
		고정상황의 적부	육안	[ ]적합 [ ]부적합 [ ]해당 없음	
		기능의 적부	작동확인	[ ]적합 [ ]부적합 [ ]해당 없음	
	계측장치	손상의 유무	육안	[ ]적합 [ ]부적합 [ ]해당 없음	
		부착부의 풀림 유무	육안	[ ]적합 [ ]부적합 [ ]해당 없음	
		작동·지시사항의 적부	육안	[ ]적합 [ ]부적합 [ ]해당 없음	
	송풍장치	손상 유무	육안	[ ]적합 [ ]부적합 [ ]해당 없음	
		부착부의 풀림 유무	육안	[ ]적합 [ ]부적합 [ ]해당 없음	
		이상진동·소음·발열 등 유무	육안 및 작동확인	[ ]적합 [ ]부적합 [ ]해당 없음	
	구동장치	고정상태의 적부	육안	[ ]적합 [ ]부적합 [ ]해당 없음	
		이상진동·소음·발열 등 유무	육안 및 작동확인	[ ]적합 [ ]부적합 [ ]해당 없음	
		회전부 등의 급유상태 적부	육안	[ ]적합 [ ]부적합 [ ]해당 없음	
	교반장치	손상 유무	육안	[ ]적합 [ ]부적합 [ ]해당 없음	
		고정상황의 적부	육안	[ ]적합 [ ]부적합 [ ]해당 없음	
		이상진동·소음·발열 등 유무	육안 및 작동확인	[ ]적합 [ ]부적합 [ ]해당 없음	
		누유 유무	육안	[ ]적합 [ ]부적합 [ ]해당 없음	
		안전장치의 작동 적부	육안 및 작동확인	[ ]적합 [ ]부적합 [ ]해당 없음	

(5쪽 중 3쪽)

위험물 취급 탱크	기초·지주· 전용실 등	변형·균열·손상·침하 유무	육안	[ ]적합 [ ]부적합 [ ]해당 없음
		고정상태의 적부	육안	[ ]적합 [ ]부적합 [ ]해당 없음
	본체	변형·균열·손상 유무	육안	[ ]적합 [ ]부적합 [ ]해당 없음
		누설 유무	육안	[ ]적합 [ ]부적합 [ ]해당 없음
		도장상황의 적부 및 부식 유무	육안 및 두께측정	[ ]적합 [ ]부적합 [ ]해당 없음
		고정상태의 적부	육안	[ ]적합 [ ]부적합 [ ]해당 없음
		보냉재의 손상·탈락 등 유무	육안	[ ]적합 [ ]부적합 [ ]해당 없음
	노즐·맨홀 등	누설 유무	육안	[ ]적합 [ ]부적합 [ ]해당 없음
		변형·손상 유무	육안	[ ]적합 [ ]부적합 [ ]해당 없음
		부착부의 손상 유무	육안	[ ]적합 [ ]부적합 [ ]해당 없음
		도장상황의 적부 및 부식 유무	육안 및 두께측정	[ ]적합 [ ]부적합 [ ]해당 없음
	방유제· 방유턱	변형·균열·손상 유무	육안	[ ]적합 [ ]부적합 [ ]해당 없음
		배수관의 손상 유무	육안	[ ]적합 [ ]부적합 [ ]해당 없음
		배수관의 개폐상황 적부	육안	[ ]적합 [ ]부적합 [ ]해당 없음
		배수구의 균열·손상 유무	육안	[ ]적합 [ ]부적합 [ ]해당 없음
		배수구내 체유·체수·토사퇴적 등 유무	육안	[ ]적합 [ ]부적합 [ ]해당 없음
		수용량의 적부	측정	[ ]적합 [ ]부적합 [ ]해당 없음
	접지	단선 유무	육안	[ ]적합 [ ]부적합 [ ]해당 없음
		부착부분의 탈락 유무	육안	[ ]적합 [ ]부적합 [ ]해당 없음
		접지저항치의 적부	저항측정	[ ]적합 [ ]부적합 [ ]해당 없음
	누유검사관	변형·손상·토사퇴적 등 유무	육안	[ ]적합 [ ]부적합 [ ]해당 없음
		누유 유무	육안	[ ]적합 [ ]부적합 [ ]해당 없음
	교반장치	이상진동·소음·발열 등 유무	육안 및 작동확인	[ ]적합 [ ]부적합 [ ]해당 없음
		고정상태의 적부	육안	[ ]적합 [ ]부적합 [ ]해당 없음
	통기관	인화방지장치의 손상·막힘 유무	육안	[ ]적합 [ ]부적합 [ ]해당 없음
		화염방지장치 접합부의 고정상태 적부	육안	[ ]적합 [ ]부적합 [ ]해당 없음
		밸브의 작동상황 적부	작동확인	[ ]적합 [ ]부적합 [ ]해당 없음
		통기관내 장애물의 유무	육안	[ ]적합 [ ]부적합 [ ]해당 없음
		도장상황의 적부 및 부식 유무	육안	[ ]적합 [ ]부적합 [ ]해당 없음
	안전장치	작동의 적부	육안 및 작동확인	[ ]적합 [ ]부적합 [ ]해당 없음
		부식·손상 유무	육안	[ ]적합 [ ]부적합 [ ]해당 없음
	계량장치	손상 유무	육안	[ ]적합 [ ]부적합 [ ]해당 없음
		부착부의 고정상태 적부	육안	[ ]적합 [ ]부적합 [ ]해당 없음
		작동의 적부	육안	[ ]적합 [ ]부적합 [ ]해당 없음
	주입구	폐쇄시의 누설 유무	육안	[ ]적합 [ ]부적합 [ ]해당 없음
		변형·손상 유무	육안	[ ]적합 [ ]부적합 [ ]해당 없음
		접지전극의 손상 유무	육안	[ ]적합 [ ]부적합 [ ]해당 없음
		접지저항치의 적부	저항측정	[ ]적합 [ ]부적합 [ ]해당 없음
	주입구의 피트	균열·손상 유무	육안	[ ]적합 [ ]부적합 [ ]해당 없음
		체유·체수·토사퇴적 등 유무	육안	[ ]적합 [ ]부적합 [ ]해당 없음
배관· 밸브 등	배관(플랜지· 밸브 포함)	누설의 유무(지하매설배관은 누설점검실시)	육안 및 누설점검	[ ]적합 [ ]부적합 [ ]해당 없음
		변형·손상 유무	육안	[ ]적합 [ ]부적합 [ ]해당 없음
		도장상황의 적부 및 부식 유무	육안	[ ]적합 [ ]부적합 [ ]해당 없음
		지반면과 이격상태의 적부	육안	[ ]적합 [ ]부적합 [ ]해당 없음
	배관의 피트	균열·손상 유무	육안	[ ]적합 [ ]부적합 [ ]해당 없음
		체유·체수·토사퇴적 등 유무	육안	[ ]적합 [ ]부적합 [ ]해당 없음
	전기방식 설비	단자함의 손상·토사퇴적 등 유무	육안	[ ]적합 [ ]부적합 [ ]해당 없음
		단자의 탈락 유무	육안	[ ]적합 [ ]부적합 [ ]해당 없음
		방식전류(전위)의 적부	전위측정	[ ]적합 [ ]부적합 [ ]해당 없음

펌프설비 등	전동기	손상 유무	육안	[ ]적합 [ ]부적합 [ ]해당 없음	
		고정상태의 적부	육안	[ ]적합 [ ]부적합 [ ]해당 없음	
		회전부 등의 급유상태 적부	육안	[ ]적합 [ ]부적합 [ ]해당 없음	
		이상진동·소음·발열 등 유무	육안 및 작동확인	[ ]적합 [ ]부적합 [ ]해당 없음	
	펌프	누설 유무	육안	[ ]적합 [ ]부적합 [ ]해당 없음	
		변형·손상 유무	육안	[ ]적합 [ ]부적합 [ ]해당 없음	
		도장상태의 적부 및 부식 유무	육안	[ ]적합 [ ]부적합 [ ]해당 없음	
		고정상태의 적부	육안	[ ]적합 [ ]부적합 [ ]해당 없음	
		회전부 등의 급유상태 적부	육안	[ ]적합 [ ]부적합 [ ]해당 없음	
		유량 및 유압 적부	육안	[ ]적합 [ ]부적합 [ ]해당 없음	
		이상진동·소음·발열 등의 유무	육안 및 작동확인	[ ]적합 [ ]부적합 [ ]해당 없음	
	접지	단선 유무	육안	[ ]적합 [ ]부적합 [ ]해당 없음	
		부착부분의 탈락 유무	육안	[ ]적합 [ ]부적합 [ ]해당 없음	
		접지저항치의 적부	저항측정	[ ]적합 [ ]부적합 [ ]해당 없음	
전기설비	배전반·차단기·배선 등	변형·손상 유무	육안	[ ]적합 [ ]부적합 [ ]해당 없음	
		고정상태의 적부	육안	[ ]적합 [ ]부적합 [ ]해당 없음	
		기능의 적부	육안 및 작동확인	[ ]적합 [ ]부적합 [ ]해당 없음	
		배선접합부의 탈락 유무	육안	[ ]적합 [ ]부적합 [ ]해당 없음	
	접지	단선 유무	육안	[ ]적합 [ ]부적합 [ ]해당 없음	
		부착부분의 탈락 유무	육안	[ ]적합 [ ]부적합 [ ]해당 없음	
		접지저항치의 적부	저항측정	[ ]적합 [ ]부적합 [ ]해당 없음	
제어장치 등		제어계기의 손상 유무	육안	[ ]적합 [ ]부적합 [ ]해당 없음	
		제어반 고정상태의 적부	육안	[ ]적합 [ ]부적합 [ ]해당 없음	
		제어계(온도·압력·유량 등) 기능의 적부	작동확인 및 시험	[ ]적합 [ ]부적합 [ ]해당 없음	
		감시설비 기능의 적부	작동확인	[ ]적합 [ ]부적합 [ ]해당 없음	
		경보설비 기능의 적부	작동확인	[ ]적합 [ ]부적합 [ ]해당 없음	
피뢰설비		돌침부의 경사·손상·부착상태 적부	육안	[ ]적합 [ ]부적합 [ ]해당 없음	
		피뢰도선의 단선 및 벽체 등과 접촉 유무	육안	[ ]적합 [ ]부적합 [ ]해당 없음	
		접지저항치의 적부	저항측정	[ ]적합 [ ]부적합 [ ]해당 없음	
표지·게시판		손상 유무	육안	[ ]적합 [ ]부적합 [ ]해당 없음	
		기재사항의 적부	육안	[ ]적합 [ ]부적합 [ ]해당 없음	
소화설비	소화기	위치·설치수·압력의 적부	육안	[ ]적합 [ ]부적합 [ ]해당 없음	
	그밖의 소화설비	소화설비 점검표에 의할 것			
경보설비	자동화재탐지설비	자동화재탐지설비 점검표에 의할 것			
	그밖의 경보설비	손상 유무	육안	[ ]적합 [ ]부적합 [ ]해당 없음	
		기능의 적부	작동확인	[ ]적합 [ ]부적합 [ ]해당 없음	
기타사항					

작성방법

1. 이 일반점검표는 규칙 제64조에 따른 정기점검을 실시하고, 그 결과를 기록하는데 사용합니다.
2. "점검기간"란에는 점검을 개시하여 완료할 때까지의 기간을 기재하고, 그 기간이 1일인 경우에는 점검일자를 기재합니다.
3. "점검자"란에는 규칙 제67조에 따른 정기점검의 실시자의 성명과 서명(또는 인)을 기재하고, 실시자의 위임 등에 따라 실시자가 아닌 자가 점검을 하더라도 위 실시자의 정보를 기재합니다. 이 경우 실시자가 아닌 구체적인 점검행위를 한 자의 성명, 상호 등을 "점검항목"란의 기타사항에 추가로 기재합니다.
4. "설치허가 연월일"란에는 허가청이 해당 제조소등에 대한 설치허가처분의 문서를 최초로 통지한 날을 기재하고, "완공검사번호"란에는 가장 최근에 실시한 완공검사에 합격하여 부여받은 번호를 기재합니다.
5. "사업소명"란에는 해당 제조소등이 속한 사업소의 명칭을 기재합니다.
6. "안전관리자"란에는 해당 제조소등에 선임된 위험물안전관리자의 성명을 기재하고, 안전관리자가 다수의 제조소등에 중복하여 선임된 경우에는 '중복 선임' 등 해당 사실을 인지할 수 있는 표기를 추가로 합니다.
7. "설치위치"란에는 해당 제조소등이 속한 곳의 주소와 해당 제조소등의 설치위치를 특정할 수 있는 내용을 기재합니다.
8. "품명"란에는 해당 제조소등에서 저장 또는 취급하는 위험물의 품명을 기재하고, 복수의 품명을 저장 또는 취급하는 경우에는 해당하는 품명을 전부 기재합니다(기재란이 부족한 경우에는 별지에 기재하여 첨부).
9. "허가량"란에는 해당 제조소등에서 허가를 받고 저장 또는 취급하는 위험물의 총량을 기재하고, 복수의 품명을 저장 또는 취급하는 경우에는 해당하는 품명별 저장량 또는 취급량을 각각 기재합니다.
10. "위험물 저장·취급 개요"란에는 해당 위험물의 용도, 저장·취급기간, 저장·취급방법 등 해당 제조소등에서 위험물을 저장 또는 취급하는 내용에 대해 간략하게 기재합니다.
11. "시설명/호칭번호"란에는 제조소등을 식별할 수 있도록 해당 제조소등의 관리명칭, 관리번호 또는 「자동차관리법」 제16조에 따라 부여된 자동차 등록번호(이동탱크저장소에 한함) 등을 기재합니다.
12. "점검결과"란에는 해당 제조소등의 위치·구조 및 설비의 기술기준 적합성 여부 등에 따라 다음과 같이 표시 등을 합니다.
    가. 점검결과가 적합한 경우에는 "[ ]적합"란에, 부적합한 경우에는 "[ ]부적합"란에 각각 √표시를 함
    나. 해당 제조소등에 부존재하는 점검항목 등에 대한 점검결과는 "[ ]해당 없음"란에 √표시를 함
    다. 점검항목 중 "접지저항치의 적부"에는 접지측정 부위별 그 저항치 측정값을 별지에 기재하여 첨부함
    라. 점검방법이 수개인 경우에는 해당 점검방법을 모두 이행해야 하나, 그 중 일부를 이행하더라도 적정한 점검을 할 수 있는 경우에는 그러하지 않음
13. "비고"란의 기재방법, 기재사항 등은 다음과 같습니다.
    가. 부적합한 점검항목에 대한 수리·개조·이전 등을 한 연월일과 수리·개조·이전 등의 구체적 내용을 기재함
    나. 해당 제조소등의 구조, 위험물의 저장·취급형태 등에 비추어 특정 점검항목에 대한 점검이 현저히 곤란한 경우에는 "점검곤란" 표기와 그 사유를 기재함. 이 경우 "점검결과"란은 공란으로 둠
    다. 점검항목 중 일부에 대해 다른 법령에 따른 점검 등을 이미 실시하여 해당 점검항목에 한해 정기점검을 실시하지 않는 경우에는 다른 법령에 따른 점검 등의 개요를 기재함. 이 경우 "점검결과"란에는 다른 법령에 따른 점검결과를 표시함
14. 다수의 제조소등에 각각 설치된 소화설비 중 공동으로 사용하는 구성설비가 있는 경우에는 해당 구성설비가 소속되는 대표 제조소등을 지정하고, 그 제조소등 소화설비의 일반점검표를 작성하면 나머지 제조소등 소화설비의 일반점검표 중 해당 점검항목에 대한 점검결과의 표시를 생략할 수 있습니다. 이 경우 해당 점검항목에 대한 "비고"란에는 대표 제조소등의 일반점검표에 해당 점검결과가 표시되었음을 기재해야 합니다.
15. 소화설비의 일반점검표 중 "제조소등의 구분"란에는 해당 소화설비가 설치된 제조소등을, "소화설비의 호칭번호"란에는 해당 소화설비에 대해 자체적으로 관리하는 번호 등을 기재합니다.

■ 위험물안전관리에 관한 세부기준 [별지 제10호서식] (2쪽 중 1쪽)

<table>
<tr><td colspan="7">옥내저장소 일반점검표</td><td colspan="2">점검기간 :
점검자 :   서명(또는 인)
설치자 :   서명(또는 인)</td></tr>
<tr><td colspan="2">옥내저장소의 형태</td><td colspan="2">[ ]단층 [ ]다층 [ ]복합</td><td colspan="3">설치허가 연월일 및 완공검사번호</td><td colspan="2"></td></tr>
<tr><td colspan="2">설치자</td><td colspan="2"></td><td colspan="3">안전관리자</td><td colspan="2"></td></tr>
<tr><td colspan="2">사업소명</td><td colspan="2"></td><td colspan="3">설치위치</td><td colspan="2"></td></tr>
<tr><td colspan="2">위험물 현황</td><td colspan="2">품명</td><td colspan="3">허가량</td><td colspan="2">지정수량의 배수</td></tr>
<tr><td colspan="2">위험물
저장·취급 개요</td><td colspan="7"></td></tr>
<tr><td colspan="2">시설명/호칭번호</td><td colspan="7"></td></tr>
<tr><td colspan="2">점검항목</td><td colspan="2">점검내용</td><td colspan="2">점검방법</td><td colspan="2">점검결과</td><td>비고</td></tr>
<tr><td colspan="2">안전거리</td><td colspan="2">보호대상물 신설여부</td><td colspan="2">육안 및 실측</td><td colspan="2">[ ]적합 [ ]부적합 [ ]해당 없음</td><td></td></tr>
<tr><td colspan="2"></td><td colspan="2">방화상 유효한 담의 손상 유무</td><td colspan="2">육안</td><td colspan="2">[ ]적합 [ ]부적합 [ ]해당 없음</td><td></td></tr>
<tr><td colspan="2">보유공지</td><td colspan="2">허가외 물건 존치 여부</td><td colspan="2">육안</td><td colspan="2">[ ]적합 [ ]부적합 [ ]해당 없음</td><td></td></tr>
<tr><td rowspan="8">건축물</td><td>벽·기둥·
보·지붕</td><td colspan="2">균열·손상 등 유무</td><td colspan="2">육안</td><td colspan="2">[ ]적합 [ ]부적합 [ ]해당 없음</td><td></td></tr>
<tr><td>방화문</td><td colspan="2">변형·손상 등 유무 및 폐쇄기능의 적부</td><td colspan="2">육안</td><td colspan="2">[ ]적합 [ ]부적합 [ ]해당 없음</td><td></td></tr>
<tr><td rowspan="2">바닥</td><td colspan="2">체유·체수 유무</td><td colspan="2">육안</td><td colspan="2">[ ]적합 [ ]부적합 [ ]해당 없음</td><td></td></tr>
<tr><td colspan="2">균열·손상·패임 등 유무</td><td colspan="2">육안</td><td colspan="2">[ ]적합 [ ]부적합 [ ]해당 없음</td><td></td></tr>
<tr><td>계단</td><td colspan="2">변형·손상 등 유무 및 고정상황의 적부</td><td colspan="2">육안</td><td colspan="2">[ ]적합 [ ]부적합 [ ]해당 없음</td><td></td></tr>
<tr><td>다른 용도
부분과 구획</td><td colspan="2">균열·손상 등 유무</td><td colspan="2">육안</td><td colspan="2">[ ]적합 [ ]부적합 [ ]해당 없음</td><td></td></tr>
<tr><td>조명설비</td><td colspan="2">손상의 유무</td><td colspan="2">육안</td><td colspan="2">[ ]적합 [ ]부적합 [ ]해당 없음</td><td></td></tr>
<tr><td rowspan="5">환기설비·
배출설비 등</td><td colspan="2">변형·손상 유무 및 고정상태의 적부</td><td colspan="2">육안</td><td colspan="2">[ ]적합 [ ]부적합 [ ]해당 없음</td><td></td></tr>
<tr><td></td><td></td><td colspan="2">인화방지장치의 손상 및 막힘 유무</td><td colspan="2">육안</td><td colspan="2">[ ]적합 [ ]부적합 [ ]해당 없음</td><td></td></tr>
<tr><td></td><td></td><td colspan="2">방화댐퍼의 손상 유무 및 기능의 적부</td><td colspan="2">육안 및 작동확인</td><td colspan="2">[ ]적합 [ ]부적합 [ ]해당 없음</td><td></td></tr>
<tr><td></td><td></td><td colspan="2">팬의 작동상황 적부</td><td colspan="2">작동확인</td><td colspan="2">[ ]적합 [ ]부적합 [ ]해당 없음</td><td></td></tr>
<tr><td></td><td></td><td colspan="2">가연성증기경보장치의 작동상황 적부</td><td colspan="2">작동확인</td><td colspan="2">[ ]적합 [ ]부적합 [ ]해당 없음</td><td></td></tr>
<tr><td colspan="2">선반 등</td><td colspan="2">변형·손상 등 유무 및 고정상태의 적부</td><td colspan="2">육안</td><td colspan="2">[ ]적합 [ ]부적합 [ ]해당 없음</td><td></td></tr>
<tr><td></td><td></td><td colspan="2">낙하방지장치의 적부</td><td colspan="2">육안</td><td colspan="2">[ ]적합 [ ]부적합 [ ]해당 없음</td><td></td></tr>
<tr><td colspan="2">집유설비·배수구</td><td colspan="2">균열·손상 등 유무</td><td colspan="2">육안</td><td colspan="2">[ ]적합 [ ]부적합 [ ]해당 없음</td><td></td></tr>
<tr><td></td><td></td><td colspan="2">체유·체수·토사퇴적 등 유무</td><td colspan="2">육안</td><td colspan="2">[ ]적합 [ ]부적합 [ ]해당 없음</td><td></td></tr>
<tr><td rowspan="7">전기설비</td><td rowspan="4">배전반·
차단기·배선
등</td><td colspan="2">변형·손상 유무</td><td colspan="2">육안</td><td colspan="2">[ ]적합 [ ]부적합 [ ]해당 없음</td><td></td></tr>
<tr><td colspan="2">고정상태의 적부</td><td colspan="2">육안</td><td colspan="2">[ ]적합 [ ]부적합 [ ]해당 없음</td><td></td></tr>
<tr><td colspan="2">기능의 적부</td><td colspan="2">육안 및 작동확인</td><td colspan="2">[ ]적합 [ ]부적합 [ ]해당 없음</td><td></td></tr>
<tr><td colspan="2">배선접합부의 탈락 유무</td><td colspan="2">육안</td><td colspan="2">[ ]적합 [ ]부적합 [ ]해당 없음</td><td></td></tr>
<tr><td rowspan="3">접지</td><td colspan="2">단선 유무</td><td colspan="2">육안</td><td colspan="2">[ ]적합 [ ]부적합 [ ]해당 없음</td><td></td></tr>
<tr><td colspan="2">부착부분의 탈락 유무</td><td colspan="2">육안</td><td colspan="2">[ ]적합 [ ]부적합 [ ]해당 없음</td><td></td></tr>
<tr><td colspan="2">접지저항치의 적부</td><td colspan="2">저항측정</td><td colspan="2">[ ]적합 [ ]부적합 [ ]해당 없음</td><td></td></tr>
<tr><td colspan="2">피뢰설비</td><td colspan="2">돌침부의 경사·손상·부착상태 적부</td><td colspan="2">육안</td><td colspan="2">[ ]적합 [ ]부적합 [ ]해당 없음</td><td></td></tr>
<tr><td></td><td></td><td colspan="2">피뢰도선의 단선 및 벽체 등과 접촉 유무</td><td colspan="2">육안</td><td colspan="2">[ ]적합 [ ]부적합 [ ]해당 없음</td><td></td></tr>
<tr><td></td><td></td><td colspan="2">접지저항치의 적부</td><td colspan="2">저항측정</td><td colspan="2">[ ]적합 [ ]부적합 [ ]해당 없음</td><td></td></tr>
<tr><td colspan="2">표지·게시판</td><td colspan="2">손상의 유무</td><td colspan="2">육안</td><td colspan="2">[ ]적합 [ ]부적합 [ ]해당 없음</td><td></td></tr>
<tr><td></td><td></td><td colspan="2">기재사항의 적부</td><td colspan="2">육안</td><td colspan="2">[ ]적합 [ ]부적합 [ ]해당 없음</td><td></td></tr>
<tr><td rowspan="2">소화설비</td><td>소화기</td><td colspan="2">위치·설치수·압력의 적부</td><td colspan="2">육안</td><td colspan="2">[ ]적합 [ ]부적합 [ ]해당 없음</td><td></td></tr>
<tr><td>그밖의
소화설비</td><td colspan="6">소화설비 점검표에 의할 것</td><td></td></tr>
<tr><td rowspan="3">경보설비</td><td>자동화재
탐지설비</td><td colspan="6">자동화재탐지설비 점검표에 의할 것</td><td></td></tr>
<tr><td rowspan="2">그밖의
경보설비</td><td colspan="2">손상 유무</td><td colspan="2">육안</td><td colspan="2">[ ]적합 [ ]부적합 [ ]해당 없음</td><td></td></tr>
<tr><td colspan="2">기능의 적부</td><td colspan="2">작동확인</td><td colspan="2">[ ]적합 [ ]부적합 [ ]해당 없음</td><td></td></tr>
<tr><td colspan="2">기타사항</td><td colspan="7"></td></tr>
</table>

작성방법

1. 이 일반점검표는 규칙 제64조에 따른 정기점검을 실시하고, 그 결과를 기록하는데 사용합니다.
2. "점검기간"란에는 점검을 개시하여 완료할 때까지의 기간을 기재하고, 그 기간이 1일인 경우에는 점검일자를 기재합니다.
3. "점검자"란에는 규칙 제67조에 따른 정기점검의 실시자의 성명과 서명(또는 인)을 기재하고, 실시자의 위임 등에 따라 실시자가 아닌 자가 점검을 하더라도 위 실시자의 정보를 기재합니다. 이 경우 실시자가 아닌 구체적인 점검행위를 한 자의 성명, 상호 등을 "점검항목"란의 기타사항에 추가로 기재합니다.
4. "설치허가 연월일"란에는 허가청이 해당 제조소등에 대한 설치허가처분의 문서를 최초로 통지한 날을 기재하고, "완공검사번호"란에는 가장 최근에 실시한 완공검사에 합격하여 부여받은 번호를 기재합니다.
5. "사업소명"란에는 해당 제조소등이 속한 사업소의 명칭을 기재합니다.
6. "안전관리자"란에는 해당 제조소등에 선임된 위험물안전관리자의 성명을 기재하고, 안전관리자가 다수의 제조소등에 중복하여 선임된 경우에는 '중복 선임'등 해당 사실을 인지할 수 있는 표기를 추가로 합니다.
7. "설치위치"란에는 해당 제조소등이 속한 곳의 주소와 해당 제조소등의 설치위치를 특정할 수 있는 내용을 기재합니다.
8. "품명"란에는 해당 제조소등에서 저장 또는 취급하는 위험물의 품명을 기재하고, 복수의 품명을 저장 또는 취급하는 경우에는 해당하는 품명을 전부 기재합니다(기재란이 부족한 경우에는 별지에 기재하여 첨부).
9. "허가량"란에는 해당 제조소등에서 허가를 받고 저장 또는 취급하는 위험물의 총량을 기재하고, 복수의 품명을 저장 또는 취급하는 경우에는 해당하는 품명별 저장량 또는 취급량을 각각 기재합니다.
10. "위험물 저장·취급 개요"란에는 해당 위험물의 용도, 저장·취급기간, 저장·취급방법 등 해당 제조소등에서 위험물을 저장 또는 취급하는 내용에 대해 간략하게 기재합니다.
11. "시설명/호칭번호"란에는 제조소등을 식별할 수 있도록 해당 제조소등의 관리명칭, 관리번호 또는 「자동차관리법」 제16조에 따라 부여된 자동차 등록번호(이동탱크저장소에 한함) 등을 기재합니다.
12. "점검결과"란에는 해당 제조소등의 위치·구조 및 설비의 기술기준 적합성 여부 등에 따라 다음과 같이 표시 등을 합니다.
    가. 점검결과가 적합한 경우에는 "[ ]적합"란에, 부적합한 경우에는 "[ ]부적합"란에 각각 √표시를 함
    나. 해당 제조소등에 부존재하는 점검항목 등에 대한 점검결과는 "[ ]해당 없음"란에 √표시를 함
    다. 점검항목 중 "접지저항치의 적부"에는 접지측정 부위별 그 저항치 측정값을 별지에 기재하여 첨부함
    라. 점검방법이 수개인 경우에는 해당 점검방법을 모두 이행해야 하나, 그 중 일부를 이행하더라도 적정한 점검을 할 수 있는 경우에는 그러하지 않음
13. "비고"란이 기재방법, 기재사항 등은 다음과 같습니다.
    가. 부적합한 점검항목에 대한 수리·개조·이전 등을 한 연월일과 수리·개조·이전 등의 구체적 내용을 기재함
    나. 해당 제조소등의 구조, 위험물의 저장·취급형태 등에 비추어 특정 점검항목에 대한 점검이 현저히 곤란한 경우에는 "점검곤란"표기와 그 사유를 기재함. 이 경우 "점검결과"란은 공란으로 둠
    다. 점검항목 중 일부에 대해 다른 법령에 따른 점검 등을 이미 실시하여 해당 점검항목에 한해 정기점검을 실시하지 않는 경우에는 다른 법령에 따른 점검 등의 개요를 기재함. 이 경우 "점검결과"란에는 다른 법령에 따른 점검결과를 표시함
14. 다수의 제조소등에 각각 설치된 소화설비 중 공동으로 사용하는 구성설비가 있는 경우에는 해당 구성설비가 소속되는 대표 제조소등을 지정하고, 그 제조소등 소화설비의 일반점검표를 작성하면 나머지 제조소등 소화설비의 일반점검표 중 해당 점검항목에 대한 점검결과의 표시를 생략할 수 있습니다. 이 경우 해당 점검항목에 대한 "비고"란에는 대표 제조소등의 일반점검표에 해당 점검결과가 표시되었음을 기재해야 합니다.
15. 소화설비의 일반점검 중 "제조소등의 구분"란에는 해당 소화설비가 설치된 제조소등을, "소화설비의 호칭번호"란에는 해당 소화설비에 대해 자체적으로 관리하는 번호 등을 기재합니다.

■ 위험물안전관리에 관한 세부기준 [별지 제11호서식] (4쪽 중 1쪽)

<table>
<tr><td colspan="6">옥외탱크저장소 일반점검표</td><td colspan="2">점검기간 :
점검자 :   　　　　서명(또는 인)
설치자 :   　　　　서명(또는 인)</td></tr>
<tr><td colspan="2">옥외탱크저장소
의 형태</td><td colspan="3">[ ]고정지붕식 [ ]부상지붕식 [ ]지중탱크
[ ]부상덮개부착 고정지붕식 [ ]해상탱크 [ ]기타</td><td colspan="2">설치허가 연월일 및 완공검사번호</td><td></td></tr>
<tr><td colspan="2">설치자</td><td colspan="3"></td><td colspan="2">안전관리자</td><td></td></tr>
<tr><td colspan="2">사업소명</td><td colspan="3"></td><td colspan="2">설치위치</td><td></td></tr>
<tr><td colspan="2">위험물 현황</td><td colspan="2">품명</td><td></td><td colspan="2">허가량</td><td>지정수량의 배수</td></tr>
<tr><td colspan="2">위험물
저장·취급 개요</td><td colspan="6"></td></tr>
<tr><td colspan="2">시설명/호칭번호</td><td colspan="6"></td></tr>
<tr><td colspan="2">점검항목</td><td colspan="2">점검내용</td><td>점검방법</td><td colspan="2">점검결과</td><td>비고</td></tr>
<tr><td colspan="2">안전거리</td><td colspan="2">보호대상물 신설여부</td><td>육안 및 실측</td><td colspan="2">[ ]적합 [ ]부적합 [ ]해당 없음</td><td></td></tr>
<tr><td colspan="2"></td><td colspan="2">방화상 유효한 담의 손상유무</td><td>육안</td><td colspan="2">[ ]적합 [ ]부적합 [ ]해당 없음</td><td></td></tr>
<tr><td colspan="2">보유공지</td><td colspan="2">허가외 물건 존치여부</td><td>육안</td><td colspan="2">[ ]적합 [ ]부적합 [ ]해당 없음</td><td></td></tr>
<tr><td colspan="2"></td><td colspan="2">물분무설비 기능의 적부</td><td>작동확인</td><td colspan="2">[ ]적합 [ ]부적합 [ ]해당 없음</td><td></td></tr>
<tr><td colspan="2">탱크의 침하</td><td colspan="2">부등침하의 유무</td><td>육안</td><td colspan="2">[ ]적합 [ ]부적합 [ ]해당 없음</td><td></td></tr>
<tr><td colspan="2">기초</td><td colspan="2">균열·손상 등의 유무</td><td>육안</td><td colspan="2">[ ]적합 [ ]부적합 [ ]해당 없음</td><td></td></tr>
<tr><td colspan="2"></td><td colspan="2">배수관의 손상 유무 및 막힘 유무</td><td>육안</td><td colspan="2">[ ]적합 [ ]부적합 [ ]해당 없음</td><td></td></tr>
<tr><td rowspan="10">저부</td><td rowspan="4">바닥판
(애뉼러판
포함)</td><td colspan="2">누설 유무</td><td>육안</td><td colspan="2">[ ]적합 [ ]부적합 [ ]해당 없음</td><td></td></tr>
<tr><td colspan="2">장출부의 변형·균열 유무</td><td>육안</td><td colspan="2">[ ]적합 [ ]부적합 [ ]해당 없음</td><td></td></tr>
<tr><td colspan="2">장출부의 토사퇴적·체수 유무</td><td>육안</td><td colspan="2">[ ]적합 [ ]부적합 [ ]해당 없음</td><td></td></tr>
<tr><td colspan="2">장출부 도장상황의 적부 및 부식 유무</td><td>육안 및 두께측정</td><td colspan="2">[ ]적합 [ ]부적합 [ ]해당 없음</td><td></td></tr>
<tr><td rowspan="2">빗물침투
방지설비</td><td colspan="2">고정상태의 적부</td><td>육안</td><td colspan="2">[ ]적합 [ ]부적합 [ ]해당 없음</td><td></td></tr>
<tr><td colspan="2">변형·균열·박리 등의 유무</td><td>육안</td><td colspan="2">[ ]적합 [ ]부적합 [ ]해당 없음</td><td></td></tr>
<tr><td rowspan="4">배수관
등</td><td colspan="2">누설 유무</td><td>육안</td><td colspan="2">[ ]적합 [ ]부적합 [ ]해당 없음</td><td></td></tr>
<tr><td colspan="2">부식·변형·균열 유무</td><td>육안</td><td colspan="2">[ ]적합 [ ]부적합 [ ]해당 없음</td><td></td></tr>
<tr><td colspan="2">피트의 손상·체유·체수·토사퇴적 등의 유무</td><td>육안</td><td colspan="2">[ ]적합 [ ]부적합 [ ]해당 없음</td><td></td></tr>
<tr><td colspan="2">배수관과 피트의 간격 적부</td><td>육안</td><td colspan="2">[ ]적합 [ ]부적합 [ ]해당 없음</td><td></td></tr>
<tr><td rowspan="11">옆판부</td><td rowspan="3">옆판</td><td colspan="2">누설 유무</td><td>육안</td><td colspan="2">[ ]적합 [ ]부적합 [ ]해당 없음</td><td></td></tr>
<tr><td colspan="2">변형·균열 유무</td><td>육안</td><td colspan="2">[ ]적합 [ ]부적합 [ ]해당 없음</td><td></td></tr>
<tr><td colspan="2">도장상황의 적부 및 부식 유무</td><td>육안 및 두께측정</td><td colspan="2">[ ]적합 [ ]부적합 [ ]해당 없음</td><td></td></tr>
<tr><td rowspan="4">노즐·
맨홀 등</td><td colspan="2">누설 유무</td><td>육안</td><td colspan="2">[ ]적합 [ ]부적합 [ ]해당 없음</td><td></td></tr>
<tr><td colspan="2">변형·손상 유무</td><td>육안</td><td colspan="2">[ ]적합 [ ]부적합 [ ]해당 없음</td><td></td></tr>
<tr><td colspan="2">부착부의 손상 유무</td><td>육안</td><td colspan="2">[ ]적합 [ ]부적합 [ ]해당 없음</td><td></td></tr>
<tr><td colspan="2">도장상황의 적부 및 부식 유무</td><td>육안 및 두께측정</td><td colspan="2">[ ]적합 [ ]부적합 [ ]해당 없음</td><td></td></tr>
<tr><td rowspan="3">접지</td><td colspan="2">단선 유무</td><td>육안</td><td colspan="2">[ ]적합 [ ]부적합 [ ]해당 없음</td><td></td></tr>
<tr><td colspan="2">부착부분의 탈락 유무</td><td>육안</td><td colspan="2">[ ]적합 [ ]부적합 [ ]해당 없음</td><td></td></tr>
<tr><td colspan="2">접지저항치의 적부</td><td>저항측정</td><td colspan="2">[ ]적합 [ ]부적합 [ ]해당 없음</td><td></td></tr>
<tr><td rowspan="2">윈드가드
및 계단</td><td colspan="2">변형·손상 유무</td><td>육안</td><td colspan="2">[ ]적합 [ ]부적합 [ ]해당 없음</td><td></td></tr>
<tr><td></td><td colspan="2">도장상항의 적부 및 부식 유무</td><td>육안</td><td colspan="2">[ ]적합 [ ]부적합 [ ]해당 없음</td><td></td></tr>
<tr><td rowspan="7">지붕부</td><td rowspan="7">지붕판</td><td colspan="2">변형·균열 유무</td><td>육안</td><td colspan="2">[ ]적합 [ ]부적합 [ ]해당 없음</td><td></td></tr>
<tr><td colspan="2">체수의 유무</td><td>육안</td><td colspan="2">[ ]적합 [ ]부적합 [ ]해당 없음</td><td></td></tr>
<tr><td colspan="2">도장상황의 적부 및 부식 유무</td><td>육안 및 두께측정</td><td colspan="2">[ ]적합 [ ]부적합 [ ]해당 없음</td><td></td></tr>
<tr><td colspan="2">실(seal)기구의 적부(탱크 개방시)</td><td>육안</td><td colspan="2">[ ]적합 [ ]부적합 [ ]해당 없음</td><td></td></tr>
<tr><td colspan="2">루프드레인의 적부</td><td>육안</td><td colspan="2">[ ]적합 [ ]부적합 [ ]해당 없음</td><td></td></tr>
<tr><td colspan="2">폰튠·가이드폴의 적부(탱크 개방시)</td><td>육안</td><td colspan="2">[ ]적합 [ ]부적합 [ ]해당 없음</td><td></td></tr>
<tr><td colspan="2">그밖의 부상지붕 관련 설비의 적부</td><td>육안</td><td colspan="2">[ ]적합 [ ]부적합 [ ]해당 없음</td><td></td></tr>
</table>

(4쪽 중 2쪽)

부	안전장치	작동의 적부	육안 및 작동확인	[ ]적합 [ ]부적합 [ ]해당 없음
		부식·손상 유무	육안	[ ]적합 [ ]부적합 [ ]해당 없음
	통기관	인화방지장치의 손상·막힘 유무	육안	[ ]적합 [ ]부적합 [ ]해당 없음
		화염방지장치 접합부의 고정상태 적부	육안	[ ]적합 [ ]부적합 [ ]해당 없음
		대기밸브 작동상황의 적부	작동확인	[ ]적합 [ ]부적합 [ ]해당 없음
		통기관 내 장애물의 유무	육안	[ ]적합 [ ]부적합 [ ]해당 없음
		도장상황의 적부 및 부식 유무	육안	[ ]적합 [ ]부적합 [ ]해당 없음
	검측구·샘플링구·맨홀	변형·균열·틈새의 유무	육안	[ ]적합 [ ]부적합 [ ]해당 없음
		도장상항의 적부 및 부식 유무	육안	[ ]적합 [ ]부적합 [ ]해당 없음
계측장치	액량자동표시장치	손상 유무	육안	[ ]적합 [ ]부적합 [ ]해당 없음
		작동상황의 적부	육안 및 작동확인	[ ]적합 [ ]부적합 [ ]해당 없음
		부착부의 손상 유무	육안	[ ]적합 [ ]부적합 [ ]해당 없음
	온도계	손상 유무	육안	[ ]적합 [ ]부적합 [ ]해당 없음
		작동상황의 적부	육안 및 작동확인	[ ]적합 [ ]부적합 [ ]해당 없음
		부착부의 손상 유무	육안	[ ]적합 [ ]부적합 [ ]해당 없음
	압력계	손상 유무	육안	[ ]적합 [ ]부적합 [ ]해당 없음
		작동상황의 적부	육안 및 작동확인	[ ]적합 [ ]부적합 [ ]해당 없음
		부착부의 손상 유무	육안	[ ]적합 [ ]부적합 [ ]해당 없음
	액면상하한 경보설비	손상 유무	육안	[ ]적합 [ ]부적합 [ ]해당 없음
		작동상황의 적부	육안 및 작동확인	[ ]적합 [ ]부적합 [ ]해당 없음
		부착부의 손상 유무	육안	[ ]적합 [ ]부적합 [ ]해당 없음
배관·밸브 등	배관 (플랜지·밸브 포함)	누설 유무	육안	[ ]적합 [ ]부적합 [ ]해당 없음
		변형·손상 유무	육안	[ ]적합 [ ]부적합 [ ]해당 없음
		도장상황의 적부 및 부식 유무	육안	[ ]적합 [ ]부적합 [ ]해당 없음
		지반면과 이격상태의 적부	육안	[ ]적합 [ ]부적합 [ ]해당 없음
	배관의 피트	균열·손상 유무	육안	[ ]적합 [ ]부적합 [ ]해당 없음
		체유·체수·토사퇴적 등의 유무	육안	[ ]적합 [ ]부적합 [ ]해당 없음
	전기방식설비	단자함의 손상·토사퇴적 등의 유무	육안	[ ]적합 [ ]부적합 [ ]해당 없음
		단자의 탈락 유무	육안	[ ]적합 [ ]부적합 [ ]해당 없음
		방식전류(전위)의 적부	전위측정	[ ]적합 [ ]부적합 [ ]해당 없음
	주입구	폐쇄시의 누설 유무	육안	[ ]적합 [ ]부적합 [ ]해당 없음
		변형·손상 유무	육안	[ ]적합 [ ]부적합 [ ]해당 없음
		접지전극의 손상 유무	육안	[ ]적합 [ ]부적합 [ ]해당 없음
		접지저항치의 적부	저항측정	[ ]적합 [ ]부적합 [ ]해당 없음
	배기밸브	누설 유무	육안	[ ]적합 [ ]부적합 [ ]해당 없음
		도장상황의 적부 및 부식 유무	육안	[ ]적합 [ ]부적합 [ ]해당 없음
		기능의 적부	작동확인	[ ]적합 [ ]부적합 [ ]해당 없음
펌프설비 등	전동기	손상 유무	육안	[ ]적합 [ ]부적합 [ ]해당 없음
		고정상태의 적부	육안	[ ]적합 [ ]부적합 [ ]해당 없음
		회전부 등의 급유상태 적부	육안	[ ]적합 [ ]부적합 [ ]해당 없음
		이상진동·소음·발열 등의 유무	육안 및 작동확인	[ ]적합 [ ]부적합 [ ]해당 없음
	펌프	누설 유무	육안	[ ]적합 [ ]부적합 [ ]해당 없음
		변형·손상 유무	육안	[ ]적합 [ ]부적합 [ ]해당 없음
		도장상황의 적부 및 부식 유무	육안	[ ]적합 [ ]부적합 [ ]해당 없음
		고정상태의 적부	육안	[ ]적합 [ ]부적합 [ ]해당 없음
		회전부 등의 급유상태 적부	육안	[ ]적합 [ ]부적합 [ ]해당 없음
		유량 및 유압의 적부	육안	[ ]적합 [ ]부적합 [ ]해당 없음
		이상진동·소음·발열 등의 유무	육안 및 작동확인	[ ]적합 [ ]부적합 [ ]해당 없음
		기초의 균열·손상 유무	육안	[ ]적합 [ ]부적합 [ ]해당 없음

(4쪽 중 3쪽)

	접지	단선 유무	육안	[ ]적합 [ ]부적합 [ ]해당 없음	
		부착부분의 탈락 유무	육안	[ ]적합 [ ]부적합 [ ]해당 없음	
		접지저항치의 적부	저항측정	[ ]적합 [ ]부적합 [ ]해당 없음	
	주위·바닥·집유설비·유분리장치	균열·손상 등 유무	육안	[ ]적합 [ ]부적합 [ ]해당 없음	
		체유·체수·토사퇴적 등의 유무	육안	[ ]적합 [ ]부적합 [ ]해당 없음	
	펌프실	지붕·벽·바닥·방화문 등의 균열·손상 유무	육안	[ ]적합 [ ]부적합 [ ]해당 없음	
		환기·배출설비 등의 손상 유무 및 기능의 적부	육안 및 작동확인	[ ]적합 [ ]부적합 [ ]해당 없음	
		조명설비의 손상 유무	육안	[ ]적합 [ ]부적합 [ ]해당 없음	
방유제등	방유제	변형·균열·손상 유무	육안	[ ]적합 [ ]부적합 [ ]해당 없음	
	배수관	배수관의 손상 유무	육안	[ ]적합 [ ]부적합 [ ]해당 없음	
		배수관 개폐상황의 적부	육안	[ ]적합 [ ]부적합 [ ]해당 없음	
	배수구	배수구의 균열·손상 유무	육안	[ ]적합 [ ]부적합 [ ]해당 없음	
		배수구내의 체유·체수·토사퇴적 등의 유무	육안	[ ]적합 [ ]부적합 [ ]해당 없음	
	집유설비	체유·체수·토사퇴적 등의 유무	육안	[ ]적합 [ ]부적합 [ ]해당 없음	
	계단	변형·손상 유무	육안	[ ]적합 [ ]부적합 [ ]해당 없음	
전기설비	배전반·차단기·배선 등	변형·손상 유무	육안	[ ]적합 [ ]부적합 [ ]해당 없음	
		고정상태의 적부	육안	[ ]적합 [ ]부적합 [ ]해당 없음	
		기능의 적부	육안 및 작동확인	[ ]적합 [ ]부적합 [ ]해당 없음	
		배선접합부의 탈락 유무	육안	[ ]적합 [ ]부적합 [ ]해당 없음	
	접지	단선 유무	육안	[ ]적합 [ ]부적합 [ ]해당 없음	
		부착부분의 탈락 유무	육안	[ ]적합 [ ]부적합 [ ]해당 없음	
		접지저항치의 적부	저항측정	[ ]적합 [ ]부적합 [ ]해당 없음	
피뢰설비		돌침부의 경사·손상·부착상태 적부	육안	[ ]적합 [ ]부적합 [ ]해당 없음	
		피뢰도선의 단선 및 벽체 등과 접촉 유무	육안	[ ]적합 [ ]부적합 [ ]해당 없음	
		접지저항치의 적부	저항측정	[ ]적합 [ ]부적합 [ ]해당 없음	
표지·게시판		손상 유무	육안	[ ]적합 [ ]부적합 [ ]해당 없음	
		기재사항의 적부	육안	[ ]적합 [ ]부적합 [ ]해당 없음	
소화설비	소화기	위치·설치수·압력의 적부	육안	[ ]적합 [ ]부적합 [ ]해당 없음	
	그밖의 소화설비	소화설비 점검표에 의할 것			
경보설비	자동화재탐지설비	자동화재탐지설비 점검표에 의할 것			
	그밖의 경보설비	손상 유무	육안	[ ]적합 [ ]부적합 [ ]해당 없음	
		기능의 적부	작동확인	[ ]적합 [ ]부적합 [ ]해당 없음	
기타 사항	보온재	손상·탈락 유무	육안	[ ]적합 [ ]부적합 [ ]해당 없음	
		피복재 도장상황의 적부 및 부식의 유무	육안	[ ]적합 [ ]부적합 [ ]해당 없음	
	탱크기둥	변형·손상의 유무(탱크 개방시)	육안	[ ]적합 [ ]부적합 [ ]해당 없음	
		고정상태의 적부(탱크 개방시)	육안	[ ]적합 [ ]부적합 [ ]해당 없음	
	가열장치	고정상태의 적부	육안	[ ]적합 [ ]부적합 [ ]해당 없음	
	전기방식 설비	단자함의 손상·토사퇴적 등의 유무	육안	[ ]적합 [ ]부적합 [ ]해당 없음	
		단자의 탈락 유무	육안	[ ]적합 [ ]부적합 [ ]해당 없음	
		방식전류(전위)의 적부	전위측정	[ ]적합 [ ]부적합 [ ]해당 없음	
	기타				

작성방법

1. 이 일반점검표는 규칙 제64조에 따른 정기점검을 실시하고, 그 결과를 기록하는데 사용합니다.
2. "점검기간"란에는 점검을 개시하여 완료할 때까지의 기간을 기재하고, 그 기간이 1일인 경우에는 점검일자를 기재합니다.
3. "점검자"란에는 규칙 제67조에 따른 정기점검의 실시자의 성명과 서명(또는 인)을 기재하고, 실시자의 위임 등에 따라 실시자가 아닌 자가 점검을 하더라도 위 실시자의 정보를 기재합니다. 이 경우 실시자가 아닌 구체적인 점검행위를 한 자의 성명, 상호 등을 "점검항목"란의 기타사항에 추가로 기재합니다.
4. "설치허가 연월일"란에는 허가청이 해당 제조소등에 대한 설치허가처분의 문서를 최초로 통지한 날을 기재하고, "완공검사번호"란에는 가장 최근에 실시한 완공검사에 합격하여 부여받은 번호를 기재합니다.
5. "사업소명"란에는 해당 제조소등이 속한 사업소의 명칭을 기재합니다.
6. "안전관리자"란에는 해당 제조소등에 선임된 위험물안전관리자의 성명을 기재하고, 안전관리자가 다수의 제조소등에 중복하여 선임된 경우에는 '중복 선임' 등 해당 사실을 인지할 수 있는 표기를 추가로 합니다.
7. "설치위치"란에는 해당 제조소등이 속한 곳의 주소와 해당 제조소등의 설치위치를 특정할 수 있는 내용을 기재합니다.
8. "품명"란에는 해당 제조소등에서 저장 또는 취급하는 위험물의 품명을 기재하고, 복수의 품명을 저장 또는 취급하는 경우에는 해당하는 품명을 전부 기재합니다(기재란이 부족한 경우에는 별지에 기재하여 첨부).
9. "허가량"란에는 해당 제조소등에서 허가를 받고 저장 또는 취급하는 위험물의 총량을 기재하고, 복수의 품명을 저장 또는 취급하는 경우에는 해당하는 품명별 저장량 또는 취급량을 각각 기재합니다.
10. "위험물 저장·취급 개요"란에는 해당 위험물의 용도, 저장·취급기간, 저장·취급방법 등 해당 제조소등에서 위험물을 저장 또는 취급하는 내용에 대해 간략하게 기재합니다.
11. "시설명/호칭번호"란에는 제조소등을 식별할 수 있도록 해당 제조소등의 관리명칭, 관리번호 또는「자동차관리법」제16조에 따라 부여된 자동차 등록번호(이동탱크저장소에 한함) 등을 기재합니다.
12. "점검결과"란에는 해당 제조소등의 위치·구조 및 설비의 기술기준 적합성 여부 등에 따라 다음과 같이 표시 등을 합니다.
    가. 점검결과가 적합한 경우에는 "[ ]적합"란에, 부적합한 경우에는 "[ ]부적합"란에 각각 √표시를 함
    나. 해당 제조소등에 부존재하는 점검항목 등에 대한 점검결과는 "[ ]해당 없음"란에 √표시를 함
    다. 점검항목 중 "접지저항치의 적부"에는 접지측정 부위별 그 저항치 측정값을 별지에 기재하여 첨부함
    라. 점검방법이 수개인 경우에는 해당 점검방법을 모두 이행해야 하나, 그 중 일부를 이행하더라도 적정한 점검을 할 수 있는 경우에는 그러하지 않음
13. "비고"란의 기재방법, 기재사항 등은 다음과 같습니다.
    가. 부적합한 점검항목에 대한 수리·개조·이전 등을 한 연월일과 수리·개조·이전 등의 구체적 내용을 기재함
    나. 해당 제조소등의 구조, 위험물의 저장·취급형태 등에 비추어 특정 점검항목에 대한 점검이 현저히 곤란한 경우에는 "점검곤란"표기와 그 사유를 기재함. 이 경우 "점검결과"란은 공란으로 둠
    다. 점검항목 중 일부에 대해 다른 법령에 따른 점검 등을 이미 실시하여 해당 점검항목에 한해 정기점검을 실시하지 않는 경우에는 다른 법령에 따른 점검 등의 개요를 기재함. 이 경우 "점검결과"란에는 다른 법령에 따른 점검결과를 표시함
14. 다수의 제조소등에 각각 설치된 소화설비 중 공동으로 사용하는 구성설비가 있는 경우에는 해당 구성설비가 소속되는 대표 제조소등을 지정하고, 그 제조소등 소화설비의 일반점검표를 작성하면 나머지 제조소등 소화설비의 일반점검표 중 해당 점검항목에 대한 점검결과의 표시를 생략할 수 있습니다. 이 경우 해당 점검항목에 대한 "비고"란에는 대표 제조소등의 일반점검표에 해당 점검결과가 표시되었음을 기재해야 합니다.
15. 소화설비의 일반점검표 중 "제조소등의 구분"란에는 해당 소화설비가 설치된 제조소등을, "소화설비의 호칭번호"란에는 해당 소화설비에 대해 자체적으로 관리하는 번호 등을 기재합니다.

■ 위험물안전관리에 관한 세부기준 [별지 제12호서식] (3쪽 중 1쪽)

지하탱크저장소 일반점검표

점검기간 :
점검자 : 서명(또는 인)
설치자 : 서명(또는 인)

지하탱크저장소의 형태	이중벽 (여 · 부) 전용실설치여부 (여 · 부)		설치허가 연월일 및 완공검사번호		
설치자			안전관리자		
사업소명			설치위치		
위험물 현황	품명		허가량	지정수량의 배수	
위험물 저장·취급 개요					
시설명/호칭번호					
점검항목	점검내용		점검방법	점검결과	비고
탱크본체	누설 유무		육안	[ ]적합 [ ]부적합 [ ]해당 없음	
상부	뚜껑의 균열·변형·손상·부등침하 유무		육안 및 실측	[ ]적합 [ ]부적합 [ ]해당 없음	
	허가외 구조물 설치여부		육안	[ ]적합 [ ]부적합 [ ]해당 없음	
맨홀	변형·손상·토사퇴적 등의 유무		육안	[ ]적합 [ ]부적합 [ ]해당 없음	
통기관	인화방지장치의 손상·막힘 유무		육안	[ ]적합 [ ]부적합 [ ]해당 없음	
	화염방지장치 접합부의 고정상태 적부		육안	[ ]적합 [ ]부적합 [ ]해당 없음	
	밸브 작동상황의 적부		작동확인	[ ]적합 [ ]부적합 [ ]해당 없음	
	통기관 내 장애물의 유무		육안	[ ]적합 [ ]부적합 [ ]해당 없음	
	도장상황의 적부 및 부식 유무		육안	[ ]적합 [ ]부적합 [ ]해당 없음	
안전장치	작동의 적부		육안 및 작동확인	[ ]적합 [ ]부적합 [ ]해당 없음	
	부식·손상 유무		육안	[ ]적합 [ ]부적합 [ ]해당 없음	
가연성증기 회수장치	손상의 유무		육안	[ ]적합 [ ]부적합 [ ]해당 없음	
	작동상황의 적부		육안	[ ]적합 [ ]부적합 [ ]해당 없음	
계측장치	액량자동표시장치	손상 유무	육안	[ ]적합 [ ]부적합 [ ]해당 없음	
		작동상황의 적부	육안 및 작동확인	[ ]적합 [ ]부적합 [ ]해당 없음	
		부착부의 손상 유무	육안	[ ]적합 [ ]부적합 [ ]해당 없음	
	온도계	손상 유무	육안	[ ]적합 [ ]부적합 [ ]해당 없음	
		작동상황의 적부	육안 및 작동확인	[ ]적합 [ ]부적합 [ ]해당 없음	
		부착부의 손상 유무	육안	[ ]적합 [ ]부적합 [ ]해당 없음	
	계량구	덮개 폐쇄상황의 적부	육안	[ ]적합 [ ]부적합 [ ]해당 없음	
		변형·손상 유무	육안	[ ]적합 [ ]부적합 [ ]해당 없음	
누설검사관	변형·손상·토사퇴적 등의 유무		육안	[ ]적합 [ ]부적합 [ ]해당 없음	
누설감지설비 (이중벽탱크)	손상 유무		육안	[ ]적합 [ ]부적합 [ ]해당 없음	
	경보장치 기능의 적부		작동확인	[ ]적합 [ ]부적합 [ ]해당 없음	
주입구	폐쇄시의 누설 유무		육안	[ ]적합 [ ]부적합 [ ]해당 없음	
	변형·손상 유무		육안	[ ]적합 [ ]부적합 [ ]해당 없음	
	접지전극의 손상 유무		육안	[ ]적합 [ ]부적합 [ ]해당 없음	
	접지저항치의 적부		저항측정	[ ]적합 [ ]부적합 [ ]해당 없음	
주입구의 피트	균열·손상 유무		육안	[ ]적합 [ ]부적합 [ ]해당 없음	
	체유·체수·토사퇴적 등의 유무		육안	[ ]적합 [ ]부적합 [ ]해당 없음	

배관·밸브 등	배관 (플랜지·밸브 포함)	누설 유무	육안	[ ]적합 [ ]부적합 [ ]해당 없음	
		변형·손상의 유무	육안	[ ]적합 [ ]부적합 [ ]해당 없음	
		도장상황의 적부 및 부식 유무	육안	[ ]적합 [ ]부적합 [ ]해당 없음	
		지반면과 이격상태의 적부	육안	[ ]적합 [ ]부적합 [ ]해당 없음	
	배관의 피트	균열·손상 유무	육안	[ ]적합 [ ]부적합 [ ]해당 없음	
		체유·체수·토사퇴적 등의 유무	육안	[ ]적합 [ ]부적합 [ ]해당 없음	
	전기방식 설비	단자함의 손상·토사퇴적 등의 유무	육안	[ ]적합 [ ]부적합 [ ]해당 없음	
		단자의 탈락 유무	육안	[ ]적합 [ ]부적합 [ ]해당 없음	
		방식전류(전위)의 적부	전위측정	[ ]적합 [ ]부적합 [ ]해당 없음	
	점검함	균열·손상·체유·체수·토사퇴적 등의 유무	육안	[ ]적합 [ ]부적합 [ ]해당 없음	
	밸브	누설·손상 유무	육안	[ ]적합 [ ]부적합 [ ]해당 없음	
		폐쇄기능의 적부	작동확인	[ ]적합 [ ]부적합 [ ]해당 없음	
펌프 설비 등	전동기	손상 유무	육안	[ ]적합 [ ]부적합 [ ]해당 없음	
		고정상태의 적부	육안	[ ]적합 [ ]부적합 [ ]해당 없음	
		회전부 등의 급유상태의 적부	육안	[ ]적합 [ ]부적합 [ ]해당 없음	
		이상진동·소음·발열 등의 유무	육안 및 작동확인	[ ]적합 [ ]부적합 [ ]해당 없음	
	펌프	누설 유무	육안	[ ]적합 [ ]부적합 [ ]해당 없음	
		변형·손상 유무	육안	[ ]적합 [ ]부적합 [ ]해당 없음	
		도장상태의 적부 및 부식 유무	육안	[ ]적합 [ ]부적합 [ ]해당 없음	
		고정상태의 적부	육안	[ ]적합 [ ]부적합 [ ]해당 없음	
		회전부 등의 급유상태의 적부	육안	[ ]적합 [ ]부적합 [ ]해당 없음	
		유량 및 유압의 적부	육안	[ ]적합 [ ]부적합 [ ]해당 없음	
		이상진동·소음·발열 등의 유무	육안 및 작동확인	[ ]적합 [ ]부적합 [ ]해당 없음	
		기초의 균열·손상 유무	육안	[ ]적합 [ ]부적합 [ ]해당 없음	
	접지	단선 유무	육안	[ ]적합 [ ]부적합 [ ]해당 없음	
		부착부분의 탈락 유무	육안	[ ]적합 [ ]부적합 [ ]해당 없음	
		접지저항치의 적부	저항측정	[ ]적합 [ ]부적합 [ ]해당 없음	
	수뷔·바닥· 집유설비· 유분리장치	균열·손상 등의 유무	육안	[ ]적합 [ ]부적합 [ ]해당 없음	
		체유·체수·토사퇴적 등의 유무	육안	[ ]적합 [ ]부적합 [ ]해당 없음	
	펌프실	지붕·벽·바닥·방화문 등의 균열·손상 유무	육안	[ ]적합 [ ]부적합 [ ]해당 없음	
		환기·배출설비 등의 손상 유무 및 기능의 적부	육안 및 작동확인	[ ]적합 [ ]부적합 [ ]해당 없음	
		조명설비의 손상 유무	육안	[ ]적합 [ ]부적합 [ ]해당 없음	
전기 설비	배전반· 차단기· 배선 등	변형·손상 유무	육안	[ ]적합 [ ]부적합 [ ]해당 없음	
		고정상태의 적부	육안	[ ]적합 [ ]부적합 [ ]해당 없음	
		기능의 적부	육안 및 작동확인	[ ]적합 [ ]부적합 [ ]해당 없음	
		배선접합부의 탈락 유무	육안	[ ]적합 [ ]부적합 [ ]해당 없음	
	접지	단선 유무	육안	[ ]적합 [ ]부적합 [ ]해당 없음	
		부착부분의 탈락 유무	육안	[ ]적합 [ ]부적합 [ ]해당 없음	
		접지저항치의 적부	저항측정	[ ]적합 [ ]부적합 [ ]해당 없음	
표지·게시판		손상 유무	육안	[ ]적합 [ ]부적합 [ ]해당 없음	
		기재사항의 적부	육안	[ ]적합 [ ]부적합 [ ]해당 없음	
소화기		위치·설치수·압력의 적부	육안	[ ]적합 [ ]부적합 [ ]해당 없음	
경보설비		손상 유무	육안	[ ]적합 [ ]부적합 [ ]해당 없음	
		기능의 적부	작동확인	[ ]적합 [ ]부적합 [ ]해당 없음	
기타사항					

(3쪽 중 3쪽)

작성방법

1. 이 일반점검표는 규칙 제64조에 따른 정기점검을 실시하고, 그 결과를 기록하는데 사용합니다.
2. "점검기간"란에는 점검을 개시하여 완료할 때까지의 기간을 기재하고, 그 기간이 1일인 경우에는 점검일자를 기재합니다.
3. "점검자"란에는 규칙 제67조에 따른 정기점검의 실시자의 성명과 서명(또는 인)을 기재하고, 실시자의 위임 등에 따라 실시자가 아닌 자가 점검을 하더라도 위 실시자의 정보를 기재합니다. 이 경우 실시자가 아닌 구체적인 점검행위를 한 자의 성명, 상호 등을 "점검항목"란의 기타사항에 추가로 기재합니다.
4. "설치허가 연월일"란에는 허가청이 해당 제조소등에 대한 설치허가처분의 문서를 최초로 통지한 날을 기재하고, "완공검사번호"란에는 가장 최근에 실시한 완공검사에 합격하여 부여받은 번호를 기재합니다.
5. "사업소명"란에는 해당 제조소등이 속한 사업소의 명칭을 기재합니다.
6. "안전관리자"란에는 해당 제조소등에 선임된 위험물안전관리자의 성명을 기재하고, 안전관리자가 다수의 제조소등에 중복하여 선임된 경우에는 '중복 선임'등 해당 사실을 인지할 수 있는 표기를 추가로 합니다.
7. "설치위치"란에는 해당 제조소등이 속한 곳의 주소와 해당 제조소등의 설치위치를 특정할 수 있는 내용을 기재합니다.
8. "품명"란에는 해당 제조소등에서 저장 또는 취급하는 위험물의 품명을 기재하고, 복수의 품명을 저장 또는 취급하는 경우에는 해당하는 품명을 전부 기재합니다(기재란이 부족한 경우에는 별지에 기재하여 첨부).
9. "허가량"란에는 해당 제조소등에서 허가를 받고 저장 또는 취급하는 위험물의 총량을 기재하고, 복수의 품명을 저장 또는 취급하는 경우에는 해당하는 품명별 저장량 또는 취급량을 각각 기재합니다.
10. "위험물 저장·취급 개요"란에는 해당 위험물의 용도, 저장·취급기간, 저장·취급방법 등 해당 제조소등에서 위험물을 저장 또는 취급하는 내용에 대해 간략하게 기재합니다.
11. "시설명/호칭번호"란에는 제조소등을 식별할 수 있도록 해당 제조소등의 관리명칭, 관리번호 또는 「자동차관리법」 제16조에 따라 부여된 자동차 등록번호(이동탱크저장소에 한함) 등을 기재합니다.
12. "점검결과"란에는 해당 제조소등의 위치·구조 및 설비의 기술기준 적합성 여부 등에 따라 다음과 같이 표시 등을 합니다.
    가. 점검결과가 적합한 경우에는 "[ ]적합"란에, 부적합한 경우에는 "[ ]부적합"란에 각각 √표시를 함
    나. 해당 제조소등에 부존재하는 점검항목 등에 대한 점검결과는 "[ ]해당 없음"란에 √표시를 함
    다. 점검항목 중 "접지저항치의 적부"에는 접지측정 부위별 그 저항치 측정값을 별지에 기재하여 첨부함
    라. 점검방법이 수개인 경우에는 해당 점검방법을 모두 이행해야 하나, 그 중 일부를 이행하더라도 적정한 점검을 할 수 있는 경우에는 그러하지 않음
13. "비고"란의 기재방법, 기재사항 등은 다음과 같습니다.
    가. 부적합한 점검항목에 대한 수리·개조·이전 등을 한 연월일과 수리·개조·이전 등의 구체적 내용을 기재함
    나. 해당 제조소등의 구조, 위험물의 저장·취급형태 등에 비추어 특정 점검항목에 대한 점검이 현저히 곤란한 경우에는 "점검곤란" 표기와 그 사유를 기재함. 이 경우 "점검결과"란은 공란으로 둠
    다. 점검항목 중 일부에 대해 다른 법령에 따른 점검 등을 이미 실시하여 해당 점검항목에 한해 정기점검을 실시하지 않는 경우에는 다른 법령에 따른 점검 등의 개요를 기재함. 이 경우 "점검결과"란에는 다른 법령에 따른 점검결과를 표시함
14. 다수의 제조소등에 각각 설치된 소화설비 중 공동으로 사용하는 구성설비가 있는 경우에는 해당 구성설비가 소속되는 대표 제조소등을 지정하고, 그 제조소등 소화설비의 일반점검표를 작성하면 나머지 제조소등 소화설비의 일반점검표 중 해당 점검항목에 대한 점검결과의 표시를 생략할 수 있습니다. 이 경우 해당 점검항목에 대한 "비고"란에는 대표 제조소등의 일반점검표에 해당 점검결과가 표시되었음을 기재해야 합니다.
15. 소화설비의 일반점검 중 "제조소등의 구분"란에는 해당 소화설비가 설치된 제조소등을, "소화설비의 호칭번호"란에는 해당 소화설비에 대해 자체적으로 관리하는 번호 등을 기재합니다.

■ 위험물안전관리에 관한 세부기준 [별지 제13호서식]   (2쪽 중 1쪽)

<table>
<tr><td colspan="6" align="center">이동탱크저장소 일반점검표</td><td colspan="2">점검기간 :
점검자 :　　　　서명(또는 인)
설치자 :　　　　서명(또는 인)</td></tr>
<tr><td colspan="3">이동탱크저장소의 형태</td><td colspan="2">컨테이너식 (여·부) / 견인식 (여·부)</td><td colspan="3">설치허가 연월일 및 완공검사번호</td></tr>
<tr><td colspan="3">설치자</td><td colspan="2"></td><td colspan="3">위험물운송자</td></tr>
<tr><td colspan="3">사업소명</td><td colspan="2"></td><td colspan="3">상치장소</td></tr>
<tr><td colspan="3">위험물 현황</td><td>품명</td><td></td><td>허가량</td><td>지정수량의 배수</td><td></td></tr>
<tr><td colspan="3">위험물 저장·취급 개요</td><td colspan="5"></td></tr>
<tr><td colspan="3">시설명/호칭번호</td><td colspan="5"></td></tr>
<tr><td colspan="2">점검항목</td><td colspan="2">점검내용</td><td>점검방법</td><td colspan="2">점검결과</td><td>비고</td></tr>
<tr><td colspan="2">상치장소</td><td colspan="2">이격거리의 적부(옥외)</td><td>육안</td><td colspan="2">[ ]적합 [ ]부적합 [ ]해당 없음</td><td></td></tr>
<tr><td colspan="2"></td><td colspan="2">벽·기둥·지붕 등의 균열·손상 유무(옥내)</td><td>육안</td><td colspan="2">[ ]적합 [ ]부적합 [ ]해당 없음</td><td></td></tr>
<tr><td colspan="2">탱크본체</td><td colspan="2">누설 유무</td><td>육안</td><td colspan="2">[ ]적합 [ ]부적합 [ ]해당 없음</td><td></td></tr>
<tr><td colspan="2">탱크프레임</td><td colspan="2">균열·변형 유무</td><td>육안</td><td colspan="2">[ ]적합 [ ]부적합 [ ]해당 없음</td><td></td></tr>
<tr><td colspan="2">탱크의 고정</td><td colspan="2">고정상태의 적부</td><td>육안</td><td colspan="2">[ ]적합 [ ]부적합 [ ]해당 없음</td><td></td></tr>
<tr><td colspan="2"></td><td colspan="2">고정금속구의 균열·손상 유무</td><td>육안</td><td colspan="2">[ ]적합 [ ]부적합 [ ]해당 없음</td><td></td></tr>
<tr><td colspan="2">안전장치</td><td colspan="2">작동상황의 적부</td><td>육안 및 조작시험</td><td colspan="2">[ ]적합 [ ]부적합 [ ]해당 없음</td><td></td></tr>
<tr><td colspan="2"></td><td colspan="2">본체의 손상 유무</td><td>육안</td><td colspan="2">[ ]적합 [ ]부적합 [ ]해당 없음</td><td></td></tr>
<tr><td colspan="2"></td><td colspan="2">인화방지장치의 손상 및 막힘 유무</td><td>육안</td><td colspan="2">[ ]적합 [ ]부적합 [ ]해당 없음</td><td></td></tr>
<tr><td colspan="2">맨홀</td><td colspan="2">뚜껑의 이탈 유무</td><td>육안</td><td colspan="2">[ ]적합 [ ]부적합 [ ]해당 없음</td><td></td></tr>
<tr><td colspan="2">주입구</td><td colspan="2">뚜껑의 개폐상황의 적부</td><td>육안</td><td colspan="2">[ ]적합 [ ]부적합 [ ]해당 없음</td><td></td></tr>
<tr><td colspan="2"></td><td colspan="2">패킹의 마모상태</td><td>육안</td><td colspan="2">[ ]적합 [ ]부적합 [ ]해당 없음</td><td></td></tr>
<tr><td colspan="2">가연성증기 회수설비</td><td colspan="2">회수구의 변형·손상의 유무</td><td>육안</td><td colspan="2">[ ]적합 [ ]부적합 [ ]해당 없음</td><td></td></tr>
<tr><td colspan="2"></td><td colspan="2">호스결합장치의 균열·손상의 유무</td><td>육안</td><td colspan="2">[ ]적합 [ ]부적합 [ ]해당 없음</td><td></td></tr>
<tr><td colspan="2"></td><td colspan="2">완충이음 등의 균열·변형·손상의 유무</td><td>육안</td><td colspan="2">[ ]적합 [ ]부적합 [ ]해당 없음</td><td></td></tr>
<tr><td colspan="2">정전기제거설비</td><td colspan="2">변형·손상 유무</td><td>육안</td><td colspan="2">[ ]적합 [ ]부적합 [ ]해당 없음</td><td></td></tr>
<tr><td colspan="2"></td><td colspan="2">부착부의 이탈 유무</td><td>육안</td><td colspan="2">[ ]적합 [ ]부적합 [ ]해당 없음</td><td></td></tr>
<tr><td colspan="2">방호틀·측면틀</td><td colspan="2">균열·변형·손상 유무</td><td>육안</td><td colspan="2">[ ]적합 [ ]부적합 [ ]해당 없음</td><td></td></tr>
<tr><td colspan="2"></td><td colspan="2">부식 유무</td><td>육안</td><td colspan="2">[ ]적합 [ ]부적합 [ ]해당 없음</td><td></td></tr>
<tr><td colspan="2">배출밸브·자동폐쇄장치
·토출밸브·드레인밸브·
바이패스밸브·전환밸브
등</td><td colspan="2">작동상황의 적부</td><td>육안 및 작동확인</td><td colspan="2">[ ]적합 [ ]부적합 [ ]해당 없음</td><td></td></tr>
<tr><td colspan="2"></td><td colspan="2">폐쇄장치의 작동상황의 적부</td><td>육안 및 작동확인</td><td colspan="2">[ ]적합 [ ]부적합 [ ]해당 없음</td><td></td></tr>
<tr><td colspan="2"></td><td colspan="2">균열·손상 유무</td><td>육안</td><td colspan="2">[ ]적합 [ ]부적합 [ ]해당 없음</td><td></td></tr>
<tr><td colspan="2"></td><td colspan="2">누설 유무</td><td>육안</td><td colspan="2">[ ]적합 [ ]부적합 [ ]해당 없음</td><td></td></tr>
<tr><td colspan="2">배관</td><td colspan="2">누설 유무</td><td>육안</td><td colspan="2">[ ]적합 [ ]부적합 [ ]해당 없음</td><td></td></tr>
<tr><td colspan="2"></td><td colspan="2">고정금속결합구의 고정상태의 적부</td><td>육안</td><td colspan="2">[ ]적합 [ ]부적합 [ ]해당 없음</td><td></td></tr>
<tr><td colspan="2">전기설비</td><td colspan="2">변형·손상 유무</td><td>육안</td><td colspan="2">[ ]적합 [ ]부적합 [ ]해당 없음</td><td></td></tr>
<tr><td colspan="2"></td><td colspan="2">배선접속부의 탈락 유무</td><td>육안</td><td colspan="2">[ ]적합 [ ]부적합 [ ]해당 없음</td><td></td></tr>
<tr><td colspan="2">접지도선</td><td colspan="2">접지도선과 선단크립의 도통상태의 적부</td><td>확인시험</td><td colspan="2">[ ]적합 [ ]부적합 [ ]해당 없음</td><td></td></tr>
<tr><td colspan="2"></td><td colspan="2">회전부의 회전상태의 적부</td><td>확인시험</td><td colspan="2">[ ]적합 [ ]부적합 [ ]해당 없음</td><td></td></tr>
<tr><td colspan="2"></td><td colspan="2">접지도선의 접속상태의 적부</td><td>확인시험</td><td colspan="2">[ ]적합 [ ]부적합 [ ]해당 없음</td><td></td></tr>
<tr><td colspan="2">주입호스·금속결합구</td><td colspan="2">균열·변형·손상 유무</td><td>육안</td><td colspan="2">[ ]적합 [ ]부적합 [ ]해당 없음</td><td></td></tr>
<tr><td colspan="2">펌프설비</td><td colspan="2">누설 유무</td><td>육안</td><td colspan="2">[ ]적합 [ ]부적합 [ ]해당 없음</td><td></td></tr>
<tr><td colspan="2">표시·표지</td><td colspan="2">손상 유무 및 내용의 적부</td><td>육안</td><td colspan="2">[ ]적합 [ ]부적합 [ ]해당 없음</td><td></td></tr>
<tr><td colspan="2">소화기</td><td colspan="2">설치수·압력의 적부</td><td>육안</td><td colspan="2">[ ]적합 [ ]부적합 [ ]해당 없음</td><td></td></tr>
<tr><td colspan="2">보냉온재</td><td colspan="2">부식 유무</td><td>육안</td><td colspan="2">[ ]적합 [ ]부적합 [ ]해당 없음</td><td></td></tr>
<tr><td rowspan="3">컨테이
너식</td><td>상자틀</td><td colspan="2">균열·변형·손상 유무</td><td>육안</td><td colspan="2">[ ]적합 [ ]부적합 [ ]해당 없음</td><td></td></tr>
<tr><td>금속결합구·
모서리볼트·
U볼트</td><td colspan="2">균열·변형·손상 유무</td><td>육안</td><td colspan="2">[ ]적합 [ ]부적합 [ ]해당 없음</td><td></td></tr>
<tr><td>탱크검사(시험)
합격확인증</td><td colspan="2">손상 유무</td><td>육안</td><td colspan="2">[ ]적합 [ ]부적합 [ ]해당 없음</td><td></td></tr>
<tr><td colspan="2">기타사항</td><td colspan="6"></td></tr>
</table>

작성방법

1. 이 일반점검표는 규칙 제64조에 따른 정기점검을 실시하고, 그 결과를 기록하는데 사용합니다.
2. "점검기간"란에는 점검을 개시하여 완료할 때까지의 기간을 기재하고, 그 기간이 1일인 경우에는 점섬일자를 기재합니다.
3. "점검자"란에는 규칙 제67조에 따른 정기점검의 실시자의 성명과 서명(또는 인)을 기재하고, 실시자의 위임 등에 따라 실시자가 아닌 자가 점검을 하더라도 위 실시자의 정보를 기재합니다. 이 경우 실시자가 아닌 구체적인 점검행위를 한 자의 성명, 상호 등을 "점검항목"란의 기타사항에 추가로 기재합니다.
4. "설치허가 연월일"란에는 허가청이 해당 제조소등에 대한 설치허가처분의 문서를 최초로 통지한 날을 기재하고, "완공검사번호"란에는 가장 최근에 실시한 완공검사에 합격하여 부여받은 번호를 기재합니다.
5. "사업소명"란에는 해당 제조소등이 속한 사업소의 명칭을 기재합니다.
6. "안전관리자"란에는 해당 제조소등에 선임된 위험물안전관리자의 성명을 기재하고, 안전관리자가 다수의 제조소등에 중복하여 선임된 경우에는 '중복 선임'등 해당 사실을 인지할 수 있는 표기를 추가로 합니다.
7. "설치위치"란에는 해당 제조소등이 속한 곳의 주소와 해당 제조소등의 설치위치를 특정할 수 있는 내용을 기재합니다.
8. "품명"란에는 해당 제조소등에서 저장 또는 취급하는 위험물의 품명을 기재하고, 복수의 품명을 저장 또는 취급하는 경우에는 해당하는 품명을 전부 기재합니다(기재란이 부족한 경우에는 별지에 기재하여 첨부).
9. "허가량"란에는 해당 제조소등에서 허가를 받고 저장 또는 취급하는 위험물의 총량을 기재하고, 복수의 품명을 저장 또는 취급하는 경우에는 해당하는 품명별 저장량 또는 취급량을 각각 기재합니다.
10. "위험물 저장·취급 개요"란에는 해당 위험물의 용도, 저장·취급기간, 저장·취급방법 등 해당 제조소등에서 위험물을 저장 또는 취급하는 내용에 대해 간략하게 기재합니다.
11. "시설명/호칭번호"란에는 제조소등을 식별할 수 있도록 해당 제조소등의 관리명칭, 관리번호 또는 「자동차관리법」 제16조에 따라 부여된 자동차 등록번호(이동탱크저장소에 한함) 등을 기재합니다.
12. "점검결과"란에는 해당 제조소등의 위치·구조 및 설비의 기술기준 적합성 여부 등에 따라 다음과 같이 표시 등을 합니다.
    가. 점검결과가 적합한 경우에는 "[ ]적합"란에, 부적합한 경우에는 "[ ]부적합"란에 각각 √표시를 함
    나. 해당 제조소등에 부존재하는 점검항목 등에 대한 점검결과는 "[ ]해당 없음"란에 √표시를 함
    다. 점검항목 중 "접지저항치의 적부"에는 접지측정 부위별 그 저항치 측정값을 별지에 기재하여 첨부함
    라. 점검방법이 수개인 경우에는 해당 점검방법을 모두 이행해야 하나, 그 중 일부를 이행하더라도 적정한 점검을 할 수 있는 경우에는 그러하지 않음
13. "비고"란의 기재방법, 기재사항 등은 다음과 같습니다.
    가. 부적합한 점검항목에 대한 수리·개조·이전 등을 한 연월일과 수리·개조·이전 등의 구체적 내용을 기재함
    나. 해당 제조소등의 구조, 위험물의 저장·취급형태 등에 비추어 특정 점검항목에 대한 점검이 현저히 곤란한 경우에는 "점검곤란"표기와 그 사유를 기재함. 이 경우 "점검결과"란은 공란으로 둠
    다. 점검항목 중 일부에 대해 다른 법령에 따른 점검 등을 이미 실시하여 해당 점검항목에 한해 정기점검을 실시하지 않는 경우에는 다른 법령에 따른 점검 등의 개요를 기재함. 이 경우 "점검결과"란에는 다른 법령에 따른 점검결과를 표시함
14. 다수의 제조소등에 각각 설치된 소화설비 중 공동으로 사용하는 구성설비가 있는 경우에는 해당 구성설비가 소속되는 대표 제조소등을 지정하고, 그 제조소등 소화설비의 일반점검표를 작성하면 나머지 제조소등 소화설비의 일반점검표 중 해당 점검항목에 대한 점검결과의 표시를 생략할 수 있습니다. 이 경우 해당 점검항목에 대한 "비고"란에는 대표 제조소등의 일반점검표에 해당 점검결과가 표시되었음을 기재해야 합니다.
15. 소화설비의 일반점검표 중 "제조소등의 구분"란에는 해당 소화설비가 설치된 제조소등을, "소화설비의 호칭번호"란에는 해당 소화설비에 대해 자체적으로 관리하는 번호 등을 기재합니다.

■ 위험물안전관리에 관한 세부기준 [별지 제14호서식]　　　　　　　　　　　　　　　　(2쪽 중 1쪽)

<table>
<tr><td colspan="7">옥외저장소 일반점검표　　점검기간 :
점검자 :　　　　서명(또는 인)
설치자 :　　　　서명(또는 인)</td></tr>
<tr><td colspan="2">옥외저장소의 면적</td><td></td><td colspan="2">설치허가 연월일 및 완공검사번호</td><td colspan="2"></td></tr>
<tr><td colspan="2">설치자</td><td></td><td colspan="2">안전관리자</td><td colspan="2"></td></tr>
<tr><td colspan="2">사업소명</td><td></td><td colspan="2">설치위치</td><td colspan="2"></td></tr>
<tr><td colspan="2">위험물 현황</td><td>품명</td><td colspan="2">허가량</td><td>지정수량의 배수</td><td></td></tr>
<tr><td colspan="2">위험물
저장·취급 개요</td><td colspan="5"></td></tr>
<tr><td colspan="2">시설명/호칭번호</td><td colspan="5"></td></tr>
<tr><td colspan="2">점검항목</td><td>점검내용</td><td>점검방법</td><td colspan="2">점검결과</td><td>비고</td></tr>
<tr><td colspan="2" rowspan="2">안전거리</td><td>보호대상물 신설 여부</td><td>육안 및 실측</td><td colspan="2">[ ]적합 [ ]부적합 [ ]해당 없음</td><td></td></tr>
<tr><td>방화상 유효한 담의 손상 유무</td><td>육안</td><td colspan="2">[ ]적합 [ ]부적합 [ ]해당 없음</td><td></td></tr>
<tr><td colspan="2">보유공지</td><td>허가외 물건 존치 여부</td><td>육안</td><td colspan="2">[ ]적합 [ ]부적합 [ ]해당 없음</td><td></td></tr>
<tr><td colspan="2">경계표시</td><td>변형·손상 유무</td><td>육안</td><td colspan="2">[ ]적합 [ ]부적합 [ ]해당 없음</td><td></td></tr>
<tr><td rowspan="5">지반
면
등</td><td>지반면</td><td>패임의 유무 및 배수의 적부</td><td>육안</td><td colspan="2">[ ]적합 [ ]부적합 [ ]해당 없음</td><td></td></tr>
<tr><td rowspan="2">배수구</td><td>균열·손상 유무</td><td>육안</td><td colspan="2">[ ]적합 [ ]부적합 [ ]해당 없음</td><td></td></tr>
<tr><td>체유·체수·토사퇴적 등의 유무</td><td>육안</td><td colspan="2">[ ]적합 [ ]부적합 [ ]해당 없음</td><td></td></tr>
<tr><td rowspan="2">유분리장치</td><td>균열·손상 유무</td><td>육안</td><td colspan="2">[ ]적합 [ ]부적합 [ ]해당 없음</td><td></td></tr>
<tr><td>체유·체수·토사퇴적 등의 유무</td><td>육안</td><td colspan="2">[ ]적합 [ ]부적합 [ ]해당 없음</td><td></td></tr>
<tr><td colspan="2" rowspan="3">선반</td><td>변형·손상 유무</td><td>육안</td><td colspan="2">[ ]적합 [ ]부적합 [ ]해당 없음</td><td></td></tr>
<tr><td>고정상태의 적부</td><td>육안</td><td colspan="2">[ ]적합 [ ]부적합 [ ]해당 없음</td><td></td></tr>
<tr><td>낙하방지조치의 적부</td><td>육안</td><td colspan="2">[ ]적합 [ ]부적합 [ ]해당 없음</td><td></td></tr>
<tr><td colspan="2">표지·게시판</td><td>손상 유무 및 내용의 적부</td><td>육안</td><td colspan="2">[ ]적합 [ ]부적합 [ ]해당 없음</td><td></td></tr>
<tr><td rowspan="2">소화
설비</td><td>소화기</td><td>위치·설치수·압력의 적부</td><td>육안</td><td colspan="2">[ ]적합 [ ]부적합 [ ]해당 없음</td><td></td></tr>
<tr><td>그밖의
소화설비</td><td colspan="4">소화설비 점검표에 의할 것</td><td></td></tr>
<tr><td colspan="2" rowspan="2">경보설비</td><td>손상 유무</td><td>육안</td><td colspan="2">[ ]적합 [ ]부적합 [ ]해당 없음</td><td></td></tr>
<tr><td>작동의 적부</td><td>육안 및 작동확인</td><td colspan="2">[ ]적합 [ ]부적합 [ ]해당 없음</td><td></td></tr>
<tr><td colspan="2">살수설비</td><td>작동의 적부</td><td>육안 및 작동확인</td><td colspan="2">[ ]적합 [ ]부적합 [ ]해당 없음</td><td></td></tr>
<tr><td colspan="2">기타사항</td><td colspan="5"></td></tr>
</table>

작성방법

1. 이 일반점검표는 규칙 제64조에 따른 정기점검을 실시하고, 그 결과를 기록하는데 사용합니다.
2. "점검기간"란에는 점검을 개시하여 완료할 때까지의 기간을 기재하고, 그 기간이 1일인 경우에는 점검일자를 기재합니다.
3. "점검자"란에는 규칙 제67조에 따른 정기점검의 실시자의 성명과 서명(또는 인)을 기재하고, 실시자의 위임 등에 따라 실시자가 아닌 자가 점검을 하더라도 위 실시자의 정보를 기재합니다. 이 경우 실시자가 아닌 구체적인 점검행위를 한 자의 성명, 상호 등을 "점검항목"란의 기타사항에 추가로 기재합니다.
4. "설치허가 연월일"란에는 허가청이 해당 제조소등에 대한 설치허가처분의 문서를 최초로 통지한 날을 기재하고, "완공검사번호"란에는 가장 최근에 실시한 완공검사에 합격하여 부여받은 번호를 기재합니다.
5. "사업소명"란에는 해당 제조소등이 속한 사업소의 명칭을 기재합니다.
6. "안전관리자"란에는 해당 제조소등에 선임된 위험물안전관리자의 성명을 기재하고, 안전관리자가 다수의 제조소등에 중복하여 선임된 경우에는 '중복 선임'등 해당 사실을 인지할 수 있는 표기를 추가로 합니다.
7. "설치위치"란에는 해당 제조소등이 속한 곳의 주소와 해당 제조소등의 설치위치를 특정할 수 있는 내용을 기재합니다.
8. "품명"란에는 해당 제조소등에서 저장 또는 취급하는 위험물의 품명을 기재하고, 복수의 품명을 저장 또는 취급하는 경우에는 해당하는 품명을 전부 기재합니다(기재란이 부족한 경우에는 별지에 기재하여 첨부).
9. "허가량"란에는 해당 제조소등에서 허가를 받고 저장 또는 취급하는 위험물의 총량을 기재하고, 복수의 품명을 저장 또는 취급하는 경우에는 해당하는 품명별 저장량 또는 취급량을 각각 기재합니다.
10. "위험물 저장·취급 개요"란에는 해당 위험물의 용도, 저장·취급기간, 저장·취급방법 등 해당 제조소등에서 위험물을 저장 또는 취급하는 내용에 대해 간략하게 기재합니다.
11. "시설명/호칭번호"란에는 제조소등을 식별할 수 있도록 해당 제조소등의 관리명칭, 관리번호 또는 「자동차관리법」 제16조에 따라 부여된 자동차 등록번호(이동탱크저장소에 한림) 등을 기재합니다.
12. "점검결과"란에는 해당 제조소등의 위치·구조 및 설비의 기술기준 적합성 여부 등에 따라 다음과 같이 표시 등을 합니다.
    가. 점검결과가 적합한 경우에는 "[ ]적합"란에, 부적합한 경우에는 "[ ]부적합"란에 각각 √표시를 함
    나. 해당 제조소등에 부존재하는 점검항목 등에 대한 점검결과는 "[ ]해당 없음"란에 √표시를 함
    다. 점검항목 중 "접지저항치의 적부"에는 접지측정 부위별 그 저항치 측정값을 별지에 기재하여 첨부함
    라. 점검방법이 수개인 경우에는 해당 점검방법을 모두 이행해야 하나, 그 중 일부를 이행하더라도 적정한 점검을 할 수 있는 경우에는 그러하지 않음
13. "비고"란의 기재방법, 기재사항 등은 다음과 같습니다.
    가. 부적합한 점검항목에 대한 수리·개조·이전 등을 한 연월일과 수리·개조·이전 등의 구체적 내용을 기재함
    나. 해당 제조소등의 구조, 위험물의 저장·취급형태 등에 비추어 특정 점검항목에 대한 점검이 현저히 곤란한 경우에는 "점검곤란" 표기와 그 사유를 기재함. 이 경우 "점검결과"란은 공란으로 둠
    다. 점검항목 중 일부에 대해 다른 법령에 따른 점검 등을 이미 실시하여 해당 점검항목에 한해 정기점검을 실시하지 않는 경우에는 다른 법령에 따른 점검 등의 개요를 기재함. 이 경우 "점검결과"란에는 다른 법령에 따른 점검결과를 표시함
14. 다수의 제조소등에 각각 설치된 소화설비 중 공동으로 사용하는 구성설비가 있는 경우에는 해당 구성설비가 소속되는 대표 제조소등을 지정하고, 그 제조소등 소화설비의 일반점검표를 작성하면 나머지 제조소등 소화설비의 일반점검표 중 해당 점검항목에 대한 점검결과의 표시를 생략할 수 있습니다. 이 경우 해당 점검항목에 대한 "비고"란에는 대표 제조소등의 일반점검표에 해당 점검결과가 표시되었음을 기재해야 합니다.
15. 소화설비의 일반점검표 중 "제조소등의 구분"란에는 해당 소화설비가 설치된 제조소등을, "소화설비의 호칭번호"란에는 해당 소화설비에 대해 자체적으로 관리하는 번호 등을 기재합니다.

■ 위험물안전관리에 관한 세부기준 [별지 제15호서식]　　　　　　　　　　　　　　　　　　　　(2쪽 중 1쪽)

<table>
<tr><td colspan="6">암반탱크저장소 일반점검표　　　　　점검기간 :
　　　　　　　　　　　　　　　　　　점검자 :　　서명(또는 인)
　　　　　　　　　　　　　　　　　　설치자 :　　서명(또는 인)</td></tr>
<tr><td colspan="2">암반탱크의 용적</td><td></td><td>설치허가 연월일 및 완공검사번호</td><td colspan="2"></td></tr>
<tr><td colspan="2">설치자</td><td></td><td>안전관리자</td><td colspan="2"></td></tr>
<tr><td colspan="2">사업소명</td><td></td><td>설치위치</td><td colspan="2"></td></tr>
<tr><td colspan="2">위험물 현황</td><td>품명</td><td>허가량</td><td colspan="2">지정수량의 배수</td></tr>
<tr><td colspan="2">위험물
저장·취급 개요</td><td colspan="4"></td></tr>
<tr><td colspan="2">시설명/호칭번호</td><td colspan="4"></td></tr>
<tr><td colspan="2">점검항목</td><td>점검내용</td><td>점검방법</td><td>점검결과</td><td>비고</td></tr>
<tr><td rowspan="4">탱크
본체</td><td>암반투수도</td><td>투수계수의 적부</td><td>투수계수측정</td><td>[ ]적합 [ ]부적합 [ ]해당 없음</td><td></td></tr>
<tr><td>탱크내부증기압</td><td>증기압의 적부</td><td>압력측정</td><td>[ ]적합 [ ]부적합 [ ]해당 없음</td><td></td></tr>
<tr><td rowspan="2">탱크내벽</td><td>균열·손상 유무</td><td>육안</td><td>[ ]적합 [ ]부적합 [ ]해당 없음</td><td></td></tr>
<tr><td>보강재의 이탈·손상의 유무</td><td>육안</td><td>[ ]적합 [ ]부적합 [ ]해당 없음</td><td></td></tr>
<tr><td rowspan="3">수리
상태</td><td>유입지하수량</td><td>지하수 충전량과 비교치의 이상 유무</td><td>수량측정</td><td>[ ]적합 [ ]부적합 [ ]해당 없음</td><td></td></tr>
<tr><td>수벽공</td><td>균열·변형·손상 유무</td><td>육안</td><td>[ ]적합 [ ]부적합 [ ]해당 없음</td><td></td></tr>
<tr><td>지하수압</td><td>수압의 적부</td><td>수압측정</td><td>[ ]적합 [ ]부적합 [ ]해당 없음</td><td></td></tr>
<tr><td colspan="2">표지·게시판</td><td>손상 유무 및 내용의 적부</td><td>육안</td><td>[ ]적합 [ ]부적합 [ ]해당 없음</td><td></td></tr>
<tr><td rowspan="2">압력계</td><td></td><td>작동의 적부</td><td>육안 및 작동확인</td><td>[ ]적합 [ ]부적합 [ ]해당 없음</td><td></td></tr>
<tr><td></td><td>부식·손상 유무</td><td>육안</td><td>[ ]적합 [ ]부적합 [ ]해당 없음</td><td></td></tr>
<tr><td rowspan="3">안전장치</td><td></td><td>작동상황의 적부</td><td>육안 및 조작시험</td><td>[ ]적합 [ ]부적합 [ ]해당 없음</td><td></td></tr>
<tr><td></td><td>본체의 손상 유무</td><td>육안</td><td>[ ]적합 [ ]부적합 [ ]해당 없음</td><td></td></tr>
<tr><td></td><td>인화방지장치의 손상 및 막힘 유무</td><td>육안</td><td>[ ]적합 [ ]부적합 [ ]해당 없음</td><td></td></tr>
<tr><td rowspan="2">정전기제거설비</td><td></td><td>변형·손상 유무</td><td>육안</td><td>[ ]적합 [ ]부적합 [ ]해당 없음</td><td></td></tr>
<tr><td></td><td>부착부의 이탈 유무</td><td>육안</td><td>[ ]적합 [ ]부적합 [ ]해당 없음</td><td></td></tr>
<tr><td rowspan="9">배관·
밸브
등</td><td rowspan="4">배관
(플랜지·밸브
포함)</td><td>누설 유무</td><td>육안</td><td>[ ]석압 [ ]부식압 [ ]해명 없음</td><td></td></tr>
<tr><td>변형·손상 유무</td><td>육안</td><td>[ ]적합 [ ]부적합 [ ]해당 없음</td><td></td></tr>
<tr><td>도장상황의 적부 및 부식의 유무</td><td>육안</td><td>[ ]적합 [ ]부적합 [ ]해당 없음</td><td></td></tr>
<tr><td>지반면과 이격상태의 적부</td><td>육안</td><td>[ ]적합 [ ]부적합 [ ]해당 없음</td><td></td></tr>
<tr><td rowspan="2">배관의 피트</td><td>균열·손상 유무</td><td>육안</td><td>[ ]적합 [ ]부적합 [ ]해당 없음</td><td></td></tr>
<tr><td>체유·체수·토사퇴적 등의 유무</td><td>육안</td><td>[ ]적합 [ ]부적합 [ ]해당 없음</td><td></td></tr>
<tr><td rowspan="3">전기방식 설비</td><td>단자함의 손상·토사퇴적 등의 유무</td><td>육안</td><td>[ ]적합 [ ]부적합 [ ]해당 없음</td><td></td></tr>
<tr><td>단자의 탈락 유무</td><td>육안</td><td>[ ]적합 [ ]부적합 [ ]해당 없음</td><td></td></tr>
<tr><td>방식전류(전위)의 적부</td><td>전위측정</td><td>[ ]적합 [ ]부적합 [ ]해당 없음</td><td></td></tr>
<tr><td rowspan="4">주입구</td><td></td><td>폐쇄시의 누설 유무</td><td>육안</td><td>[ ]적합 [ ]부적합 [ ]해당 없음</td><td></td></tr>
<tr><td></td><td>변형·손상 유무</td><td>육안</td><td>[ ]적합 [ ]부적합 [ ]해당 없음</td><td></td></tr>
<tr><td></td><td>접지전극의 손상 유무</td><td>육안</td><td>[ ]적합 [ ]부적합 [ ]해당 없음</td><td></td></tr>
<tr><td></td><td>접지저항치의 적부</td><td>저항측정</td><td>[ ]적합 [ ]부적합 [ ]해당 없음</td><td></td></tr>
<tr><td rowspan="2">소화
설비</td><td>소화기</td><td>위치·설치수·압력의 적부</td><td>육안</td><td>[ ]적합 [ ]부적합 [ ]해당 없음</td><td></td></tr>
<tr><td>그밖의 소화설비</td><td colspan="3">소화설비 점검표에 의할 것</td><td></td></tr>
<tr><td rowspan="3">경보
설비</td><td>자동화재탐지설비</td><td colspan="3">자동화재탐지설비 점검표에 의할 것</td><td></td></tr>
<tr><td rowspan="2">그밖의 경보설비</td><td>손상 유무</td><td>육안</td><td>[ ]적합 [ ]부적합 [ ]해당 없음</td><td></td></tr>
<tr><td>기능의 적부</td><td>작동확인</td><td>[ ]적합 [ ]부적합 [ ]해당 없음</td><td></td></tr>
<tr><td colspan="2">기타사항</td><td colspan="4"></td></tr>
</table>

(2쪽 중 2쪽)

작성방법

1. 이 일반점검표는 규칙 제64조에 따른 정기점검을 실시하고, 그 결과를 기록하는데 사용합니다.
2. "점검기간"란에는 점검을 개시하여 완료할 때까지의 기간을 기재하고, 그 기간이 1일인 경우에는 점검일자를 기재합니다.
3. "점검자"란에는 규칙 제67조에 따른 정기점검의 실시자의 성명과 서명(또는 인)을 기재하고, 실시자의 위임 등에 따라 실시자가 아닌 자가 점검을 하더라도 위 실시자의 정보를 기재합니다. 이 경우 실시자가 아닌 구체적인 점검행위를 한 자의 성명, 상호 등을 "점검항목"란의 기타사항에 추가로 기재합니다.
4. "설치허가 연월일"란에는 허가청이 해당 제조소등에 대한 설치허가처분의 문서를 최초로 통지한 날을 기재하고, "완공검사번호"란에는 가장 최근에 실시한 완공검사에 합격하여 부여받은 번호를 기재합니다.
5. "사업소명"란에는 해당 제조소등이 속한 사업소의 명칭을 기재합니다.
6. "안전관리자"란에는 해당 제조소등에 선임된 위험물안전관리자의 성명을 기재하고, 안전관리자가 다수의 제조소등에 중복하여 선임된 경우에는 '중복 선임' 등 해당 사실을 인지할 수 있는 표기를 추가로 합니다.
7. "설치위치"란에는 해당 제조소등이 속한 곳의 주소와 해당 제조소등의 설치위치를 특정할 수 있는 내용을 기재합니다.
8. "품명"란에는 해당 제조소등에서 저장 또는 취급하는 위험물의 품명을 기재하고, 복수의 품명을 저장 또는 취급하는 경우에는 해당하는 품명을 전부 기재합니다(기재란이 부족한 경우에는 별지에 기재하여 첨부).
9. "허가량"란에는 해당 제조소등에서 허가를 받고 저장 또는 취급하는 위험물의 총량을 기재하고, 복수의 품명을 저장 또는 취급하는 경우에는 해당하는 품명별 저장량 또는 취급량을 각각 기재합니다.
10. "위험물 저장·취급 개요"란에는 해당 위험물의 용도, 저장·취급기간, 저장·취급방법 등 해당 제조소등에서 위험물을 저장 또는 취급하는 내용에 대해 간략하게 기재합니다.
11. "시설명/호칭번호"란에는 제조소등을 식별할 수 있도록 해당 제조소등의 관리명칭, 관리번호 또는 「자동차관리법」 제16조에 따라 부여된 자동차 등록번호(이동탱크저장소에 한함) 등을 기재합니다.
12. "점검결과"란에는 해당 제조소등의 위치·구조 및 설비의 기술기준 적합성 여부 등에 따라 다음과 같이 표시 등을 합니다.
    가. 점검결과가 적합한 경우에는 "[ ]적합"란에, 부적합한 경우에는 "[ ]부적합"란에 각각 √표시를 함
    나. 해당 제조소등에 부존재하는 점검항목 등에 대한 점검결과는 "[ ]해당 없음"란에 √표시를 함
    다. 점검항목 중 "접지저항치의 적부"에는 접지측정 부위별 그 저항치 측정값을 별지에 기재하여 첨부함
    라. 점검방법이 수개인 경우에는 해당 점검방법을 모두 이행해야 하나, 그 중 일부를 이행하더라도 적정한 점검을 할 수 있는 경우에는 그러하지 않음
13. "비고"란의 기재방법, 기재사항 등은 다음과 같습니다.
    가. 부적합한 점검항목에 대한 수리·개조·이전 등을 한 연월일과 수리·개조·이전 등의 구체적 내용을 기재함
    나. 해당 제조소등의 구조, 위험물의 저장·취급형태 등에 비추어 특정 점검항목에 대한 점검이 현저히 곤란한 경우에는 "점검곤란"표기와 그 사유를 기재함. 이 경우 "점검결과"란은 공란으로 둠
    다. 점검항목 중 일부에 대해 다른 법령에 따른 점검 등을 이미 실시하여 해당 점검항목에 한해 정기점검을 실시하지 않는 경우에는 다른 법령에 따른 점검 등의 개요를 기재함. 이 경우 "점검결과"란에는 다른 법령에 따른 점검결과를 표시함
14. 다수의 제조소등에 각각 설치된 소화설비 중 공동으로 사용하는 구성설비가 있는 경우에는 해당 구성설비가 소속되는 대표 제조소등을 지정하고, 그 제조소등 소화설비의 일반점검표를 작성하면 나머지 제조소등 소화설비의 일반점검표 중 해당 점검항목에 대한 점검결과의 표시를 생략할 수 있습니다. 이 경우 해당 점검항목에 대한 "비고"란에는 대표 제조소등의 일반점검표에 해당 점검결과가 표시되었음을 기재해야 합니다.
15. 소화설비의 일반점검표 중 "제조소등의 구분"란에는 해당 소화설비가 설치된 제조소등을, "소화설비의 호칭번호"란에는 해당 소화설비에 대해 자체적으로 관리하는 번호 등을 기재합니다.

■ 위험물안전관리에 관한 세부기준 [별지 제16호서식]

(3쪽 중 1쪽)

주유취급소 일반점검표			점검기간 : 점검자 : 서명(또는 인) 설치자 : 서명(또는 인)		
주유취급소의 형태		[ ]옥내 [ ]옥외 고객이 직접주유하는 형태 (여·부)	설치허가 연월일 및 완공검사번호		
설치자			안전관리자		
사업소명			설치위치		
위험물 현황		품명	허가량	지정수량의 배수	
위험물 저장·취급 개요					
시설명/호칭번호					
점검항목		점검내용	점검방법	점검결과	비고
공지등	주유·급유공지	장애물의 유무	육안	[ ]적합 [ ]부적합 [ ]해당 없음	
	지반면	주위지반과 고저차의 적부	육안	[ ]적합 [ ]부적합 [ ]해당 없음	
		균열·손상 유무	육안	[ ]적합 [ ]부적합 [ ]해당 없음	
	배수구·유분리장치	균열·손상 유무	육안	[ ]적합 [ ]부적합 [ ]해당 없음	
		체유·체수·토사퇴적 등의 유무	육안	[ ]적합 [ ]부적합 [ ]해당 없음	
	방화담	균열·손상·경사 등의 유무	육안	[ ]적합 [ ]부적합 [ ]해당 없음	
건축물	벽·기둥·바닥·보·지붕	균열·손상 유무	육안	[ ]적합 [ ]부적합 [ ]해당 없음	
	방화문	변형·손상 유무 및 폐쇄기능의 적부	육안	[ ]적합 [ ]부적합 [ ]해당 없음	
	간판등	고정의 적부 및 경사의 유무	육안	[ ]적합 [ ]부적합 [ ]해당 없음	
	다른용도와의 구획	균열·손상 유무	육안	[ ]적합 [ ]부적합 [ ]해당 없음	
	구멍·구덩이	구멍·구덩이의 유무	육안	[ ]적합 [ ]부적합 [ ]해당 없음	
	감시대등 감시대	위치의 적부	육안	[ ]적합 [ ]부적합 [ ]해당 없음	
	감시설비	기능의 적부	육안 및 작동확인	[ ]적합 [ ]부적합 [ ]해당 없음	
	제어장치	기능의 적부	육안 및 작동확인	[ ]적합 [ ]부적합 [ ]해당 없음	
	방송기기등	기능의 적부	육안 및 작동확인	[ ]적합 [ ]부적합 [ ]해당 없음	
전용탱크·폐유탱크·간이탱크	상부	허가 외 구조물 설치여부	육안	[ ]적합 [ ]부적합 [ ]해당 없음	
	맨홀	변형·손상·토사퇴적 등의 유무	육안	[ ]적합 [ ]부적합 [ ]해당 없음	
	과잉주입방지장치	작동상황의 적부	육안 및 작동확인	[ ]적합 [ ]부적합 [ ]해당 없음	
	가연성증기회수밸브	작동상황의 적부	육안 및 작동확인	[ ]적합 [ ]부적합 [ ]해당 없음	
	액량자동표시장치	작동상황의 적부	육안 및 작동확인	[ ]적합 [ ]부적합 [ ]해당 없음	
	온도계·계량구	작동상황의 적부 및 변형·손상 유무	육안 및 작동확인	[ ]적합 [ ]부적합 [ ]해당 없음	
	탱크본체	누설 유무	육안	[ ]적합 [ ]부적합 [ ]해당 없음	
	누설검사관	변형·손상·토사퇴적 등의 유무	육안	[ ]적합 [ ]부적합 [ ]해당 없음	
	누설감지설비(이중벽탱크)	경보장치 기능의 적부	작동확인	[ ]적합 [ ]부적합 [ ]해당 없음	
	주입구	접지전극의 손상 유무	육안	[ ]적합 [ ]부적합 [ ]해당 없음	
	주입구의 피트	체유·체수·토사퇴적 등의 유무	육안	[ ]적합 [ ]부적합 [ ]해당 없음	
	통기관	인화방지장치의 손상·막힘 유무	육안	[ ]적합 [ ]부적합 [ ]해당 없음	
		화염방지장치 접합부의 고정상태 적부	육안	[ ]적합 [ ]부적합 [ ]해당 없음	
		밸브의 작동상황 적부	작동확인	[ ]적합 [ ]부적합 [ ]해당 없음	
		도장상황의 적부 및 부식 유무	육안	[ ]적합 [ ]부적합 [ ]해당 없음	
배관·밸브등	배관(플랜지·밸브 포함)	도장상황의 적부·부식 및 누설 유무	육안	[ ]적합 [ ]부적합 [ ]해당 없음	
	배관의 피트	체유·체수·토사퇴적 등의 유무	육안	[ ]적합 [ ]부적합 [ ]해당 없음	
	전기방식 설비	단자의 탈락 유무	육안	[ ]적합 [ ]부적합 [ ]해당 없음	
	점검함	균열·손상·체유·체수·토사퇴적 등의 유무	육안	[ ]적합 [ ]부적합 [ ]해당 없음	
	밸브	폐쇄기능의 적부	작동확인	[ ]적합 [ ]부적합 [ ]해당 없음	
고정주유설비	접합부	누설·변형·손상 유무	육안	[ ]적합 [ ]부적합 [ ]해당 없음	
	고정볼트	부식·풀림 유무	육안	[ ]적합 [ ]부적합 [ ]해당 없음	
	노즐·호스	누설의 유무	육안	[ ]적합 [ ]부적합 [ ]해당 없음	
		균열·손상·결합부의 풀림 유무	육안	[ ]적합 [ ]부적합 [ ]해당 없음	
		유종표시의 손상 유무	육안	[ ]적합 [ ]부적합 [ ]해당 없음	
	펌프	누설의 유무	육안	[ ]적합 [ ]부적합 [ ]해당 없음	
		변형·손상 유무	육안	[ ]적합 [ ]부적합 [ ]해당 없음	
		이상진동·소음·발열 등의 유무	육안 및 작동확인	[ ]적합 [ ]부적합 [ ]해당 없음	

(3쪽 중 2쪽)

주유설비·급유설비		유량계	누설·파손 유무	육안	[ ]적합 [ ]부적합 [ ]해당 없음
		표시장치	변형·손상 유무	육안	[ ]적합 [ ]부적합 [ ]해당 없음
		충돌방지장치	변형·손상 유무	육안	[ ]적합 [ ]부적합 [ ]해당 없음
		정전기제거설비	손상 유무	육안	[ ]적합 [ ]부적합 [ ]해당 없음
			접지저항치의 적부	저항측정	[ ]적합 [ ]부적합 [ ]해당 없음
	현수식	호스릴	누설·변형·손상 유무	육안	[ ]적합 [ ]부적합 [ ]해당 없음
			호스상승기능·작동상황의 적부	작동확인	[ ]적합 [ ]부적합 [ ]해당 없음
		긴급이송정지장치	기능의 적부	작동확인	[ ]적합 [ ]부적합 [ ]해당 없음
	셀프용	기동안전대책노즐	기능의 적부	작동확인	[ ]적합 [ ]부적합 [ ]해당 없음
		탈락시정지 장치	기능의 적부	작동확인	[ ]적합 [ ]부적합 [ ]해당 없음
		가연성증기 회수장치	기능의 적부	작동확인	[ ]적합 [ ]부적합 [ ]해당 없음
		만량(滿量) 정지장치	기능의 적부	작동확인	[ ]적합 [ ]부적합 [ ]해당 없음
		긴급이탈커플러	변형·손상 유무	육안	[ ]적합 [ ]부적합 [ ]해당 없음
		오(誤)주유 정지장치	기능의 적부	작동확인	[ ]적합 [ ]부적합 [ ]해당 없음
		정량정시간제어	기능의 적부	작동확인	[ ]적합 [ ]부적합 [ ]해당 없음
		노즐	개방상태고정이 불가한 수동폐쇄장치의 적부	작동확인	[ ]적합 [ ]부적합 [ ]해당 없음
		누설확산방지장치	변형·손상 유무	육안	[ ]적합 [ ]부적합 [ ]해당 없음
		"고객용"표시판	변형·손상 유무	육안	[ ]적합 [ ]부적합 [ ]해당 없음
		자동차정지위치· 용기위치표시	변형·손상 유무	육안	[ ]적합 [ ]부적합 [ ]해당 없음
		사용방법· 위험물의 품명표시	변형·손상 유무	육안	[ ]적합 [ ]부적합 [ ]해당 없음
		"비고객용"표시판	변형·손상 유무	육안	[ ]적합 [ ]부적합 [ ]해당 없음
펌프실·유고정비실 등		벽·기둥·보·지붕	손상 유무	육안	[ ]적합 [ ]부적합 [ ]해당 없음
		방화문	변형·손상의 유무 및 폐쇄기능의 적부	육안	[ ]적합 [ ]부적합 [ ]해당 없음
		펌프	누설 유무	육안	[ ]적합 [ ]부적합 [ ]해당 없음
			변형·손상 유무	육안	[ ]적합 [ ]부적합 [ ]해당 없음
			이상진동·소음·발열 등의 유무	육안 및 작동확인	[ ]적합 [ ]부적합 [ ]해당 없음
		바닥·점검피트 집유설비	균열·손상·체유·체수·토사퇴적 등의 유무	육안	[ ]적합 [ ]부적합 [ ]해당 없음
		환기·배출설비	변형·손상 유무	육안	[ ]적합 [ ]부적합 [ ]해당 없음
		조명설비	손상 유무	육안	[ ]적합 [ ]부적합 [ ]해당 없음
		누설국한설비·수용설비	체유·체수·토사퇴적 등의 유무	육안	[ ]적합 [ ]부적합 [ ]해당 없음
		전기설비	배선·기기의 손상의 유무	육안	[ ]적합 [ ]부적합 [ ]해당 없음
			기능의 적부	작동확인	[ ]적합 [ ]부적합 [ ]해당 없음
		가연성증기검지 경보설비	손상 유무	육안	[ ]적합 [ ]부적합 [ ]해당 없음
			기능의 적부	작동확인	[ ]적합 [ ]부적합 [ ]해당 없음
부대설비		(증기)세차기	배기통·연통의 탈락·변형·손상 유무	육안	[ ]적합 [ ]부적합 [ ]해당 없음
			주위의 변형·손상 유무	육안	[ ]적합 [ ]부적합 [ ]해당 없음
		그밖의 설비	위치의 적부	육안	[ ]적합 [ ]부적합 [ ]해당 없음
		표지·게시판	손상 유무	육안	[ ]적합 [ ]부적합 [ ]해당 없음
			기재사항의 적부	육안	[ ]적합 [ ]부적합 [ ]해당 없음
소화설비		소화기	위치·설치수·압력의 적부	육안	[ ]적합 [ ]부적합 [ ]해당 없음
		그밖의 소화설비	소화설비 점검표에 의할 것		
경보설비		자동화재탐지설비	자동화재탐지설비 점검표에 의할 것		
		그밖의 경보설비	손상 유무	육안	[ ]적합 [ ]부적합 [ ]해당 없음
			기능의 적부	작동확인	[ ]적합 [ ]부적합 [ ]해당 없음
피난설비		유도등본체	점등상황의 적부 및 손상의 유무	육안	[ ]적합 [ ]부적합 [ ]해당 없음
			시각장애물의 유무	육안	[ ]적합 [ ]부적합 [ ]해당 없음
		비상전원	정전시 점등상황의 적부	작동확인	[ ]적합 [ ]부적합 [ ]해당 없음
		기타사항			

(3쪽 중 3쪽)

작성방법

1. 이 일반점검표는 규칙 제64조에 따른 정기점검을 실시하고, 그 결과를 기록하는데 사용합니다.
2. "점검기간"란에는 점검을 개시하여 완료할 때까지의 기간을 기재하고, 그 기간이 1일인 경우에는 점검일자를 기재합니다.
3. "점검자"란에는 규칙 제67조에 따른 정기점검의 실시자의 성명과 서명(또는 인)을 기재하고, 실시자의 위임 등에 따라 실시자가 아닌 자가 점검을 하더라도 위 실시자의 정보를 기재합니다. 이 경우 실시자가 아닌 구체적인 점검행위를 한 자의 성명, 상호 등을 "점검항목"란의 기타사항에 추가로 기재합니다.
4. "설치허가 연월일"란에는 허가청이 해당 제조소등에 대한 설치허가처분의 문서를 최초로 통지한 날을 기재하고, "완공검사번호"란에는 가장 최근에 실시한 완공검사에 합격하여 부여받은 번호를 기재합니다.
5. "사업소명"란에는 해당 제조소등이 속한 사업소의 명칭을 기재합니다.
6. "안전관리자"란에는 해당 제조소등에 선임된 위험물안전관리자의 성명을 기재하고, 안전관리자가 다수의 제조소등에 중복하여 선임된 경우에는 '중복 선임' 등 해당 사실을 인지할 수 있는 표기를 추가로 합니다.
7. "설치위치"란에는 해당 제조소등이 속한 곳의 주소와 해당 제조소등의 설치위치를 특정할 수 있는 내용을 기재합니다.
8. "품명"란에는 해당 제조소등에서 저장 또는 취급하는 위험물의 품명을 기재하고, 복수의 품명을 저장 또는 취급하는 경우에는 해당하는 품명을 전부 기재합니다(기재란이 부족한 경우에는 별지에 기재하여 첨부).
9. "허가량"란에는 해당 제조소등에서 허가를 받고 저장 또는 취급하는 위험물의 총량을 기재하고, 복수의 품명을 저장 또는 취급하는 경우에는 해당하는 품명별 저장량 또는 취급량을 각각 기재합니다.
10. "위험물 저장·취급 개요"란에는 해당 위험물의 용도, 저장·취급기간, 저장·취급방법 등 해당 제조소등에서 위험물을 저장 또는 취급하는 내용에 대해 간략하게 기재합니다.
11. "시설명/호칭번호"란에는 제조소등을 식별할 수 있도록 해당 제조소등의 관리명칭, 관리번호 또는 「자동차관리법」 제16조에 따라 부여된 자동차 등록번호(이동탱크저장소에 한함) 등을 기재합니다.
12. "점검결과"란에는 해당 제조소등의 위치·구조 및 설비의 기술기준 적합성 여부 등에 따라 다음과 같이 표시 등을 합니다.
    가. 점검결과가 적합한 경우에는 "[ ]적합"란에, 부적합한 경우에는 "[ ]부적합"란에 각각 √표시를 함
    나. 해당 제조소등에 부존재하는 점검항목 등에 대한 점검결과는 "[ ]해당 없음"란에 √표시를 함
    다. 점검항목 중 "접지저항치의 적부"에는 접지측정 부위별 그 저항치 측정값을 별지에 기재하여 첨부함
    라. 점검방법이 수개인 경우에는 해당 점검방법을 모두 이행해야 하나, 그 중 일부를 이행하더라도 적정한 점검을 할 수 있는 경우에는 그러하지 않음
13. "비고"란의 기재방법, 기재사항 등은 다음과 같습니다.
    가. 부적합한 점검항목에 대한 수리·개조·이전 등을 한 연월일과 수리·개조·이전 등의 구체적 내용을 기재함
    나. 해당 제조소등의 구조, 위험물의 저장·취급형태 등에 비추어 특정 점검항목에 대한 점검이 현저히 곤란한 경우에는 "점검곤란"표기와 그 사유를 기재함. 이 경우 "점검결과"란은 공란으로 둠
    다. 점검항목 중 일부에 대해 다른 법령에 따른 점검 등을 이미 실시하여 해당 점검항목에 한해 정기점검을 실시하지 않는 경우에는 다른 법령에 따른 점검 등의 개요를 기재함. 이 경우 "점검결과"란에는 다른 법령에 따른 점검결과를 표시함
14. 다수의 제조소등에 각각 설치된 소화설비 중 공동으로 사용하는 구성설비가 있는 경우에는 해당 구성설비가 소속되는 대표 제조소등을 지정하고, 그 제조소등 소화설비의 일반점검표를 작성하면 나머지 제조소등 소화설비의 일반점검표 중 해당 점검항목에 대한 점검결과의 표시를 생략할 수 있습니다. 이 경우 해당 점검항목에 대한 "비고"란에는 대표 제조소등의 일반점검표에 해당 점검결과가 표시되었음을 기재해야 합니다.
15. 소화설비의 일반점검표 중 "제조소등의 구분"란에는 해당 소화설비가 설치된 제조소등을, "소화설비의 호칭번호"란에는 해당 소화설비에 대해 자체적으로 관리하는 번호 등을 기재합니다.

■ 위험물안전관리에 관한 세부기준 [별지 제17호서식]

(4쪽 중 1쪽)

이송취급소 일반점검표

점검기간:
점검자: 　　　　서명(또는 인)
설치자: 　　　　서명(또는 인)

이송취급소의 총연장				설치허가 연월일 및 완공검사번호			
설치자				안전관리자			
사업소명				설치위치			
위험물 현황		품명		허가량		지정수량의 배수	
위험물 저장·취급 개요							
시설명/호칭번호							

점검항목			점검내용	점검방법	점검결과	비고
이송기지	유출방지설비	울타리 등	손상 유무	육안	[ ]적합 [ ]부적합 [ ]해당 없음	
		성토상태	손상·갈라짐의 유무	육안	[ ]적합 [ ]부적합 [ ]해당 없음	
			경사·굴곡의 유무	육안	[ ]적합 [ ]부적합 [ ]해당 없음	
			배수구개폐상황의 적부 및 막힘 유무	육안	[ ]적합 [ ]부적합 [ ]해당 없음	
		유분리장치	균열·손상 유무	육안	[ ]적합 [ ]부적합 [ ]해당 없음	
			체유·체수·토사퇴적 등의 유무	육안	[ ]적합 [ ]부적합 [ ]해당 없음	
	펌프설비	안전거리	보호대상물의 신설 여부	육안 및 실측	[ ]적합 [ ]부적합 [ ]해당 없음	
		보유공지	허가 외 물건의 존치 여부	육안	[ ]적합 [ ]부적합 [ ]해당 없음	
		펌프실	지붕·벽·바닥·방화문의 균열·손상 유무	육안	[ ]적합 [ ]부적합 [ ]해당 없음	
			환기·배출설비의 손상 유무 및 기능의 적부	육안 및 작동확인	[ ]적합 [ ]부적합 [ ]해당 없음	
			조명설비의 손상 유무	육안	[ ]적합 [ ]부적합 [ ]해당 없음	
		펌프	누설 유무	육안	[ ]적합 [ ]부적합 [ ]해당 없음	
			변형·손상 유무	육안	[ ]적합 [ ]부적합 [ ]해당 없음	
			이상진동·소음·발열 등의 유무	육안 및 작동확인	[ ]적합 [ ]부적합 [ ]해당 없음	
			도장상황의 적부 및 부식 유무	육안	[ ]적합 [ ]부적합 [ ]해당 없음	
			고정상황의 적부	육안	[ ]적합 [ ]부적합 [ ]해당 없음	
		펌프기초	균열·손상 유무	육안	[ ]적합 [ ]부적합 [ ]해당 없음	
			고정상황의 적부	육안	[ ]적합 [ ]부적합 [ ]해당 없음	
		펌프접지	단선 유무	육안	[ ]적합 [ ]부적합 [ ]해당 없음	
			접합부의 탈락 유무	육안	[ ]적합 [ ]부적합 [ ]해당 없음	
			접지저항치의 적부	저항측정	[ ]적합 [ ]부적합 [ ]해당 없음	
		주위·바닥·집유설비·유분리장치	균열·손상 유무	육안	[ ]적합 [ ]부적합 [ ]해당 없음	
			체유·체수·토사퇴적 등의 유무	육안	[ ]적합 [ ]부적합 [ ]해당 없음	
	피그장치	보유공지	허가외 물건의 존치 여부	육안	[ ]적합 [ ]부적합 [ ]해당 없음	
		본체	누설 유무	육안	[ ]적합 [ ]부적합 [ ]해당 없음	
			변형·손상 유무	육안	[ ]적합 [ ]부적합 [ ]해당 없음	
			내압방출설비 기능의 적부	작동확인	[ ]적합 [ ]부적합 [ ]해당 없음	
		바닥·배수구·집유설비	균열·손상 유무	육안	[ ]적합 [ ]부적합 [ ]해당 없음	
			체유·체수·토사퇴적 등의 유무	육안	[ ]적합 [ ]부적합 [ ]해당 없음	
배관·플랜지 등	주입·토출구	로딩암	누설 유무	육안	[ ]적합 [ ]부적합 [ ]해당 없음	
			변형·손상 유무	육안	[ ]적합 [ ]부적합 [ ]해당 없음	
			도장상황의 적부 및 부식 유무	육안	[ ]적합 [ ]부적합 [ ]해당 없음	
			고정상황의 적부	육안	[ ]적합 [ ]부적합 [ ]해당 없음	
			기능의 적부	작동확인	[ ]적합 [ ]부적합 [ ]해당 없음	
		기타	누설 유무	육안	[ ]적합 [ ]부적합 [ ]해당 없음	
			변형·손상 유무	육안	[ ]적합 [ ]부적합 [ ]해당 없음	
	배관	지상·해상설치배관	안전거리 내 보호대상물 신설 여부	육안 및 실측	[ ]적합 [ ]부적합 [ ]해당 없음	
			보유공지 내 허가외 물건의 존치 여부	육안	[ ]적합 [ ]부적합 [ ]해당 없음	
			누설 유무	육안	[ ]적합 [ ]부적합 [ ]해당 없음	
			변형·손상 유무	육안	[ ]적합 [ ]부적합 [ ]해당 없음	
			도장상황의 적부 및 부식의 유무	육안 및 두께측정	[ ]적합 [ ]부적합 [ ]해당 없음	
			지표면과 이격상황의 적부	육안	[ ]적합 [ ]부적합 [ ]해당 없음	

(4쪽 중 2쪽)

배관·플랜지 등	지하 매설배관	누설 유무	육안	[ ]적합 [ ]부적합 [ ]해당 없음	
		안전거리 내 보호대상물 신설 여부	육안 및 실측	[ ]적합 [ ]부적합 [ ]해당 없음	
	해저 설치배관	누설 유무	육안	[ ]적합 [ ]부적합 [ ]해당 없음	
		변형·손상 유무	육안	[ ]적합 [ ]부적합 [ ]해당 없음	
		해저매설상황의 적부	육안	[ ]적합 [ ]부적합 [ ]해당 없음	
	플랜지· 교체밸브· 제어밸브 등	누설 유무	육안	[ ]적합 [ ]부적합 [ ]해당 없음	
		변형·손상 유무	육안	[ ]적합 [ ]부적합 [ ]해당 없음	
		도장상항의 적부 및 부식의 유무	육안	[ ]적합 [ ]부적합 [ ]해당 없음	
		볼트의 풀림 유무	육안	[ ]적합 [ ]부적합 [ ]해당 없음	
		밸브개폐표시의유무	육안	[ ]적합 [ ]부적합 [ ]해당 없음	
		밸브잠금상항의 적부	육안	[ ]적합 [ ]부적합 [ ]해당 없음	
		밸브개폐기능의 적부	작동확인	[ ]적합 [ ]부적합 [ ]해당 없음	
	누설확산 방지장치	변형·손상 유무	육안	[ ]적합 [ ]부적합 [ ]해당 없음	
		도장상항의 적부 및 부식 유무	육안	[ ]적합 [ ]부적합 [ ]해당 없음	
		체유·체수 유무	육안	[ ]적합 [ ]부적합 [ ]해당 없음	
		검지장치 작동상황의 적부	작동확인	[ ]적합 [ ]부적합 [ ]해당 없음	
	랙·지지대 등	변형·손상 유무	육안	[ ]적합 [ ]부적합 [ ]해당 없음	
		도장상항의 적부 및 부식 유무	육안	[ ]적합 [ ]부적합 [ ]해당 없음	
		고정상황의 적부	육안	[ ]적합 [ ]부적합 [ ]해당 없음	
		방호설비의 변형·손상 유무	육안	[ ]적합 [ ]부적합 [ ]해당 없음	
	배관피트 등	균열·손상 유무	육안	[ ]적합 [ ]부적합 [ ]해당 없음	
		체유·체수·토사퇴적 등의 유무	육안	[ ]적합 [ ]부적합 [ ]해당 없음	
	배기구	누설 여부	육안	[ ]적합 [ ]부적합 [ ]해당 없음	
		도장상항의 적부 및 부식 유무	육안	[ ]적합 [ ]부적합 [ ]해당 없음	
		기능의 적부	작동확인	[ ]적합 [ ]부적합 [ ]해당 없음	
	해상배관 및 지지물의 방호설비	변형·손상 유무	육안	[ ]적합 [ ]부적합 [ ]해당 없음	
		부착상황의 적부	육안	[ ]적합 [ ]부적합 [ ]해당 없음	
	긴급차단밸브	손상 유무	육안	[ ]적합 [ ]부적합 [ ]해당 없음	
		개폐상황표시의 유무	육안	[ ]적합 [ ]부적합 [ ]해당 없음	
		주위장애물의 유무	육안	[ ]적합 [ ]부적합 [ ]해당 없음	
		기능의 적부	작동확인	[ ]적합 [ ]부적합 [ ]해당 없음	
	배관접지	단선 유무	육안	[ ]적합 [ ]부적합 [ ]해당 없음	
		접합부의 탈락 유무	육안	[ ]적합 [ ]부적합 [ ]해당 없음	
		접지저항치의 적부	저항측정	[ ]적합 [ ]부적합 [ ]해당 없음	
	배관절연물 등	변형·손상 유무	육안	[ ]적합 [ ]부적합 [ ]해당 없음	
		절연저항치의 적부	저항측정	[ ]적합 [ ]부적합 [ ]해당 없음	
	가열·보온설비	변형·손상 유무	육안	[ ]적합 [ ]부적합 [ ]해당 없음	
		고정상황의 적부	육안	[ ]적합 [ ]부적합 [ ]해당 없음	
		안전장치의 기능 적부	작동확인	[ ]적합 [ ]부적합 [ ]해당 없음	
	전기방식설비	단자함의 손상 및 토사퇴적 등의 유무	육안	[ ]적합 [ ]부적합 [ ]해당 없음	
		단선 및 단자의 풀림 유무	육안	[ ]적합 [ ]부적합 [ ]해당 없음	
		방식전위(전류)의 적부	전위측정	[ ]적합 [ ]부적합 [ ]해당 없음	
	배관응력 검지장치	변형·손상 유무	육안	[ ]적합 [ ]부적합 [ ]해당 없음	
		배관응력의 적부	육안	[ ]적합 [ ]부적합 [ ]해당 없음	
		지시상황의 적부	육안	[ ]적합 [ ]부적합 [ ]해당 없음	
터널내증기체류방지조치	배출설비	급배기덕트의 변형·손상 유무	육안	[ ]적합 [ ]부적합 [ ]해당 없음	
		인화방지장치의 손상·막힘 유무	육안	[ ]적합 [ ]부적합 [ ]해당 없음	
		배기구 부근의 화기 유무	육안	[ ]적합 [ ]부적합 [ ]해당 없음	
		가연성증기경보장치 작동상황의 적부	작동확인	[ ]적합 [ ]부적합 [ ]해당 없음	
	부속설비	배수구·집유설비·유분리장치의 균열· 손상·체유·체수·토사퇴적 등의 유무	육안	[ ]적합 [ ]부적합 [ ]해당 없음	
		배수펌프의 손상 유무	육안	[ ]적합 [ ]부적합 [ ]해당 없음	
		조명설비의 손상 유무	육안	[ ]적합 [ ]부적합 [ ]해당 없음	
		방호설비·안전설비 등의 손상 유무	육안	[ ]적합 [ ]부적합 [ ]해당 없음	

(4쪽 중 3쪽)

운전상태감시장치	압력계 (압력경보)	본체 및 방호설비의 변형·손상 유무	육안	[ ]적합 [ ]부적합 [ ]해당 없음	
		부착부의 풀림 유무	육안	[ ]적합 [ ]부적합 [ ]해당 없음	
		지시상황의 적부	육안	[ ]적합 [ ]부적합 [ ]해당 없음	
		경보기능의 적부	작동확인	[ ]적합 [ ]부적합 [ ]해당 없음	
	유량계 (유량경보)	본체 및 방호설비의 변형·손상 유무	육안	[ ]적합 [ ]부적합 [ ]해당 없음	
		부착부의 풀림 유무	육안	[ ]적합 [ ]부적합 [ ]해당 없음	
		지시상황의 적부	육안	[ ]적합 [ ]부적합 [ ]해당 없음	
		경보기능의 적부	작동확인	[ ]적합 [ ]부적합 [ ]해당 없음	
	온도계 (온도과승검지)	본체 및 방호설비의 변형·손상 유무	육안	[ ]적합 [ ]부적합 [ ]해당 없음	
		부착부의 풀림 유무	육안	[ ]적합 [ ]부적합 [ ]해당 없음	
		지시상황의 적부	육안	[ ]적합 [ ]부적합 [ ]해당 없음	
		경보기능의 적부	작동확인	[ ]적합 [ ]부적합 [ ]해당 없음	
	과대진동 검지장치	본체 및 방호설비의 변형·손상 유무	육안	[ ]적합 [ ]부적합 [ ]해당 없음	
		부착부의 풀림 유무	육안	[ ]적합 [ ]부적합 [ ]해당 없음	
		지시상황의 적부	육안	[ ]적합 [ ]부적합 [ ]해당 없음	
		경보기능의 적부	작동확인	[ ]적합 [ ]부적합 [ ]해당 없음	
	누설검지장치	손상 유무	육안	[ ]적합 [ ]부적합 [ ]해당 없음	
		막힘 유무	육안	[ ]적합 [ ]부적합 [ ]해당 없음	
		작동상황의 적부	육안	[ ]적합 [ ]부적합 [ ]해당 없음	
		경보기능의 적부	작동확인	[ ]적합 [ ]부적합 [ ]해당 없음	
안전제어장치		수동기동장치 주위장애물의 유무	육안	[ ]적합 [ ]부적합 [ ]해당 없음	
		기능의 적부	작동확인	[ ]적합 [ ]부적합 [ ]해당 없음	
압력안전장치		변형·손상 유무	육안	[ ]적합 [ ]부적합 [ ]해당 없음	
		기능의 적부	작동확인	[ ]적합 [ ]부적합 [ ]해당 없음	
경보설비 및 통보설비		변형·손상 유무	육안	[ ]적합 [ ]부적합 [ ]해당 없음	
		부착부의 풀림 유무	육안	[ ]적합 [ ]부적합 [ ]해당 없음	
		기능의 적부	작동확인	[ ]적합 [ ]부적합 [ ]해당 없음	
순찰차등	순찰차	배치의 적부	육안	[ ]적합 [ ]부적합 [ ]해당 없음	
		적재기자재의 종류·수량·기능의 적부	육안 및 작동확인	[ ]적합 [ ]부적합 [ ]해당 없음	
	기자재등	창고	건물의 손상의 유무	육안	[ ]적합 [ ]부적합 [ ]해당 없음	
			정리상황의 적부	육안	[ ]적합 [ ]부적합 [ ]해당 없음	
		기자재	기자재의 종류·수량 적부	육안	[ ]적합 [ ]부적합 [ ]해당 없음	
			기자재의 변형·손상 유무 및 기능의 적부	육안 및 작동확인	[ ]적합 [ ]부적합 [ ]해당 없음	
비상전원	자가발전설비	변형·손상 유무	육안	[ ]적합 [ ]부적합 [ ]해당 없음	
		주위 장애물 유무	육안	[ ]적합 [ ]부적합 [ ]해당 없음	
		연료량의 적부	육안	[ ]적합 [ ]부적합 [ ]해당 없음	
		기능의 적부	작동확인	[ ]적합 [ ]부적합 [ ]해당 없음	
	축전지설비	변형·손상 유무	육안	[ ]적합 [ ]부적합 [ ]해당 없음	
		단자볼트풀림 등의 유무	육안	[ ]적합 [ ]부적합 [ ]해당 없음	
		전해액량의 적부	육안	[ ]적합 [ ]부적합 [ ]해당 없음	
		기능의 적부	작동확인	[ ]적합 [ ]부적합 [ ]해당 없음	
감진장치 등		손상 유무	육안	[ ]적합 [ ]부적합 [ ]해당 없음	
		기능의 적부	작동확인	[ ]적합 [ ]부적합 [ ]해당 없음	
피뢰설비		손상 유무	육안	[ ]적합 [ ]부적합 [ ]해당 없음	
		피뢰도선의 단선·손상 유무	육안	[ ]적합 [ ]부적합 [ ]해당 없음	
		접지저항치의 적부	저항측정	[ ]적합 [ ]부적합 [ ]해당 없음	
전기설비		배선 및 기기의 손상 유무	육안	[ ]적합 [ ]부적합 [ ]해당 없음	
		기능의 적부	작동확인	[ ]적합 [ ]부적합 [ ]해당 없음	
표시·표지·게시판		기재사항의 적부 및 손상의 유무	육안	[ ]적합 [ ]부적합 [ ]해당 없음	
소화설비	소화기	위치·설치수·압력의 적부	육안	[ ]적합 [ ]부적합 [ ]해당 없음	
	그밖의 소화설비	소화설비 점검표에 의할 것			
기타사항					

작성방법

1. 이 일반점검표는 규칙 제64조에 따른 정기점검을 실시하고, 그 결과를 기록하는데 사용합니다.
2. "점검기간"란에는 점검을 개시하여 완료할 때까지의 기간을 기재하고, 그 기간이 1일인 경우에는 점검일자를 기재합니다.
3. "점검자"란에는 규칙 제67조에 따른 정기점검의 실시자의 성명과 서명(또는 인)을 기재하고, 실시자의 위임 등에 따라 실시자가 아닌 자가 점검을 하더라도 위 실시자의 정보를 기재합니다. 이 경우 실시자가 아닌 구체적인 점검행위를 한 자의 성명, 상호 등을 "점검항목"란의 기타사항에 추가로 기재합니다.
4. "설치허가 연월일"란에는 허가청이 해당 제조소등에 대한 설치허가처분의 문서를 최초로 통지한 날을 기재하고, "완공검사번호"란에는 가장 최근에 실시한 완공검사에 합격하여 부여받은 번호를 기재합니다.
5. "사업소명"란에는 해당 제조소등이 속한 사업소의 명칭을 기재합니다.
6. "안전관리자"란에는 해당 제조소등에 선임된 위험물안전관리자의 성명을 기재하고, 안전관리자가 다수의 제조소등에 중복하여 선임된 경우에는 '중복 선임' 등 해당 사실을 인지할 수 있는 표기를 추가로 합니다.
7. "설치위치"란에는 해당 제조소등이 속한 곳의 주소와 해당 제조소등의 설치위치를 특정할 수 있는 내용을 기재합니다.
8. "품명"란에는 해당 제조소등에서 저장 또는 취급하는 위험물의 품명을 기재하고, 복수의 품명을 저장 또는 취급하는 경우에는 해당하는 품명을 전부 기재합니다(기재란이 부족한 경우에는 별지에 기재하여 첨부).
9. "허가량"란에는 해당 제조소등에서 허가를 받고 저장 또는 취급하는 위험물의 총량을 기재하고, 복수의 품명을 저장 또는 취급하는 경우에는 해당하는 품명별 저장량 또는 취급량을 각각 기재합니다.
10. "위험물 저장·취급 개요"란에는 해당 위험물의 용도, 저장·취급기간, 저장·취급방법 등 해당 제조소등에서 위험물을 저장 또는 취급하는 내용에 대해 간략하게 기재합니다.
11. "시설명/호칭번호"란에는 제조소등을 식별할 수 있도록 해당 제조소등의 관리명칭, 관리번호 또는 「자동차관리법」 제16조에 따라 부여된 자동차 등록번호(이동탱크저장소에 한함) 등을 기재합니다.
12. "점검결과"란에는 해당 제조소등의 위치·구조 및 설비의 기술기준 적합성 여부 등에 따라 다음과 같이 표시 등을 합니다.
    가. 점검결과가 적합한 경우에는 "[ ]적합"란에, 부적합한 경우에는 "[ ]부적합"란에 각각 √표시를 함
    나. 해당 제조소등에 부존재하는 점검항목 등에 대한 점검결과는 "[ ]해당 없음"란에 √표시를 함
    다. 점검항목 중 "접지저항치의 적부"에는 접지측정 부위별 그 저항치 측정값을 별지에 기재하여 첨부함
    라. 점검방법이 수개인 경우에는 해당 점검방법을 모두 이행해야 하나, 그 중 일부를 이행하더라도 적정한 점검을 할 수 있는 경우에는 그러하지 않음
13. "비고"란의 기재방법, 기재사항 등은 다음과 같습니다.
    가. 부적합한 점검항목에 대한 수리·개조·이전 등을 한 연월일과 수리·개조·이전 등의 구체적 내용을 기재함
    나. 해당 제조소등의 구조, 위험물의 저장·취급형태 등에 비추어 특정 점검항목에 대한 점검이 현저히 곤란한 경우에는 "점검곤란"표기와 그 사유를 기재함. 이 경우 "점검결과"란은 공란으로 둠
    다. 점검항목 중 일부에 대해 다른 법령에 따른 점검 등을 이미 실시하여 해당 점검항목에 한해 정기점검을 실시하지 않는 경우에는 다른 법령에 따른 점검 등의 개요를 기재함. 이 경우 "점검결과"란에는 다른 법령에 따른 점검결과를 표시함
14. 다수의 제조소등에 각각 설치된 소화설비 중 공동으로 사용하는 구성설비가 있는 경우에는 해당 구성설비가 소속되는 대표 제조소등을 지정하고, 그 제조소등 소화설비의 일반점검표를 작성하면 나머지 제조소등 소화설비의 일반점검표 중 해당 점검항목에 대한 점검결과의 표시를 생략할 수 있습니다. 이 경우 해당 점검항목에 대한 "비고"란에는 대표 제조소등의 일반점검표에 해당 점검결과가 표시되었음을 기재해야 합니다.
15. 소화설비의 일반점검표 중 "제조소등의 구분"란에는 해당 소화설비가 설치된 제조소등을, "소화설비의 호칭번호"란에는 해당 소화설비에 대해 자체적으로 관리하는 번호 등을 기재합니다.

위·험·물·산·업·기·사

Part 02
과년도 기출문제

2024 1회

01 다음 제3류 위험물에 대한 화학 반응식을 쓰시오.

(1) 트라이메틸알루미늄과 물 반응식

(2) 트라이메틸알루미늄의 연소반응식

(3) 트라이에틸알루미늄과 물 반응식

(4) 트라이에틸알루미늄의 연소반응식

정답

(1) $(CH_3)_3Al + 3H_2O \rightarrow Al(OH)_3 + 3CH_4$

(2) $2(CH_3)_3Al + 12O_2 \rightarrow Al_2O_3 + 6CO_2 + 9H_2O$

(3) $(C_2H_5)_3Al + 3H_2O \rightarrow Al(OH)_3 + 3C_2H_6$

(4) $2(C_2H_5)_3Al + 21O_2 \rightarrow Al_2O_3 + 12CO_2 + 15H_2O$

[해설]

제3류 위험물의 화학반응식

- 트라이메틸알루미늄[$(CH_3)_3Al$]
  연소반응식 : $2(CH_3)_3Al + 12O_2 \rightarrow Al_2O_3 + 6CO_2 + 9H_2O$
  물과의 반응식 : $(CH_3)_3Al + 3H_2O \rightarrow Al(OH)_3 + 3CH_4$
- 트라이에틸알루미늄[$(C_2H_5)_3Al$]
  연소반응식 : $2(C_2H_5)_3Al + 21O_2 \rightarrow Al_2O_3 + 12CO_2 + 15H_2O$
  물과의 반응식 : $(C_2H_5)_3Al + 3H_2O \rightarrow Al(OH)_3 + 3C_2H_6$
  염소와 반응식 : $(C_2H_5)_3Al + 3Cl_2 \rightarrow AlCl_3 + 3C_2H_5Cl$
  메탄올과 반응 : $(C_2H_5)_3Al + 3CH_3OH \rightarrow (CH_3O)_3Al + 3C_2H_6$

02
다음 [보기] 중에서 염산과 반응하여 제6류 위험물을 생성하는 물질이 물과 반응하는 반응식을 쓰시오.

―――[보기]―――
과염소산암모늄, 과망가니즈산칼륨, 과산화나트륨, 마그네슘

정답

$Na_2O_2 + H_2O \rightarrow 2NaOH + 0.5O_2$

[해설]
염산과 반응해 제6류 위험물을 생성하는 물질
- 알칼리금속의 과산화물과 초산·염산 반응 시 과산화수소(H_2O_2, 제6류 위험물) 생성
- Na_2O_2(과산화나트륨) + $2HCl \rightarrow 2NaCl + H_2O_2$
- 과산화나트륨과 물 반응 : $Na_2O_2 + H_2O \rightarrow 2NaOH + 0.5O_2$

03
톨루엔을 저장하는 위험물 옥외탱크저장소에 20만 L, 30만 L, 50만 L의 탱크 3개가 있을때 방유제의 최소 용량[m^3]을 구하시오.

정답

550 m^3

[해설]
옥외탱크저장소 방유제
- 옥외탱크저장소 방유제 용량 : 최대탱크용량의 110 %
- 최대탱크는 500,000 L × 1.1 = 550,000 L = 550 m^3

04 위험물 운반에 관한 기준에서 다음 표에 혼재 가능한 위험물은 ○, 혼재 불가능한 위험물은 ×로 표시하시오. (단, 지정수량이 1/10을 초과하는 위험물에 적용하는 경우이다)

구분	제1류	제2류	제3류	제4류	제5류	제6류
제1류		×	×	( )	×	( )
제2류	( )		×	( )	○	( )
제3류	( )	×		( )	×	( )
제4류	( )	○	○		○	( )
제5류	( )	○	×	( )		( )
제6류	( )	×	×	( )	×	

정답

구분	제1류	제2류	제3류	제4류	제5류	제6류
제1류		×	×	×	×	○
제2류	×		×	○	○	×
제3류	×	×		○	×	×
제4류	×	○	○		○	×
제5류	×	○	×	○		×
제6류	○	×	×	×	×	

[해설]
운반 시 혼재 가능 위험물

위험물 종류			혼재 여부
1↓	6		혼재 가능
2↓	5↑	4	혼재 가능
3→	4↑		혼재 가능

TIP 1 2 3 4 5 6을 화살표 방향으로 적고 가운데에 4를 적어서 같은 줄이 혼재 가능 위험물

05 다음 보기에서 인화점이 낮은 것부터 순서대로 나열하시오. (다만 인화점이 없는 물질은 제외한다)

[보기]
벤젠, 아세트알데하이드, 아세트산, 과염소산, 나이트로셀룰로오스

정답

아세트알데하이드, 벤젠, 아세트산

[해설]
제4류 위험물의 인화점
- 아세트알데하이드(CH_3CHO, 특수인화물) : -38 ℃
- 벤젠(C_6H_6, 제1석유류 비수용성) : -11 ℃
- 아세트산(CH_3COOH, 제2석유류 수용성) : 41.7 ℃

06 다음 보기에서 지정수량을 용적[L] 단위로 표기할 수 있는 위험물 중 지정수량이 큰 것에서 작은 것 순으로 나열하시오.

[보기]
다이나이트로아닐린, 하이드라진, 피리딘, 피크르산, 글리세롤, 클로로벤젠

정답

글리세롤, 하이드라진, 클로로벤젠, 피리딘

[해설]
위험물의 지정수량
- 다이나이트로아닐린($C_6H_3NH_2(NO_2)_2$, 제5류 위험물(나이트로화합물))
- 하이드라진(N_2H_4, 제4류 위험물 제2석유류 수용성) : 2000 L
- 피리딘(C_5H_5N, 제4류 위험물 제1석유류 수용성) : 400 L
- 피크르산($C_6H_2OH(NO_2)_3$, 제5류 위험물)
- 글리세롤($C_3H_5(OH)_3$, 제4류 위험물 제3석유류 수용성) : 4000 L
- 클로로벤젠(C_6H_5Cl, 제4류 위험물 제2석유류 비수용성) : 1000 L

07 위험물안전관리법령에 따른 자체소방대에 관한 기준이다. 다음 표의 빈칸에 알맞은 답을 쓰시오.

사업소 구분	화학소방자동차	자체소방대원
제조소 또는 일반취급소에서 취급하는 제4류 위험물의 최대수량의 합이 지정수량의 3천 배 이상 12만 배 미만인 사업소	(①) 대	(②) 명
제조소 또는 일반취급소에서 취급하는 제4류 위험물의 최대수량의 합이 지정수량의 12만 배 이상 24만 배 이하인 사업소	(③) 대	(④) 명
제조소 또는 일반취급소에서 취급하는 제4류 위험물의 최대수량의 합이 지정수량의 24만 배 이상 48만 배 이하인 사업소	(⑤) 대	(⑥) 명
옥외탱크저장소에 저장하는 제4류 위험물의 최대수량이 지정수량의 50만 배 이상인 사업소	(⑦) 대	(⑧) 명

정답

① 1 ② 5 ③ 2 ④ 10 ⑤ 3 ⑥ 15 ⑦ 2 ⑧ 10

[해설]

화학소방자동차 대수별 자체소방대원 수

사업소 구분(제4류 위험물 지정수량)	화학소방자동차	자체소방대원
제조소 또는 일반취급소에서 취급하는 제4류 위험물의 최대수량의 합이 지정수량의 3천 배 이상 12만 배 미만인 사업소	1대	5명
제조소 또는 일반취급소에서 취급하는 제4류 위험물의 최대수량의 합이 지정수량의 12만 배 이상 24만 배 이하인 사업소	2대	10명
제조소 또는 일반취급소에서 취급하는 제4류 위험물의 최대수량의 합이 지정수량의 24만 배 이상 48만 배 이하인 사업소	3대	15명
제조소 또는 일반취급소에서 취급하는 제4류 위험물의 최대수량의 합이 지정수량의 48만 배 이상인 사업소	4대	20명
옥외탱크저장소에 저장하는 제4류 위험물의 최대수량이 지정수량의 50만 배 이상인 사업소	2대	10명

08 분자량이 227이고, 폭약의 원료로 사용되며 햇빛에 다갈색으로 변하며 물에는 녹지 않고 벤젠과 아세톤에는 녹는 물질에 대하여 다음 물음에 답하시오.

(1) 구조식을 쓰시오.

(2) 운반용기 외부에 표시하여야 하는 주의사항을 쓰시오.

(3) 제조소 게시판에 표시하여야 하는 주의사항을 쓰시오.

정답

(1)

 구조식: 2,4,6-트라이나이트로톨루엔 (CH₃기를 가진 벤젠 고리에 NO₂ 3개)

(2) 화기엄금, 충격주의

(3) 화기엄금

[해설]

트라이나이트로톨루엔(제5류 위험물)

- 분자식(시성식) : $C_6H_2CH_3(NO_2)_3$
- 생성과정 · 톨루엔 $(C_6H_5CH_3)$을 질산·황산과 반응시켜 나이트로화 생성

구조식	2,4,6-트라이나이트로톨루엔 구조식

- 제5류 위험물의 운반용기 외부표시 : 화기엄금, 충격주의
- 제5류 위험물의 제조소등 표시 : 화기엄금

09 제5류 위험물인 과산화벤조일에 대한 물음에 답하시오.

(1) 구조식

(2) 품명

(3) 폭발성 및 가열분해성 판정결과 2종일 때 해당 위험물의 지정수량

정답

(1)
$$(C_6H_5CO)_2O_2$$ 구조식 (벤조일퍼옥사이드)

(2) 유기과산화물

(3) 100 kg

[해설]

과산화벤조일[벤조일퍼옥사이드, $(C_6H_5CO)_2O_2$]

구조식	(벤조일퍼옥사이드 구조식)

- 품명 : 제5류 위험물 중 유기과산화물
- 지정수량 : 100 kg

10 보기의 위험물을 고온에서 열분해하는 경우 반응식을 쓰시오.

[보기]
과염소산나트륨, 과산화칼슘, 아염소산나트륨

정답

$NaClO_4 \rightarrow NaCl + 2O_2$
$2CaO_2 \rightarrow 2CaO + O_2$
$NaClO_2 \rightarrow NaCl + O_2$

[해설]
열분해반응식
- 과염소산나트륨 : $NaClO_4 \rightarrow NaCl + 2O_2$
- 과산화칼슘 : $2CaO_2 \rightarrow 2CaO + O_2$
- 아염소산나트륨 : $NaClO_2 \rightarrow NaCl + O_2$

11 다음 보기의 동식물유류를 건성유와 불건성유로 구분하시오.

[보기]
기어유, 들기름, 동유, 야자유, 실린더유, 올리브유

정답

- 건성유 : 동유, 들기름
- 불건성유 : 야자유, 올리브유

[해설]
동식물유류의 아이오딘값
(1) 아이오딘값 : 유지 100 g에 녹는 아이오딘의 g 수
(2) 아이오딘값에 따른 동식물유류

분류	건성유	반건성유	불건성유
아이오딘값	130 이상	100 ~ 130	100 이하
위험도(불포화도)	크다	중간	작다
종류	동유·해바라기씨유·아마인유·들기름·정어리기름	채종유·참기름·목화씨기름	야자유·올리브유·피마자유·동백유

12 탄화알루미늄이 물과 반응하여 생성되는 기체에 관한 다음 각 물음에 답하시오.

(1) 명칭

(2) 증기비중

(3) 연소반응식

정답

(1) 메테인(CH_4)
(2) 0.55
(3) $CH_4 + 2O_2 \rightarrow CO_2 + 2H_2O$

[해설]
탄화알루미늄[Al_4C_3]
- 물과 반응 : $Al_4C_3 + 12H_2O \rightarrow 4Al(OH)_3 + 3CH_4$
- 증기비중 = 분자량/29 = (12 + 1 × 4)/29 = 0.55
- 메테인가스의 연소반응식 : $CH_4 + 2O_2 \rightarrow CO_2 + 2H_2O$

13 소화난이도 등급 I에 해당하는 제조소등을 보기에서 모두 고르시오.

[보기]
(1) 지하탱크저장소
(2) 면적이 1,000 m²인 제조소
(3) 처마높이가 6 m인 옥내저장소
(4) 제2종 판매취급소
(5) 간이탱크저장소
(6) 이동탱크저장소
(7) 이송취급소

정답

(2), (3), (7)

[해설]

소화난이도 등급 I의 제조소등

1. 제조소 및 일반취급소
   - 연면적 : <u>1,000 m² 이상인 것</u>
   - 지정수량 : 100배 이상인 것(고인화점 인화물만을 100 ℃ 미만의 온도에서 취급하는 것 및 화약류 위험물을 취급하는 것은 제외)
   - 취급높이 : 지반면으로부터 6 m 이상의 높이에 위험물취급설비가 있는 것(고인화점 인화물만을 100 ℃ 미만의 온도에서 취급하는 것 제외)
   - 일반취급소로 사용되는 부분 외의 부분을 갖는 건축물에 설치된 것

2. 옥내저장소
   - 연면적 : 150 m² 이상인 것
   - 지정수량 : 150배 이상인 것(고인화점 인화물만을 100 ℃ 미만의 온도에서 취급하는 것 및 화약류 위험물을 취급하는 것은 제외)
   - 취급높이 : <u>처마높이가 6 m 이상의 단층건물의 것</u>
   - 옥내저장소로 사용되는 부분 외의 부분을 갖는 건축물에 설치된 것

3. <u>이송취급소 : 모든 대상</u>

14 물에 저장 가능한 제4류 위험물에 대하여 다음 물음에 답하시오.

(1) 품명

(2) 연소반응식

(3) 수조에 보관할 때 수조의 두께

> **정답**
>
> (1) 특수인화물
> (2) $CS_2 + 3O_2 \rightarrow CO_2 + 2SO_2$
> (3) 0.2 m 이상

[해설]
이황화탄소(CS_2)
- 품명 : 특수인화물
- 연소반응식 : $CS_2 + 3O_2 \rightarrow CO_2 + 2SO_2$
- 이황화탄소를 저장하는 옥외저장탱크는 벽 및 바닥 두께 <u>0.2 m 이상</u>인 철근콘크리트 수조에 넣어 보관한다.

15 위험물안전관리법상 지하탱크저장소에 대한 다음 각 물음에 답하시오.

(1) 탱크전용실의 두께는 몇 m 이상이어야 하는가?

(2) 통기관은 지면으로부터 몇 m 이상으로 설치해야 하는가?

(3) 누유검사관은 몇 개소 이상 설치해야 하는가?

(4) 지하저장탱크와 탱크전용실 사이 공간에는 어떤 물질로 채워야 하는가?

(5) 지하저장탱크의 윗부분은 지면으로부터 몇 m 이상 아래로 설치해야 하는가?

정답

(1) 0.3 m 이상
(2) 4 m 이상
(3) 4개소 이상
(4) 5 mm 이하의 마른 자갈분
(5) 0.6 이상

[해설]
지하탱크저장소의 위치 구조 및 설비의 기준
① 탱크전용실은 지하의 가장 가까운 벽·피트·가스관 등의 시설물 및 대지경계선으로부터 0.1 m 이상 떨어진 곳에 설치하고, 지하저장탱크와 탱크전용실의 안쪽과의 사이는 0.1 m 이상의 간격을 유지하도록 하며, 당해 탱크의 주위에 마른 모래 또는 습기 등에 의하여 응고되지 아니하는 입자지름 5 mm 이하의 마른 자갈분을 채워야 한다.
② 지하저장탱크의 윗부분은 지면으로부터 0.6 m 이상 아래에 있어야 한다.
③ 지하저장탱크를 2 이상 인접해 설치하는 경우에는 그 상호 간에 1 m(당해 2 이상의 지하저장탱크의 용량의 합계가 지정수량의 100배 이하인 때에는 0.5 m) 이상의 간격을 유지하여야 한다.
④ 벽·바닥 및 뚜껑의 두께는 0.3 m 이상일 것
⑤ 통기관의 끝부분은 건축물의 창·출입구 등의 개구부로부터 1 m 이상 떨어진 옥외의 장소에 지면으로부터 4 m 이상의 높이로 설치

16 주어진 위험물의 명칭, 화학식, 지정수량 표의 빈칸을 채우시오.

명칭	화학식	지정수량
(①)	$C_6H_2(NO_2)_3CH_3$	(②) 다만 폭발성 및 가열분해성 판정결과 1종인 경우에 한한다
과망가니즈산암모늄	(③)	1,000 kg
인화아연	(④)	(⑤)

정답

① 트라이나이트로톨루엔
② 10 kg
③ NH₄MnO₄
④ Zn₃P₂
⑤ 300 kg

[해설]
위험물의 명칭, 화학식, 지정수량

명칭	화학식	지정수량
(트라이나이트로톨루엔)	$C_6H_2(NO_2)_3CH_3$	(10 kg) 다만 폭발성 및 가열분해성 판정결과 1종인 경우에 한한다.
과망가니즈산암모늄	(NH_4MnO_4)	1,000 kg
인화아연	(Zn_3P_2)	(300 kg)

17 다음 표를 보고 물음에 답하시오.

(1) 제조소, 저장소, 취급소 등을 모두 포함하는 ①의 명칭

(2) ②의 명칭

(3) 위험물안전관리자를 선임하지 아니하여도 되는 저장소의 종류

(4) ③의 명칭

(5) 일반취급소 중 액체위험물을 용기에 옮겨 담는 취급소의 명칭

> **정답**
> (1) 제조소등
> (2) 간이탱크저장소
> (3) 이동탱크저장소
> (4) 이송취급소
> (5) 충전하는 일반취급소
>
> [해설]
> **제조소등 기준**
> - ① 제조소등 : 제조소, 저장소, 취급소를 모두 포함하는 것
> - ② 간이탱크저장소
> - 위험물관리자를 선임하지 않아도 되는 저장소 : 이동탱크저장소
> - ③ 이송취급소
> - 충전하는 일반취급소 : 이동저장탱크 그 밖에 유사한 것에 액체위험물을 주입하는 일반취급소

18
위험물안전관리법령상 옥외탱크저장소의 지중탱크에 대한 조건이다. 다음 각 물음에 답하시오. (단, 계산과정을 작성하시오)

[조건]
① 내경 100 m, 높이 20 m의 탱크
② 인화점 10 ℃인 제4류 위험물

(1) 옥외탱크저장소가 보유하는 부지의 경계선에서 지중탱크의 지반면의 옆판까지 사이의 거리를 구하시오.
(2) 지중탱크 주위에 보유해야 할 보유공지 너비를 구하시오.

정답

(1) 계산과정 : 100 × 0.5 = 50 m
   답 : 50 m
(2) 계산과정 : 100 × 0.5 = 50 m
   답 : 50 m

[해설]
옥외탱크저장소의 지중탱크 특례 기준
① 지중탱크의 옥외탱크저장소의 위치는 Ⅰ의 규정에 의하는 것 외에 당해 옥외탱크저장소가 보유하는 부지의 경계선에서 지중탱크의 지반면의 옆판까지의 사이에 당해 지중탱크 수평단면의 안지름의 수치에 0.5를 곱하여 얻은 수치(당해 수치가 지중탱크의 밑판표면에서 지반면까지 높이의 수치보다 작은 경우에는 당해 높이의 수치) 또는 50 m(당해 지중탱크에 저장 또는 취급하는 위험물의 인화점이 21 ℃ 이상 70 ℃ 미만의 경우에 있어서는 40 m, 70 ℃ 이상의 경우에 있어서는 30 m) 중 큰 것과 동일한 거리 이상의 거리를 유지할 것
② 지중탱크(위험물을 이송하기 위한 배관 그 밖의 이에 준하는 공작물을 제외한다)의 주위에는 당해 지중탱크 수평단면의 안지름의 수치에 0.5를 곱하여 얻은 수치 또는 지중탱크의 밑판표면에서 지반면까지 높이의 수치 중 큰 것과 동일한 거리 이상의 너비의 공지를 보유할 것

19 다음 반응에 대해 생성되는 유독가스의 명칭을 쓰시오. (단, 유독가스가 생성되지 않으면 "해당 없음"으로 쓰시오)

(1) 과염소산나트륨과 염산과의 반응

(2) 염소산칼륨과 황산과의 반응

(3) 과산화칼륨과 물의 반응

(4) 질산칼륨과 물의 반응

(5) 질산암모늄과 물의 반응

> 정답

(1) 이산화염소(ClO_2)
(2) 이산화염소(ClO_2)
(3) 해당 없음
(4) 해당 없음
(5) 해당 없음

[해설]

화학반응식

- 과염소산나트륨과 염산과의 반응식
  $3NaClO_4 + 4HCl \rightarrow 4ClO_2 + 3NaCl + 2H_2O_2$
- 염소산칼륨과 황산과의 반응식
  $6KClO_3 + 3H_2SO_4 \rightarrow 3K_2SO_4 + 4ClO_2 + 2H_2O + 2HClO_4$
- 과산화칼륨과 물의 반응식
  $2K_2O_2 + 2H_2O \rightarrow 4KOH + O_2$(유독가스가 생성되지 않는다)

20 제2류 위험물인 알루미늄에 관한 다음 각 물음에 답하시오.

(1) 물과의 반응식을 쓰시오.

(2) 물과 반응에서 발생하는 가연성 가스의 연소범위에 대한 위험도를 산정하시오.

정답

(1) $2Al + 6H_2O \rightarrow 2Al(OH)_3 + 3H_2$

(2) 17.75

[해설]

알루미늄(Al)

- 물과 반응 : $2Al + 6H_2O \rightarrow 2Al(OH)_3 + 3H_2$
- 위험도(Hazard) 공식

$$위험도 = \frac{연소범위}{연소하한계(LFL)} = \frac{연소상한계(UFL) - 연소하한계(LFL)}{연소하한계(LFL)}$$

- 수소가스(H_2)의 연소범위 : 4 ~ 75 vol%
- 위험도 = $\frac{75-4}{4}$ = 17.75

2024 2회

01 물에는 녹지 않고 이황화탄소에는 녹으며 연소하면 오산화인을 발생시키는 물질을 [보기]에서 고르고, 물질에 대한 물음에 답하시오.

――――――――――[보기]――――――――――
황린, 리튬, 인화칼슘, 인화아연, 인화알루미늄, 탄화알루미늄

(1) 위험등급
(2) 수산화칼륨 수용액과의 반응식
(3) 수산화칼륨 수용액과 반응 시 생성된 기체의 완전연소반응식
(4) 옥내저장소의 저장창고 최대 바닥면적

정답

(1) 위험등급 I
(2) $P_4 + 3KOH + H_2O \rightarrow PH_3 + 3KH_2PO_2$
(3) $2PH_3 + 4O_2 \rightarrow P_2O_5 + 3H_2O$
(4) $1,000 \text{ m}^2$

[해설]
황린(P_4, 제3류 위험물 중 자연발화성 물질)
- 물과 반응하지 않고 자연발화하여 흰 연기(P_2O_5) 발생
- 지정수량 : 20 kg
- 연소반응식 : $P_4 + 5O_2 \rightarrow 2P_2O_5$(오산화인)
- 수산화칼륨 수용액과의 반응식
  : $P_4 + 3KOH + H_2O \rightarrow PH_3$(포스핀) $+ 3KH_2PO_2$(차아인산칼륨)
- 포스핀가스의 연소반응식 : $2PH_3 + 4O_2 \rightarrow P_2O_5 + 3H_2O$

- 옥내저장소 저장창고 기준

바닥면적	저장하는 위험물
1,000 m² 이하	• 제1류 위험물 중 아염소산염류, 염소산염류, 과염소산염류, 무기과산화물 그 밖에 지정수량이 50 kg인 위험물 • 제3류 위험물 중 칼륨, 나트륨, 알킬알루미늄, 알킬리튬 그 밖에 지정수량이 10 kg인 위험물 및 황린 • 제4류 위험물 중 특수인화물, 제1석유류 및 알코올류 • 제5류 위험물 중 유기과산화물, 질산에스터류 그 밖에 지정수량이 10 kg인 위험물 • 제6류 위험물
2,000 m² 이하	그 외의 위험물
1,500 m² 이하	위의 위험물을 내화구조의 격벽으로 완전히 구획된 실에 각각 저장하는 창고

TIP 1,000 m² 이하 기준은 위험등급 I 인 물질을 저장할 때이다.
(제4류 위험물 중 위험등급 II 인 제1석유류, 알코올류만 따로 암기)

02 위험물안전관리법령상 제4류 위험물인 피리딘에 대한 다음 각 물음에 답하시오.

(1) 화학식

(2) 증기비중

정답

(1) C_5H_5N

(2) 2.72

[해설]
피리딘(C_5H_5N, 제4류 위험물 제1석유류 수용성)
• 증기비중 = 분자량/29 = (12 × 5 + 1 × 5 + 14)/29 = 2.72

03 다음 그림을 보고 원형 탱크의 내용적 (m³)을 구하시오.

(1) 종 방향인 경우(단, r은 60 cm, ℓ은 250 cm로 한다)

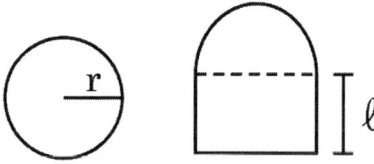

(2) 횡 방향인 경우(단, r은 60 cm, ℓ은 250 cm, $\ell_1 = \ell_2$이며, 30 cm로 한다)

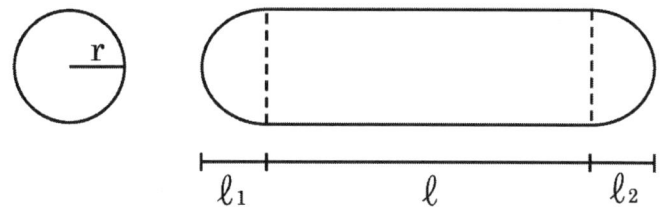

정답

(1) 2.83 m³
(2) 3.05 m³

[해설]
원형 탱크의 내용적
(1) 종 방향의 원통형 탱크
   내용적 V = 윗면적 × 높이 = πr^2 × L = π × 0.6^2 × 2.5 = 2.83 m³

   TIP 종으로 설치된 원통형 탱크는 윗부분 높이를 고려하지 않는다.

(2) 횡 방향의 원통형 탱크
   내용적 V = 윗면적 × 높이환산값
   = $\pi r^2 \times \left(\ell + \dfrac{\ell_1 + \ell_2}{3} \right)$ = $\pi \times 0.6^2 \times \left(2.5 + \dfrac{0.3 + 0.3}{3} \right)$
   = 3.05 m³

04 다음 각 위험물의 운반용기 주의사항을 모두 쓰시오.

(1) 제1류 알칼리금속의 과산화물

(2) 제3류 자연발화성 물질

(3) 제5류 위험물

정답

(1) 화기·충격주의, 물기엄금, 가연물접촉주의
(2) 화기엄금, 공기접촉엄금
(3) 화기엄금, 충격주의

[해설]
위험물 운반용기 외부 표시
(1) 무기과산화물 : 화기·충격주의, 물기엄금, 가연물접촉주의
(2) 자연발화성 물질 : 화기엄금, 공기접촉엄금
(3) 제5류 위험물 : 화기엄금, 충격주의

05 다음 보기에서 지정수량이 같은 위험물 3개를 골라 적으시오. (단, 지정수량이 같은 위험물이 3개가 아닌 경우 "해당 없음"이라고 쓰시오)

[보기]
황, 적린, 황린, 황화인, 철분, 칼륨, 금속분

정답

황, 적린, 황화인

[해설]
위험물 지정수량
- 황(S, 제2류 위험물) : 100 kg
- 적린(P, 제2류 위험물) : 100 kg
- 황린(P_4, 제3류 위험물) : 20 kg
- 황화인(제2류 위험물) : 100 kg
- 철분(제2류 위험물) : 500 kg
- 칼륨(K, 제3류 위험물) : 10 kg
- 금속분(제2류 위험물) : 500 kg

06 아이소프로필알코올을 산화시켜 만든 것으로 아이오딘폼 반응을 하는 제1석유류에 대한 다음 각 물음에 답을 쓰시오.

(1) 아이오딘폼 반응을 하는 위험물의 명칭
(2) 아이오딘폼의 화학식
(3) 아이오딘폼 색깔

정답

(1) 아세톤   (2) CHI_3 (3) 노란색

[해설]
아이오딘폼 반응을 하는 위험물
- 아이소프로필알코올($CH_3CH(OH)CH_3$) 산화반응

  $CH_3CH(OH)CH_3 \xrightarrow{-H_2} CH_3COCH_3$(아세톤)

- 아세톤 : 아이오딘폼반응을 하는 물질 중 하나
- 아이오딘폼
  화학식 : CHI_3
  색깔 : 노란색

07 제1류 위험물의 공통적인 특징을 모두 고르시오. (단, 없으면 "없음"이라고 쓰시오)

① 탄소를 가지고 있다.

② 산소를 가지고 있다.

③ 가연성 물질이다.

④ 물과 반응한다.

⑤ 고체 상태이다.

정답

②, ⑤

[해설]
제1류 위험물(산화성 고체) 공통 성질 및 소화 방법
(1) 열분해 시 산소(O_2) 발생
(2) 대부분 무색 결정 또는 백색 분말
(3) 모두 물보다 무겁다.
(4) 대부분 수용성, 조해성 및 흡습성을 가지고 있다.
(5) 소화방법 : 냉각소화(알칼리금속의 과산화물 제외)
  무기(알칼리금속) 과산화물 : 탄산수소염류, 건조사, 팽창질석, 팽창진주암으로만 소화 가능

08 다음 위험물을 지정수량 이상 운반할 때 혼재가 불가능한 위험물의 유별을 모두 쓰시오.

(1) 제1류 위험물
(2) 제3류 위험물
(3) 제6류 위험물

정답

(1) 제2, 3, 4, 5류
(2) 제1, 2, 5, 6류
(3) 제2, 3, 4, 5류

[해설]
운반 시 혼재 가능 위험물

위험물 종류			혼재 여부
1↓	6		혼재 가능
2↓	5↑	4	혼재 가능
3→	4↑		혼재 가능

TIP 1 2 3 4 5 6을 화살표 방향으로 적고 가운데에 4를 적어서 같은 줄이 혼재 가능 위험물

09 다음 보기에서 인화점이 낮은 것부터 순서대로 나열하시오.

―[보기]―
아세톤, 이황화탄소, 메탄올, 글리세롤, 아닐린

정답

이황화탄소, 아세톤, 메탄올, 아닐린, 글리세롤

[해설]
제4류 위험물 인화점
- 아세톤(제1석유류) : -18 ℃
- 이황화탄소(특수인화물) : -30 ℃
- 메탄올(알코올류) : 11 ℃
- 글리세롤(제3석유류) : 160 ℃
- 아닐린(제3석유류) : 76 ℃

10 다음 위험물을 취급하는 위험물 제조소의 보유공지 기준을 쓰시오.

위험물	수량	보유공지
아세톤	2,000 L	(①)
아세트산	100,000 L	(②)
아닐린	200,000 L	(③)
글리세롤	1,000,000 L	(④)
클로로벤젠	2,000,000 L	(⑤)

정답

① 3 m 이상
② 5 m 이상
③ 5 m 이상
④ 5 m 이상
⑤ 5 m 이상

[해설]
위험물제조소 보유공지 기준
① 위험물 지정수량 10배 이하 : 3 m 이상
② 위험물 지정수량 10배 초과 : 5 m 이상

- 아세톤(제1석유류 수용성) : $\dfrac{2,000[L]}{400[L/배]} = 5[배]$

- 아세트산(제2석유류 수용성) : $\dfrac{100,000[L]}{2,000[L/배]} = 50[배]$

- 아닐린(제3석유류 비수용성) : $\dfrac{200,000[L]}{2,000[L/배]} = 100[배]$

- 글리세롤(제3석유류 수용성) : $\dfrac{1,000,000[L]}{4,000[L/배]} = 250[배]$

- 클로로벤젠(제2석유류 비수용성) : $\dfrac{2,000,000[L]}{1,000[L/배]} = 2000[배]$

11 제4류 위험물은 정전기 발생에 주의하여 취급하여야 한다. 이때 정전기를 방지할 수 있는 대책 3가지를 쓰시오.

> [정답]
> ① 접지 및 본딩을 한다.
> ② 공기를 이온화한다.
> ③ 상대습도를 70 % 이상으로 한다.
>
> [해설]
> 정전기를 방지하기 위한 대책
> ① 접지 및 본딩을 한다.
> ② 공기를 이온화한다.
> ③ 상대습도를 70 % 이상으로 한다.
> ④ 제전기를 사용한다.
> ⑤ 대전방지제를 사용한다.
> ⑥ 도전재료를 사용한다.

12 다음 물질의 반응식을 쓰시오.

(1) 오황화인과 물과의 반응식

(2) (1)의 반응에서 생성되는 기체의 연소반응식

> [정답]
> (1) $P_2S_5 + 8H_2O \rightarrow 5H_2S + 2H_3PO_4$
> (2) $H_2S + 1.5\,O_2 \rightarrow SO_2 + H_2O$
>
> [해설]
> 오황화인과 물 반응
> (1) $P_2S_5 + 8H_2O \rightarrow 5H_2S$(황화수소) $+ 2H_3PO_4$
> (2) 황화수소의 연소반응식 : $H_2S + 1.5O_2 \rightarrow SO_2 + H_2O$

13 다음 보기 중 불활성 가스 소화설비에 적응성이 있는 위험물을 모두 고르시오.

―[보기]―
(1) 제1류 위험물 중 알칼리금속의 과산화물
(2) 제2류 위험물 중 인화성 고체
(3) 제3류 위험물 중 금수성 물질
(4) 제4류 위험물
(5) 제5류 위험물
(6) 제6류 위험물

정답

제2류 위험물 중 인화성 고체, 제4류 위험물

[해설]

불활성 가스 소화설비 적응성
- 불활성 가스 소화설비 : 질식소화
- 위험물별 소화방법

분류	소화방법
제1류 위험물(알칼리금속의 과산화물 제외)	냉각소화
제2류 위험물(철분·금속분·마그네슘, 인화성 고체 제외)	냉각소화
제2류 중 인화성 고체	냉각소화, 질식소화 모두 가능
제3류(금수성 물질 제외)	냉각소화
제4류 위험물	질식소화
제5류 위험물	냉각소화
제6류 위험물	냉각소화
알칼리금속의 과산화물(제1류)	탄산수소염류·건조사·팽창질석·팽창진주암
철분·금속분·마그네슘(제2류)	
금수성 물질(제3류)	

14 위험물안전관리법령에 따른 소화설비의 능력단위 및 소요단위에 대한 다음 각 물음에 답하시오.

(1) 소화설비의 능력단위에 대한 표이다. (   ) 안에 알맞은 답을 쓰시오.

소화설비	용량[L]	능력단위
소화전용 물통	(①)	0.3
수조(물통 3개 포함)	80	(②)
수조(물통 6개 포함)	190	(③)
건조사(삽 1개 포함)	(④)	0.5
팽창질석·진주암(삽 1개 포함)	(⑤)	1.0

(2) 연면적이 200 m²이고, 외벽이 내화구조인 제조소의 소요단위를 산정하시오.

(3) 옥내저장소에 과산화수소 6,000kg를 저장하는 경우 소요단위를 산정하시오.

정답

(1) ① 8   ② 1.5   ③ 2.5   ④ 50   ⑤ 160
(2) 2 소요단위
(3) 2 소요단위

[해설]
소화설비의 능력단위 및 소요단위
(1) 소화설비의 능력단위

소화설비	용량 [L]	능력단위
소화전용 물통	(8)	0.3
수조(물통 3개 포함)	80	(1.5)
수조(물통 6개 포함)	190	(2.5)
건조사(삽 1개 포함)	(50)	0.5
팽창질석·진주암(삽 1개 포함)	(160)	1.0

(2) 소요단위 계산

구분	내화구조	비내화구조
제조소·취급소	연면적 100 m²	연면적 50 m²
저장소	연면적 150 m²	연면적 75 m²
위험물	지정수량 10배	

- 소요단위 = 200 m² / 100 m² = 2 소요단위
- 위험물 소요단위
 (6000 / 300) / 10 = 2 <u>소요단위</u>

15 다음은 위험물의 이동저장탱크에 관한 사항이다. 빈칸 안에 알맞은 답을 쓰시오.

(1) 이동탱크저장소에 주입설비를 설치하는 경우에는 다음 각 목의 기준에 의하여야 한다.
  가. 위험물이 샐 우려가 없고 화재예방상 안전한 구조로 할 것
  나. 주입설비의 길이는 (①) 이내로 하고, 그 끝부분에 축적되는 (②)를 유효하게 제거할 수 있는 장치를 할 것
  다. 분당 배출량은 (③) 이하로 할 것
(2) 주입호스는 내경이 (④) 이상이고, (⑤) 이상의 압력에 견딜 수 있는 것으로 하며, 필요 이상으로 길게 하지 아니할 것

정답

① 50 m ② 정전기 ③ 200 ℓ ④ 23 mm ⑤ 0.3 MPa

[해설]
위험물안전관리법 시행규칙
[별표10] 이동탱크저장소의 위치·구조 및 설비의 기준
1. 액체위험물의 이동탱크저장소의 주입호스는 위험물을 저장 또는 취급하는 탱크의 주입구와 결합할 수 있는 금속구를 사용하되, 그 결합금속구(제6류 위험물의 탱크의 것은 제외)는 놋쇠 그 밖에 마찰 등에 의하여 불꽃이 생기지 아니하는 재료로 하여야 한다.

2. 주입호스의 재질과 규격 및 결합금속구의 규격은 소방청장이 정하여 고시한다.

> [위험물안전관리에 관한 세부기준]
> 주입호스는 내경이 23 mm 이상이고, 0.3 MPa 이상의 압력에 견딜 수 있는 것으로 하며, 필요 이상으로 길게 하지 아니할 것

3. 이동탱크저장소에 주입설비(주입호스의 끝부분에 개폐밸브를 설치한 것을 말한다)를 설치하는 경우에는 다음 각 목의 기준에 의하여야 한다.
   가. 위험물이 샐 우려가 없고, 화재예방상 안전한 구조로 할 것
   나. 주입설비의 길이는 50 m 이내로 하고, 그 끝부분에 축적되는 정전기를 유효하게 제거할 수 있는 장치를 할 것
   다. 분당 배출량은 200ℓ 이하로 할 것

16 다음 보기는 제5류 위험물이다. 다음 물음에 답하시오.

> [보기]
> 다이나이트로벤젠, 나이트로글리세린, 트라이나이트로톨루엔,
> 트라이나이트로페놀, 벤조일퍼옥사이드

(1) 질산에스터류에 해당하는 위험물의 명칭을 쓰시오.
(2) 상온에서 액체이지만 겨울철에 동결하여 폭발할 때 다량의 가스를 방출하는 위험물의 폭발 분해 반응식을 쓰시오.

정답

(1) 나이트로글리세린
(2) $4C_3H_5(ONO_2)_3 \rightarrow 12CO_2 + 10H_2O + 6N_2 + O_2$

[해설]

5류 위험물 분류와 반응식

(1) 보기 중 질산에스터류 : 나이트로글리세린

품명	물질명	상태
질산에스터	질산메틸	액체
	질산에틸	액체
	나이트로글라이콜	액체
	나이트로글리세린	액체
	나이트로셀룰로오스	고체
	셀룰로오스	고체

- 다이나이트로벤젠, 트라이나이트로톨루엔, 트라이나이트로페놀 : 5류 위험물 중 나이트로화합물
- 벤조일퍼옥사이드 : 5류 위험물 중 유기과산화물

(2) 상온에서 액체 : 나이트로글리세린[$C_3H_5(ONO_2)_3$]

분해반응식 : $4C_3H_5(ONO_2)_3 \rightarrow 12CO_2 + 10H_2O + 6N_2 + O_2$

17 인화칼슘에 대한 아래 물음에 답하시오.

(1) 위험물류

(2) 지정수량

(3) 물과의 반응식

(4) 물과 반응 후 발생하는 유해가스

정답

(1) 제3류 위험물

(2) 300 kg

(3) $Ca_3P_2 + 6H_2O \rightarrow 3Ca(OH)_2 + 2PH_3$

(4) PH_3(포스핀)

[해설]
인화칼슘(Ca_3P_2)
- 위험물류 : 제3류 위험물
- 지정수량 : 300 kg
- 물과의 반응식 : $Ca_3P_2 + 6H_2O \rightarrow 3Ca(OH)_2 + 2PH_3$

18 열분해를 통해 산소를 발생할 수 있는 위험물의 분해반응식을 쓰시오. (단, 산소를 발생시키지 않는 위험물의 경우 "해당 없음"이라고 쓰시오)

(1) 염소산칼륨

(2) 질산칼륨

(3) 과산화칼륨

정답

(1) $2KClO_3 \rightarrow 2KCl + 3O_2$

(2) $2KNO_3 \rightarrow 2KNO_2 + O_2$

(3) $K_2O_2 \rightarrow K_2O + 0.5O_2$

[해설]
열분해를 통해 산소를 발생할 수 있는 위험물
제1류 위험물(산화성 고체)은 열분해 시 산소를 발생시킨다.
- 염소산칼륨의 열분해반응식 : $2KClO_3 \rightarrow 2KCl + 3O_2$
- 질산칼륨의 열분해반응식 : $2KNO_3 \rightarrow 2KNO_2 + O_2$
- 과산화칼륨의 열분해반응식 : $K_2O_2 \rightarrow K_2O + 0.5O_2$

19 다음은 옥외탱크저장소의 방유제에 관한 사항이다. ( ) 안에 알맞은 답을 쓰시오. (단, 방유제 내의 전 탱크용량이 20만 L 이하이고, 위험물의 인화점이 70 ℃ 이상 200 ℃ 미만인 것)

- 용량 : 최대 탱크의 (①) % 이상
- 높이 : (②) 이상 (③) 이하
- 방유제 내 면적 : (④) m^2 이하
- 방유제 내 옥외저장탱크 최대 수 : (⑤)기

정답

① 110   ② 0.5 m   ③ 3 m   ④ 80,000   ⑤ 20기

[해설]
옥외탱크저장소의 방유제 구조 기준
1. 방유제의 용량 : 최대 탱크의 110 % 이상
2. 방유제의 높이 : <u>0.5 m 이상 3 m 이하</u>
3. 계단 : 높이 1 m 이상의 방유제에는 50 m 간격으로 방유제의 안과 밖에 설치
4. 방유제 내 면적 : <u>80,000 m^2 이하</u>
5. 방유제 내 탱크의 기수
    - 10기 이하
    - <u>20기 이하로 할 경우</u> : 방유제 내의 전 탱크용량이 20만 L 이하이고, 위험물의 인화점이 70 ℃ 이상 200 ℃ 미만인 것
    - 기수에 제한을 두지 않을 경우 : 인화점 200 ℃ 이상인 것

20 위험물안전관리법령상 항공기주유취급소의 특례에 관한 다음 각 물음에 답하시오.

(1) 주유배관의 끝부분에 접속하는 호스기기를 적재한 차량을 무엇이라 하는가?

(2) 비행장에서 항공기, 비행장에 소속된 차량 등에 주유하는 주유취급소에 대하여는 항공기 주유취급소의 특례기준을 적용하는가?

(3) 다음 문장이 항공기주유취급소의 특례 기준으로 옳으면 "○", 옳지 않으면 "×"를 쓰시오.
   ① 항공기주유취급소에는 항공기 등에 직접 주유하는 데 필요한 공지를 보유해야 하며 공지의 지면은 콘크리트 등으로 포장해야 한다.
   ② 공지에는 누설한 위험물 그밖의 액체가 공지의 외부로 유출되지 아니하도록 배수구 및 유분리장치를 설치해야 한다.
   ③ 누설한 위험물 등의 유출을 방지하기 위한 조치를 한 경우에는 배수구 및 유분리장치를 설치하지 않을 수 있다.

> 정답

(1) 주유호스차
(2) 적용한다.
(3) ① ○   ② ○   ③ ○

[해설]
위험물안전관리법령상 항공기주유취급소의 특례
(1) 비행장에서 항공기, 비행장에 소속된 차량 등에 주유하는 주유취급소에 대하여는 Ⅰ, Ⅱ, Ⅲ제1호·제2호, Ⅳ제2호·제3호(주유관의 길이에 관한 규정), Ⅶ 및 Ⅷ의 규정을 적용하지 아니한다.
(2) 항공기주유취급소에는 항공기 등에 직접 주유하는 데 필요한 공지를 보유할 것
(3) 공지는 그 지면을 콘크리트 등으로 포장할 것
(4) 공지에는 누설한 위험물 그 밖의 액체가 공지의 외부로 유출되지 아니하도록 배수구 및 유분리장치를 설치할 것. 다만 누설한 위험물 등의 유출을 방지하기 위한 조치를 한 경우에는 그러하지 아니하다.
(5) 주유배관의 끝부분에 접속하는 호스기기를 적재한 차량(주유호스차)을 사용하여 주유하는 항공기주유취급소의 경우에는 다음의 기준에 의할 것
   ① 주유호스차는 화재예방상 안전한 장소에 상시 주차할 것
   ② 주유호스차에는 별표 10 Ⅸ제1호 가목 및 나목의 규정에 의한 장치를 설치할 것
   ③ 주유호스차의 호스기기는 별표 10 Ⅸ제1호 다목, 마목 본문 및 사목의 규정에 의한 주유탱크차의 주유설비의 기준을 준용할 것
   ④ 주유호스차의 호스기기에는 항공기와 전기적으로 접속하기 위한 도선을 설치하고 주유호스의 끝부분에 축적되는 정전기를 유효하게 제거할 수 있는 장치를 설치할 것
   ⑤ 항공기주유취급소에는 정전기를 유효하게 제거할 수 있는 접지전극을 설치할 것

2024 3회

01 [보기]에서 다음 각 물음에 대한 위험물을 골라 쓰시오. (단, 없으면 "없음"이라고 쓰시오)

[보기]
뷰틸리튬, 황린, 나트륨, 인화알루미늄

(1) 제조소에 저장하는 경우 불활성 기체를 봉입하는 장치를 설치해야 하는 위험물은?
(2) 옥내저장소 저장창고의 바닥면적이 1,000 m² 이하여야 하는 위험물은?
(3) 물과 반응 시 수소가 발생되는 위험물은?

정답

(1) 뷰틸리튬   (2) 뷰틸리튬, 황린, 나트륨   (3) 나트륨

[해설]

위험물의 저장 및 취급

- 알킬알루미늄등을 취급하는 제조소의 특례
  - 누설범위를 국한하기 위한 설비 및 누설된 물질을 안전한 장소에 설치된 조에 이끌어 들일 수 있는 설비를 설치할 것
  - 불활성 기체를 봉입하는 장치를 설치할 것
- 옥내저장소 저장창고 기준

바닥면적	저장하는 위험물
1,000 m² 이하	• 제1류 위험물 중 아염소산염류, 염소산염류, 과염소산염류, 무기과산화물 그 밖에 지정수량이 50 kg인 위험물 • 제3류 위험물 중 칼륨, 나트륨, 알킬알루미늄, 알킬리튬 그 밖에 지정수량이 10 kg인 위험물 및 황린 • 제4류 위험물 중 특수인화물, 제1석유류 및 알코올류 • 제5류 위험물 중 유기과산화물, 질산에스터류 그 밖에 지정수량이 10 kg인 위험물 • 제6류 위험물
2,000 m² 이하	그 외의 위험물
1,500 m² 이하	위의 위험물을 내화구조의 격벽으로 완전히 구획된 실에 각각 저장하는 창고

TIP 1,000 m² 이하 기준은 위험등급 I 인 물질을 저장할 때이다.
(제4류 위험물 중 위험등급 II인 제1석유류, 알코올류만 따로 암기)

- 물과의 반응식
  ① 뷰틸리튬 : $CH_3Li + H_2O \rightarrow LiOH + CH_4$
  ② 나트륨 : $Na + H_2O \rightarrow NaOH + 0.5H_2$
  ③ 인화알루미늄 : $AlP + 3H_2O \rightarrow Al(OH)_3 + PH_3$

02 다음 위험물의 품명을 적으시오.

(1) n - 뷰탄올

(2) 아이소프로필알코올

(3) t - 뷰탄올

(4) 1 - 프로판올

(5) 아이소뷰틸알코올

정답

(1) 제2석유류
(2) 알코올류
(3) 제1석유류
(4) 알코올류
(5) 제2석유류

[해설]
위험물 품명
- n - 뷰탄올[$CH_3(CH_2)_3OH$] : 제2석유류(비수용성)
- 아이소프로필알코올[$CH_3CH(OH)CH_3$] : 알코올류
- t - 뷰탄올[$(CH_3)_3COH$] : 제1석유류(수용성)
- 1 - 프로판올[$CH_3CH_2CH_2OH$] : 알코올류
- 아이소뷰틸알코올[$(CH_3)_2CHCH_2OH$] : 제2석유류(비수용성)

03 제3류 위험물인 나트륨에 대해 다음 물음에 답하시오.

(1) 지정수량

(2) 보호액

(3) 나트륨과 물의 반응식

정답

(1) 10 kg
(2) 등유, 경유, 유동파라핀 속에 저장
(3) $Na + H_2O \rightarrow NaOH + 0.5H_2$

[해설]
나트륨(제3류 위험물)
- 지정수량 : 10 kg
- 보호액 : 등유, 경유, 유동파라핀 속에 저장
- 물과의 반응식 : $Na + H_2O \rightarrow NaOH + 0.5H_2$

04 제4류 위험물인 메틸알코올에 대한 다음 각 물음에 답을 쓰시오.

(1) 완전연소반응식을 쓰시오.

(2) 옥내저장소 저장창고의 바닥면적은 최소 몇 m^2 이하로 하여야 하는가?

(3) 산화 시 제4류 위험물의 제2석유류가 되는 위험물을 쓰시오.

정답

(1) $CH_3OH + 1.5O_2 \rightarrow CO_2 + 2H_2O$
(2) 1,000 m^2
(3) 폼산

[해설]

메틸알코올(메탄올, CH_3OH)

- 연소반응식 : $CH_3OH + 1.5O_2 \rightarrow CO_2 + 2H_2O$
- 옥내저장소 저장창고 기준

바닥면적	저장하는 위험물
1,000 m² 이하	• 제1류 위험물 중 아염소산염류, 염소산염류, 과염소산염류, 무기과산화물 그 밖에 지정수량이 50 kg인 위험물 • 제3류 위험물 중 칼륨, 나트륨, 알킬알루미늄, 알킬리튬 그 밖에 지정수량이 10 kg인 위험물 및 황린 • 제4류 위험물 중 특수인화물, 제1석유류 및 알코올류 • 제5류 위험물 중 유기과산화물, 질산에스터류 그 밖에 지정수량이 10 kg인 위험물 • 제6류 위험물
2,000 m² 이하	그 외의 위험물
1,500 m² 이하	위의 위험물을 내화구조의 격벽으로 완전히 구획된 실에 각각 저장하는 창고

TIP 1,000 m² 이하 기준은 위험등급 I 인 물질을 저장할 때이다.
(제4류 위험물 중 위험등급 II 인 제1석유류, 알코올류만 따로 암기)

- 산화반응 : $CH_3OH \rightarrow HCHO$(폼알데하이드) $\rightarrow HCOOH$(폼산)

05 제4류 위험물인 에틸알코올에 대한 다음 각 물음에 답을 쓰시오.

(1) 나트륨과 반응하는 경우 반응식을 쓰시오.

(2) 에틸알코올에 황산을 촉매로 탈수축합반응으로 생성되는 것을 화학식으로 쓰시오.

(3) 산화 시 제4류 위험물의 특수인화물이 되는 위험물을 쓰시오.

정답

(1) $Na + C_2H_5OH \rightarrow C_2H_5ONa + 0.5H_2$

(2) $C_2H_5OC_2H_5$

(3) 아세트알데하이드(CH_3CHO)

[해설]
에틸알코올(에탄올, C_2H_5OH)
- 나트륨과 반응식 : $Na + C_2H_5OH \rightarrow C_2H_5ONa + 0.5H_2$
- 에틸알코올에 황산을 촉매로 탈수축합반응 : $2C_2H_5OH \rightarrow C_2H_5OC_2H_5 + H_2O$
- 산화반응 : C_2H_5OH(에탄올) → CH_3CHO(아세트알데하이드) → CH_3COOH(아세트산)

06 각 할로젠화합물 소화약제의 명명법을 이용하여 화학식을 쓰시오.

(1) 할론 2402

(2) 할론 1211

(3) HFC - 23

(4) HFC - 125

(5) FK - 5 - 1 - 12

정답

(1) $C_2F_4Br_2$
(2) CF_2ClBr
(3) CHF_3
(4) C_2HF_5
(5) $C_6F_{12}O$

[해설]
소화약제의 명명법
- 할론 명명법 : C F Cl Br I 순으로 숫자 배열
  - 할론 1301 : $C_1F_3Cl_0Br_1I_0 = CF_3Br$
  - 할론 1211 : $C_1F_2Cl_1Br_1I_0 = CF_2ClBr$
  - 할론 2402 : $C_2F_4Cl_0Br_2I_0 = C_2F_4Br_2$

• 할로젠화합물 소화약제 종류 및 화학식

소화약제	화학식
퍼플루오로부탄(FC - 3 - 1 - 10)	C_4F_{10}
하이드로클로로플로우로카본혼화제 (이하 "HCFC BLEND A"라 한다)	HCFC - 123($CHCl_2CF_3$) : 4.75 % HCFC - 22($CHClF_2$) : 82 % HCFC - 124($CHClFCF_3$) : 9.5 % $C_{10}H_{16}$: 3.75 %
클로로테트라플루오르에탄(이하 "HCFC - 124"라 한다)	$CHClFCF_3$
펜타플루오로에탄(이하 "HFC - 125"라 한다)	CHF_2CF_3
헵타플루오로프로판(이하 "HFC - 227ea"라 한다)	CF_3CHFCF_3
트리플루오로메탄(이하 "HFC - 23"이라 한다)	CHF_3
헥사플루오로프로판(이하 "HFC - 236fa"라 한다)	$CF_3CH_2CF_3$
트리플루오로이오다이드(이하 "FIC - 13I1"이라 한다)	CF_3I
불연성·불활성 기체혼합가스(이하 "IG - 01"이라 한다)	Ar
불연성·불활성 기체혼합가스(이하 "IG - 100"이라 한다)	N_2
불연성·불활성 기체혼합가스(이하 "IG - 541"이라 한다)	N_2 : 52 %, Ar : 40 %, CO_2 : 8 %
불연성·불활성 기체혼합가스(이하 "IG - 55"라 한다)	N_2 : 50 %, Ar : 50 %
도데카플루오로 - 2 - 메틸펜탄 - 3 - 원 (FK - 5 - 1 - 12)	$CF_3CF_2C(O)CF(CF_3)_2$

07 제4류 위험물에 대한 설명이다. 빈칸을 채우시오.

(1) "특수인화물"이라 함은 1기압에서 발화점 (①)℃ 이하인 것 또는 인화점이 영하 (②)℃ 도 이하이고 비점이 (③)℃ 이하인 것을 말한다.

(2) "제1석유류"라 함은 1기압에서 인화점이 (④)℃ 미만인 것을 말한다.

(3) "제2석유류"라 함은 1기압에서 인화점이 (⑤)℃ 이상 (⑥)℃ 미만인 것을 말한다.

(4) "제3석유류"라 함은 1기압에서 인화점이 (⑦)℃ 이상 (⑧)℃ 미만인 것을 말한다.

(5) "제4석유류"라 함은 1기압에서 인화점이 (⑨)℃ 이상 (⑩)℃ 미만인 것을 말한다.

정답

① 100　② 20　③ 40　④ 21　⑤ 21　⑥ 70　⑦ 70　⑧ 200
⑨ 200　⑩ 250

[해설]
제4류 위험물 분류
(1) 특수인화물 : 1기압에서 발화점 100℃ 이하인 것 또는 인화점이 영하 20℃ 이하이고, 비점이 40℃ 이하인 것
(2) 제1석유류 : 1기압에서 인화점이 21℃ 미만인 것
(3) 제2석유류 : 1기압에서 인화점이 21℃ 이상 70℃ 미만인 것
(4) 제3석유류 : 1기압에서 인화점이 70℃ 이상 200℃ 미만인 것
(5) 제4석유류 : 1기압에서 인화점이 200℃ 이상 250℃ 미만인 것

08 위험물안전관리법령 기준에서 위험물안전관리자 선임 등에 대한 설명이다. 다음 물음에 답하시오.

(1) 위험물관리자 선임 권한
(2) 위험물안전관리자가 해임될 경우 선임 기한
(3) 위험물안전관리자가 퇴직할 경우 선임 기한
(4) 안전관리자 선임 후 신고 기한
(5) 안전관리자 부재 시 대리자의 직무 대행 기간

정답

(1) 제조소등의 관계인
(2) 해임 날부터 30일 이내 선임
(3) 퇴직 날부터 30일 이내 선임
(4) 선임 후 14일 이내에 신고
(5) 30일을 초과할 수 없음

[해설]
위험물안전관리자 선임 기준
(1) 위험물관리자 선임 권한 : 제조소등의 관계인
(2) 위험물안전관리자가 해임될 경우 선임 기한 : 해임 날부터 30일 이내 선임
(3) 위험물안전관리자가 퇴직할 경우 선임 기한 : 퇴직 날부터 30일 이내 선임
(4) 안전관리자 선임 후 신고 기한 : 선임 후 14일 이내에 소방본부장·소방서방에게 신고
(5) 안전관리자 부재 시 대리자의 직무 대행 기간 : 30일을 초과할 수 없음

09 조건에 해당하는 옥외탱크저장소의 탱크 최소용량과 최대용량을 산정하시오.

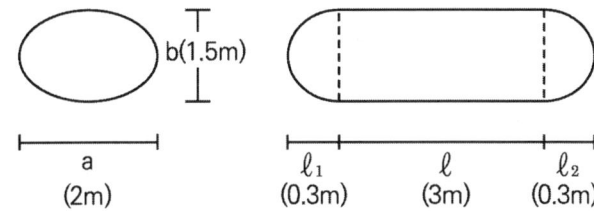

> 정답

최소 용량 : 6.79 m³
최대 용량 : 7.16 m³

[해설]
타원형 탱크의 내용적
- 타원형탱크 내용적
  $V = 윗면적 \times 높이환산값$
  $= \dfrac{\pi ab}{4} \times (l + \dfrac{l_1 + l_2}{3}) = \dfrac{\pi \times 2 \times 1.5}{4} \times (3 + \dfrac{0.3 + 0.3}{3})$
  $= 7.54 \text{ m}^3$
- 탱크용적 = 내용적 - 공간용적
- 공간용적 : 탱크 내용적의 5/100(5 %) 이상 10/100(10 %) 이하
  최소 용량 = 7.54 m³ × 0.9 = 6.79 m³
  최대 용량 = 7.54 m³ × 0.95 = 7.16 m³

10 위험물을 옥내저장소에 저장하는 경우 다음의 규정에 의한 높이를 초과하여 드럼용기를 겹쳐 쌓지 아니하여야 한다. 다음 물음에 답을 쓰시오.

(1) 기계에 의하여 하역하는 구조로 된 용기만을 겹쳐 쌓는 경우

(2) 제4류 위험물 중 제3석유류를 수납하는 용기만을 겹쳐 쌓는 경우

(3) 제4류 위험물 중 동식물유류를 수납하는 용기만을 겹쳐 쌓는 경우

> **정답**
>
> (1) 6 m 이하 (2) 4 m 이하 (3) 4 m 이하
>
> [해설]
> 옥내저장소 저장 시 높이
> - 기계로 하역하는 구조 : 6 m 이하
> - 제4류(3·4석유류, 동식물유) : 4 m 이하
> - 그 외의 위험물 : 3 m 이하
> - 용기를 선반에 저장하는 경우 : 제한 없음

11 [보기]에서 열분해 시 산소가 발생되고, 물과 반응 시 산소가 발생되는 위험물의 분해반응식과 물 반응식을 차례로 쓰시오. (단, 없으면 "없음"이라고 쓰시오)

> ─────[보기]─────
> 질산암모늄, 염소산칼륨, 과산화나트륨, 브로민산칼륨, 아이오딘산칼륨

(1) 분해반응식

(2) 물과의 반응식

> **정답**
>
> (1) $Na_2O_2 \rightarrow Na_2O + 0.5O_2$
> (2) $Na_2O_2 + H_2O \rightarrow 2NaOH + 0.5O_2$

[해설]

열분해 및 물반응 시 산소가 발생되는 위험물

- 질산암모늄(NH_4NO_3) 열분해 : $NH_4NO_3 \rightarrow N_2 + 2H_2O + 0.5O_2$
- 염소산칼륨($KClO_3$) 열분해 : $2KClO_3 \rightarrow 2KCl + 3O_2$
- 과산화나트륨(Na_2O_2, 제1류)
  (1) 열분해반응식 : $Na_2O_2 \rightarrow Na_2O + 0.5O_2$
  (2) 물과의 반응식 : $Na_2O_2 + H_2O \rightarrow 2NaOH + 0.5O_2$
- 브로민산칼륨 열분해 : $KBrO_3 \rightarrow KBr + 1.5O_2$
- 아이오딘산칼륨 열분해 : $KIO_3 \rightarrow KI + O_2$

12 다음 [보기]에 제4류 위험물 중 인화점이 낮은 것부터 순서대로 나열하시오.

[보기]

C_6H_6, $C_6H_5CH_3$, $C_6H_5CH=CH_2$, $C_6H_5C_2H_5$

정답

C_6H_6, $C_6H_5CH_3$, $C_6H_5C_2H_5$, $C_6H_5CH=CH_2$

[해설]

제4류 위험물 인화점

- 벤젠(C_6H_6, 제1석유류 비수용성) : -11℃
- 톨루엔($C_6H_5CH_3$, 제1석유류 비수용성) : 4℃
- 에틸벤젠($C_6H_5CH_2CH_3$, 제1석유류 비수용성) : 22℃
- 스타이렌($C_6H_5CH=CH_2$, 제2석유류 비수용성) : 32℃

13 다음 품명에 해당하는 위험물을 [보기]에서 모두 고르시오. (단, 없으면 "없음"이라고 쓰시오)

[보기]
나이트로메테인, 나이트로에테인, 다이나이트로벤젠, 나이트로글라이콜,
나이트로셀룰로오스, 나이트로글리세린, 벤조일퍼옥사이드

(1) 유기과산화물

(2) 나이트로화합물

(3) 질산에스터

(4) 아조화합물

(5) 하이드라진유도체

정답

(1) 벤조일퍼옥사이드
(2) 나이트로메테인, 나이트로에테인, 다이나이트로벤젠
(3) 나이트로글라이콜, 나이트로셀룰로오스, 나이트로글리세린
(4) 없음
(5) 없음

[해설]

제5류 위험물(자기반응성 물질) 종류

품명	물질명	상태	지정수량
질산에스터류	• 질산메틸	액체	종 판단 필요
	• 질산에틸	액체	
	• 나이트로글라이콜	액체	10 kg
	• 나이트로글리세린	액체	
	• 나이트로셀룰로오스	고체	
	• 셀룰로오스	고체	100 kg
유기과산화물	• 벤조일퍼옥사이드(과산화벤조일)	고체	100 kg
	• 메틸에틸케톤퍼옥사이드(과산화메틸에틸케톤)	액체	
	• 아세틸퍼옥사이드	고체	

품명	물질명	상태	지정수량
나이트로화합물	• 트라이나이트로페놀 (피크르산) • 트라이나이트로톨루엔 (TNT) • 테트릴	고체 고체 고체	100 kg 10 kg 10 kg
나이트로소화합물	파라나이트로소벤젠 등	고체	-
아조화합물	아조디카본아미드 등	고체	
다이아조화합물	다이아조아세토니트릴 등	액체 또는 고체	
하이드라진유도체	염산하이드라진 등	고체	
하이드록실아민	하이드록실아민	액체	
하이드록실아민염류	황산하이드록실아민 등	고체	

14 위험물안전관리법령상 옥외탱크저장소의 보유공지에 관한 내용이다. 다음 빈칸에 알맞은 내용을 적으시오.

저장 또는 취급하는 위험물 최대수량	공지너비
지정수량의 500배 이하	(①) m 이상
지정수량의 500배 초과 1,000배 이하	(②) m 이상
지정수량의 1,000배 초과 2,000배 이하	(③) m 이상
지정수량의 2,000배 초과 3,000배 이하	(④) m 이상
지정수량의 3,000배 초과 4,000배 이하	(⑤) m 이상

정답

① 3   ② 5   ③ 9   ④ 12   ⑤ 15

[해설]
옥외탱크저장소 보유공지

위험물 최대수량	공지너비
지정수량의 500배 이하	3 m 이상
지정수량의 500 초과 1,000배 이하	5 m 이상
지정수량의 1,000 초과 2,000배 이하	9 m 이상
지정수량의 2,000 초과 3,000배 이하	12 m 이상
지정수량의 3,000 초과 4,000배 이하	15 m 이상

15 제3류 위험물인 탄화알루미늄에 관한 다음 각 물음에 답하시오.

(1) 물과의 반응식을 쓰시오.

(2) 물과 반응에서 발생하는 가연성 가스의 연소범위에 대한 위험도를 산정하시오.

정답

(1) $Al_4C_3 + 12\,H_2O \rightarrow 4Al(OH)_3 + 3CH_4$

(2) 2

[해설]
탄화알루미늄[Al_4C_3]
- 물과 반응 : $Al_4C_3 + 12H_2O \rightarrow 4Al(OH)_3 + 3CH_4$
- 위험도(Hazard) 공식

$$위험도 = \frac{연소범위}{연소하한계(LFL)} = \frac{연소상한계(UFL) - 연소하한계(LFL)}{연소하한계(LFL)}$$

- 메테인가스(CH_4)의 연소범위 : 5 ~ 15 vol%
- 위험도 $= \dfrac{15-5}{5} = 2$

16 다음 위험물이 제6류 위험물이 되기 위한 기준을 쓰시오. (단, 기준이 없으면 "없음"으로 쓰시오)

(1) 과염소산   (2) 과산화수소   (3) 질산

정답

(1) 없음   (2) 농도 36 wt% 이상   (3) 비중 1.49 이상

[해설]
제6류 위험물이 되기 위한 기준

품명	물질명	위험물이 되는 조건
과염소산	과염소산	모두 위험물
과산화수소	과산화수소	농도 36 중량% 이상
질산	질산	비중 1.49 이상

17 분말 소화약제에 대한 빈칸을 완성하시오.

분말소화약제 종류	주성분	적응화재	분말색
제1종	탄산수소나트륨($NaHCO_3$)	(①)	백색
제2종	(②)	BC	(③)
제3종	(④)	ABC	(⑤)

정답

① BC
② 탄산수소칼륨($KHCO_3$)
③ 담회색
④ 인산암모늄($NH_4H_2PO_4$)
⑤ 담홍색

[해설]
분말소화약제

분말소화약제 종류	주성분	적응화재	분말색
제1종	탄산수소나트륨($NaHCO_3$)	BC	백색
제2종	탄산수소칼륨($KHCO_3$)	BC	담회색
제3종	인산암모늄($NH_4H_2PO_4$)	ABC	담홍색
제4종	탄산수소칼륨 + 요소 $KHCO_3 + (NH_2)_2CO$	BC	회색

18 셀프용고정주유설비에서 휘발유를 취급하는 경우 다음 각 물음에 답하시오.

(1) 정전기를 유효하게 제거하기 위하여 설치해야 하는 것을 쓰시오.
(2) 1회의 연속주유양과 주유시간의 상한을 쓰시오.
(3) 상부로부터 위험물 주입 시 액표면이 주입관의 끝부분을 넘는 높이가 될 때 주입관 유속과 밑부분으로부터 주입 시 액표면이 주입관의 정상부분을 넘을 때 유속을 각각 쓰시오.

> 정답

(1) 접지전극   (2) 100 L, 4분   (3) 1 m/s 이하, 1 m/s 이하

[해설]
셀프용고정주유설비 기준
1) 1회의 연속주유량 및 주유시간의 상한을 미리 설정할 수 있는 구조일 것. 이 경우 연속주유량 및 주유시간의 상한은 다음과 같다.
   ① 휘발유는 100 L 이하, 4분 이하로 할 것
   ② 경유는 600 L 이하, 12분 이하로 할 것
2) 휘발유를 저장하던 이동저장탱크에 등유나 경유를 주입할 때 또는 등유나 경유를 저장하던 이동저장탱크에 휘발유를 주입할 때의 정전기 등에 의한 재해를 방지하기 위한 조치
   ① 이동저장탱크의 상부로부터 위험물을 주입할 때 : 위험물의 액표면이 주입관의 끝부분을 넘는 높이가 될 때까지 그 주입관내의 유속을 초당 1 m 이하
   ② 이동저장탱크의 밑부분으로부터 위험물을 주입할 때 : 위험물의 액표면이 주입관의 정상부분을 넘는 높이가 될 때까지 그 주입배관 내의 유속을 초당 1 m 이하

19 제1류 위험물인 염소산칼륨에 대한 다음 각 물음에 답하시오.

(1) 열분해반응식을 쓰시오.

(2) 염소산칼륨 24.5 kg 완전분해 시 발생되는 산소의 부피(m^3)를 구하시오. (단, 표준상태이며 칼륨원자량 39, 염소원자량 35.5이다)

> **정답**
>
> (1) $2KClO_3 \rightarrow 2KCl + 3O_2$
>
> (2) 6.72 m^3
>
> [해설]
> 염소산칼륨($KClO_3$) 분해 시 산소부피 계산
> - 반응식 : $2KClO_3 \rightarrow 2KCl + 3O_2$
> - 염소산칼륨 몰 수 = 24.5 g/(39 + 35.5 + 16×3) = 0.2 kmol
> - 산소 몰 수 : 염소산칼륨과 2 : 3 비율이므로 0.2×3/2 = 0.3 kmol 발생
> - 산소 부피 = 0.3 kmol × 22.4 m^3/kmol = 6.72 m^3

20 위험물 운반에 관한 기준에서 다음 표에 혼재 가능한 위험물은 ○, 혼재 불가능한 위험물은 ×로 표시하시오. (단, 지정수량이 1/10을 초과하는 위험물에 적용하는 경우이다)

구분	제1류	제2류	제3류	제4류	제5류	제6류
제1류		×	×	( )	×	( )
제2류	( )		×	( )	○	( )
제3류	( )	×		( )	×	( )
제4류	( )	○	○		○	( )
제5류	( )	○	×	( )		( )
제6류	( )	×	×	( )	×	

2024년 3회

정답

구분	제1류	제2류	제3류	제4류	제5류	제6류
제1류		×	×	×	×	○
제2류	×		×	○	○	×
제3류	×	×		○	×	×
제4류	×	○	○		○	×
제5류	×	○	×	○		×
제6류	○	×	×	×	×	

[해설]
운반 시 혼재 가능 위험물

위험물 종류			혼재 여부
1↓	6		혼재 가능
2↓	5↑	4	혼재 가능
3→	4↑		혼재 가능

TIP 1 2 3 4 5 6을 화살표 방향으로 적고, 가운데에 4를 적어서 같은 줄이 혼재 가능 위험물

2023 1회

01 제4류 위험물의 동식물유류에 대한 내용이다. 다음 물음에 답하시오.

(1) 아이오딘값의 정의를 쓰시오.

(2) 동식물유류를 아이오딘값에 따라 분류하고, 아이오딘값의 범위를 쓰시오.

정답

(1) 유지 100 g에 부가되는 아이오딘의 g 수
(2) 건성유 : 아이오딘값 130 이상
반건성유 : 아이오딘값 100 ~ 130
불건성유 : 아이오딘값 100 이하

[해설]
동식물유류의 아이오딘값
(1) 아이오딘값 : 유지 100 g에 녹는 아이오딘의 g 수
(2) 아이오딘값에 따른 동식물유류

분류	건성유	반건성유	불건성유
아이오딘값	130 이상	100 ~ 130	100 이하
위험도 (불포화도)	크다	중간	작다
종류	동유·해바라기씨유·아마인유·들기름·정어리기름	채종유·참기름·목화씨기름	야자유·올리브유·피마자유·동백유

02 인화알루미늄 580 g을 표준상태에서 물과 반응시킨다. 다음 물음에 답하시오.

(1) 인화알루미늄과 물 반응식
(2) 생성되는 독성 기체의 부피(L)

정답

(1) $AlP + 3H_2O \rightarrow Al(OH)_3 + PH_3$ (2) 224 L

[해설]
인화알루미늄(AlP)과 물 반응
- $AlP + 3H_2O \rightarrow Al(OH)_3 + PH_3$
- 유독성 기체 PH_3(포스핀) 생성
- 인화알루미늄 몰 수 = 580 g/(27 + 31) = 10 mol
- 포스핀 몰 수 : 인화알루미늄과 1 : 1 비율이므로 10 mol
  포스핀 부피 = 10 mol × 22.4 L/mol = 224 L

03 제2류 위험물인 황화인에 대한 물음에 답하시오.

(1) 삼황화인, 오황화인, 칠황화인이 연소할 때 생성되는 공통물질을 쓰시오.
(2) 1 mol 당 산소 7.5 mol을 필요로 하는 황화인의 종류를 선택하여 완전연소반응식을 쓰시오.
(3) 황화인을 수납하는 경우 운반용기 외부에 표시하여야 할 주의사항을 쓰시오.

정답

(1) 이산화황(SO_2), 오산화인(P_2O_5)
(2) $P_2S_5 + 7.5O_2 \rightarrow 5SO_2 + P_2O_5$
(3) 화기주의

[해설]
황화인 연소반응식
① 삼황화인 연소반응 : $P_4S_3 + 8O_2 \rightarrow 3SO_2 + 2P_2O_5$
② 오황화인 연소반응 : $P_2S_5 + 7.5O_2 \rightarrow 5SO_2 + P_2O_5$
③ 칠황화인 연소반응 : $P_4S_7 + 12O_2 \rightarrow 7SO_2 + 2P_2O_5$

※ 위험물 운반용기 외부 표시

종류	위험등급	품명	운반용기 외부 표시
제2류 위험물	Ⅱ	황화린, 적린, 황	화기주의
	Ⅲ	철분, 마그네슘, 금속분	화기주의 물기엄금
		인화성 고체	화기엄금

04 위험물안전관리법령에 따른 옥외저장탱크·옥내저장탱크 또는 지하탱크저장소에서 다음 물질을 저장·취급할 경우 다음 물음에 알맞은 답을 쓰시오.

① 산화프로필렌 : 압력탱크 외의 탱크에 저장할 경우 (①) ℃ 이하의 온도로 유지할 것
② 아세트알데하이드 등 : 압력탱크 외의 탱크에 저장할 경우 (②) ℃ 이하의 온도로 유지할 것
③ 아세트알데하이드 등 : 압력탱크에 저장할 경우 (③) ℃ 이하의 온도로 유지할 것
④ 다이에틸에터 등 : 압력탱크에 저장할 경우 (④) ℃ 이하의 온도로 유지할 것
⑤ 다이에틸에터 등 : 압력탱크 외의 탱크에 저장할 경우 (⑤) ℃ 이하의 온도로 유지할 것

정답

① 30 ② 15 ③ 40 ④ 40 ⑤ 30

[해설]

탱크 저장온도

- 옥내·외저장탱크 또는 지하저장탱크 중 압력탱크 외의 탱크에 저장 시 온도
  산화프로필렌·다이에틸에터 : 30 ℃ 이하
  아세트알데하이드 : 15 ℃ 이하
- 옥내·외저장탱크 또는 지하저장탱크 중 압력탱크에 저장 시 온도
  아세트알데하이드·다이에틸에터 등 : 40 ℃ 이하
- 아세트알데하이드·다이에틸에터 등 이동저장탱크에 저장 시 온도
  보냉장치가 있는 경우 : 비점 이하
  보냉장치가 없는 경우 : 40 ℃ 이하

05 제1류 위험물에 대하여 다음 물음에 답하시오.

(1) 과망간산칼륨과 묽은 황산 반응 시 산소를 제외한 생성물질 3가지를 화학식으로 쓰시오.

(2) 중크롬산칼륨의 열분해반응식

정답

(1) K_2SO_4, $MnSO_4$, H_2O

(2) $2KCr_2O_7 \rightarrow 2KCrO_4 + Cr_2O_3 + 0.5O_2$

[해설]

제1류 위험물

(1) 과망가니즈산칼륨($KMnO_4$)과 묽은 황산(H_2SO_4) 반응

$2KMnO_4 + 6H_2SO_4 \rightarrow 2K_2SO_4 + 4MnSO_4 + 6H_2O + 5O_2$

(2) 다이크로뮴산칼륨(KCr_2O_7) 열분해

$2KCr_2O_7 \rightarrow 2KCrO_4 + Cr_2O_3 + 0.5O_2$

06 트라이나이트로톨루엔에 대하여 다음 각 물음에 답하시오.

(1) 구조식을 쓰시오.

(2) 이 물질의 생성과정을 설명하시오.

정답

(1)

$$\begin{array}{c} CH_3 \\ \diagup\!\!\!\diagdown \\ NO_2 \diagdown\!\!\!\diagup NO_2 \\ | \\ NO_2 \end{array}$$

(2) 톨루엔($C_6H_5CH_3$)을 질산·황산과 반응시켜 나이트로화 생성

[해설]
트라이나이트로톨루엔(5류 위험물)
- 분자식(시성식) : $C_6H_2CH_3(NO_2)_3$
- 생성과정 : 톨루엔($C_6H_5CH_3$)을 질산·황산과 반응시켜 나이트로화 생성

구조식	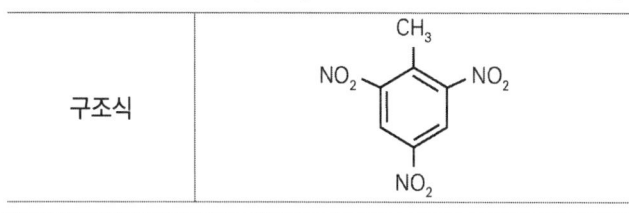

07 과산화수소는 이산화망간 촉매하에 반응하여 햇빛에 의하여 분해가 된다. 다음 물음에 답을 쓰시오.

(1) 분해반응식

(2) 저장 및 취급 시 분해를 방지하기 위한 안정제 2가지

(3) 해당 물질이 옥외저장소에 저장이 가능한지 여부

정답

(1) $H_2O_2 \rightarrow H_2O + 0.5O_2$
(2) 인산, 요산
(3) 가능

[해설]
과산화수소(H_2O_2, 제6류)
① 과산화수소 특징
- 햇빛에 의해 분해되어 갈색 연기를 발생하며 갈색병에 보관한다.
- 상온에서 스스로 분해되므로 저장용기에 구멍이 뚫린 마개를 사용하고, 인산·요산 등의 분해방지 안정제를 첨가한다.
- 수용성으로 물·에테르·알코올에 녹고 벤젠·석유 등에 안 녹는다.
- 수용성으로 표백·살균 작용한다.

② 옥외저장소에 저장 가능한 위험물

저장 가능 위험물 종류	세부 위험물
제2류 위험물	• 황 • 인화성 고체(인화점 0 ℃ 이상)
제4류 위험물	• 제1석유류(인화점 0 ℃ 이상) • 알코올류 • 제2~4석유류 • 동식물류
제6류 위험물	모두 포함

08 제3류 위험물인 탄화칼슘에 대하여 다음 각 물음에 답하시오.

(1) 물과 반응할 때 반응식

(2) 물과 반응하여 생성되는 기체와 구리의 반응식

(3) 구리와 반응하면 위험한 이유를 쓰시오.

정답

(1) $CaC_2 + 2H_2O \rightarrow Ca(OH)_2 + C_2H_2$

(2) $C_2H_2 + 2Cu \rightarrow Cu_2C_2 + H_2$

(3) 가연성 가스인 수소가스(H_2)와 폭발성 물질인 금속 아세틸레이트(금속 아세틸리드)(Cu_2C_2)를 발생시키기 때문에

[해설]

탄화칼슘(CaC_2, 제3류) 반응식

(1) 물과 반응식 : $CaC_2 + 2H_2O \rightarrow Ca(OH)_2 + C_2H_2$

(2) 아세틸렌과 구리의 반응식 : $C_2H_2 + 2Cu \rightarrow Cu_2C_2 + H_2$

(3) 아세틸렌 연소범위 : 2.5 ~ 81 %

09 위험물안전관리법령에서 정한 옥내저장소이다. 다음 보기를 참고하여 물음에 답하시오.

[보기]
- 저장소의 외벽은 내화구조이다.
- 연면적은 150 m²이다.
- 저장소에는 에탄올 1,000 L, 등유 1,500 L, 동식물유류 20,000 L, 특수인화물 500 L를 저장한다.

(1) 옥내저장소의 소요단위를 계산하시오.
(2) [보기]에서 위험물의 소요단위는 얼마인지 구하시오.

정답

(1) 1 소요단위   (2) 1.6 소요단위

[해설]
소요단위 계산
(1) 옥내저장소 소요단위 계산

구분	내화구조	비내화구조
제조소·취급소	연면적 100 m²	연면적 50 m²
저장소	연면적 150 m²	연면적 75 m²
위험물	지정수량 10배	

옥내저장소 연면적 150 m²이므로 <u>1 소요단위</u>

(2) 위험물 소요단위 계산
- 총 지정수량 배수
  = 1,000 L / 400 L + 1,500 L / 1,000 L + 20,000 L / 10,000 L + 500 L / 50 L = 16
- 총 소요단위 = 16 / 10 = <u>1.6 소요단위</u>

10 다음 위험물의 연소반응식을 쓰시오.

(1) 아세트산

(2) 메탄올

(3) 메틸에틸케톤

정답

(1) $CH_3COOH + 2O_2 \rightarrow 2CO_2 + 2H_2O$

(2) $CH_3OH + 1.5O_2 \rightarrow CO_2 + 2H_2O$

(3) $2CH_3COC_2H_5 + 11O_2 \rightarrow 8CO_2 + 8H_2O$

[해설]

연소반응식

① 아세트산(CH_3COOH, 제4류 위험물 중 제2석유류 수용성)
  완전연소반응식 : $CH_3COOH + 2O_2 \rightarrow 2CO_2 + 2H_2O$
② 메탄올(CH_3OH, 제4류 위험물 중 알코올류)
  완전연소반응식 : $CH_3OH + 1.5O_2 \rightarrow CO_2 + 2H_2O$
③ 메틸에틸케톤($CH_3COC_2H_5$, 제4류 위험물 중 제1석유류 비수용성)
  완전연소반응식 : $2CH_3COC_2H_5 + 11O_2 \rightarrow 8CO_2 + 8H_2O$

11 다음은 옥외탱크저장소의 특례 기준이다. 빈칸에 들어갈 위험물을 쓰시오.

(1) • (①) 등을 취급하는 설비의 주위에는 누설범위를 국한하기 위한 설비 및 누설된 물질을 안전한 장소에 설치된 조에 이끌어 들일 수 있는 설비를 설치할 것
  • 불활성 기체를 봉입하는 장치를 설치할 것
(2) • (②) 등을 취급하는 설비는 수은·은·구리·마그네슘 또는 이들을 성분으로 하는 합금을 만들지 아니할 것
  • 연소성 혼합기체의 생성에 의한 폭발을 방지하기 위한 불활성 기체를 봉합하는 장치를 설치할 것
(3) • (③) 등을 취급하는 설비에는 온도 상승에 의한 위험한 반응을 방지하기 위한 조치를 강구할 것
  • 철 이온 등의 혼합에 의한 위험한 반응을 방지하기 위한 조치를 강구할 것

정답

① 알킬알루미늄 ② 아세트알데하이드 ③ 하이드록실아민

[해설]

옥외탱크저장소의 특례 기준

- 알킬알루미늄 등을 취급하는 설비
  - 누설범위를 국한하기 위한 설비 및 누설된 물질을 안전한 장소에 설치된 조에 이끌어 들일 수 있는 설비를 설치할 것
  - 불활성 기체를 봉입하는 장치를 설치할 것
- 아세트알데하이드 등을 취급하는 설비
  - 수은·은·구리·마그네슘 또는 이들을 성분으로 하는 합금을 만들지 아니할 것
  - 연소성 혼합기체의 생성에 의한 폭발을 방지하기 위한 불활성 기체를 봉합하는 장치를 설치할 것
- 하이드록실아민 등을 취급하는 설비
  - 온도 상승에 의한 위험한 반응을 방지하기 위한 조치를 강구할 것
  - 철 이온 등의 혼합에 의한 위험한 반응을 방지하기 위한 조치를 강구할 것

12 다음 보기에 주어진 위험물 중에서 지정수량이 400 L인 물질과 제조소등의 게시판에 표시하여야 할 주의사항이 "화기엄금" 및 "물기엄금"인 물질이 반응할 경우의 화학반응식을 적으시오. (단, 해당 없으면 "해당 없음"이라고 표기하시오)

[보기]
에틸알코올, 칼륨, 질산메틸, 톨루엔, 과산화나트륨

정답

$K + C_2H_5OH \rightarrow C_2H_5OK + 0.5H_2$

[해설]

제조소등의 게시판 주의사항

① 에틸알코올(C_2H_5OH)
  제4류 위험물 중 알코올류 - 지정수량 : 400 L
② 칼륨(K)
  제3류 위험물 - 지정수량 : 10 kg

③ 질산메틸(CH₃NO₃)
  제5류 위험물 중 질산에스터류 - 지정수량 : 10 kg
④ 톨루엔(C₆H₅OH)
  제4류 위험물 중 제1석유류 비수용성 - 지정수량 : 200 L
⑤ 과산화나트륨
  제6류 위험물 - 지정수량 : 300 kg
※ 제조소등 주의사항 표지

위험물 종류	주의사항 내용	색상
• 제2류 위험물 중 인화성 고체 • 제3류 위험물 중 자연발화성 물질 • 제4류 위험물 • 제5류 위험물	화기엄금	적색바탕, 백색문자
제2류 위험물(인화성 고체 제외)	화기주의	적색바탕, 백색문자
• 제1류 위험물 중 알칼리금속의 과산화물 • 제3류 위험물 중 금수성 물질	물기엄금	청색바탕, 백색문자
• 제1류 위험물(알칼리금속의 과산화물 제외) • 제6류 위험물	게시판을 설치할 필요 없음	

13 2몰의 리튬이 물과 반응할 경우 다음 물음에 답하시오.

(1) 반응식

(2) 1 atm, 25 ℃에서 생성되는 기체의 부피(L)를 구하시오.

정답

(1) Li + H₂O → LiOH + 0.5H₂
(2) 24.44 L

[해설]
리튬[Li, 제3류 위험물]
- 물과 반응식 : Li + H_2O → LiOH + $0.5H_2$
- 이상기체상태방정식

$$PV = nRT$$

P : 압력(atm, Pa), V : 부피(L, m^3)
n : 몰수(mol), R : 이상기체상수
T : 절대온도(K)

- 2몰의 리튬이 물과 반응하면 1몰의 수소 기체가 발생하므로
  1 atm × V L = 1 mol × 0.082 atm·L/mol·K × (273 + 25) K
  ∴ V = 24.44 L

14 위험물제조소 등에 배출설비를 설치할 때 다음 각 조건에서의 배출능력을 구하시오.

(1) 배출장소의 용적이 300 m^3일 경우 국소방출방식의 배출설비의 배출능력
(2) 바닥면적이 100 m^2일 경우 전역방출방식의 배출설비의 배출능력

정답

(1) 6,000 m^3/hr 이상
(2) 1,800 m^3 이상

[해설]
제조소 배출설비 기준
- 배출능력
  ① 국소방식 : 1시간당 배출장소 용적의 20배 이상
  ② 전역방식 : 바닥면적 1 m^2당 18 m^3 이상
- 배출구는 지상 2 m 이상으로서 연소의 우려가 없는 장소에 설치하고, 배출덕트가 관통하는 벽부분의 바로 가까이에 화재 시 자동으로 폐쇄하는 방화댐퍼를 설치할 것
  ① 300 m^3 × 20 배/시간 = 6,000 m^3/시간
  ② 100 m^2 × 18 m^3/m^2 = 1,800 m^3

15 옥외저장소에 저장되어 있는 드럼통에 중유를 쌓을 경우 다음 경우에 따른 저장 높이[m]는?

(1) 위험물을 수납한 용기를 선반에 저장하는 경우

(2) 기계에 의하여 하역하는 구조로 된 용기만을 겹쳐 쌓는 경우

(3) 중유만을 저장할 경우

정답

(1) 6 m 이하
(2) 6 m 이하
(3) 4 m 이하

[해설]
옥외저장소 저장 시 드럼용기 높이 기준
- 용기를 선반에 저장하는 경우 : 6 m 이하
- 기계로 하역하는 구조 : 6 m 이하
- 제4류(3·4석유류, 동식물유) : 4 m 이하
- 그 외의 위험물 : 3 m 이하

16 소화약제에 대하여 다음 각 물음에 답하시오.

(1) 제2종 분말소화약제의 주성분을 화학식으로 쓰시오.

(2) 제3종 분말소화약제의 주성분을 화학식으로 쓰시오.

(3) IG - 55의 구성성분과 구성비율을 쓰시오.

(4) IG - 541의 구성성분과 구성비율을 쓰시오.

(5) IG - 100의 구성성분과 구성비율을 쓰시오.

> **정답**
>
> (1) KHCO₃
>
> (2) NH₄H₂PO₄
>
> (3) N₂ : 50 %, Ar : 50 %
>
> (4) N₂ : 52 %, Ar : 40 %, CO₂ : 8 %
>
> (5) N₂ : 100 %

[해설]

분말소화약제의 종류

분말소화약제 종류	주성분	적응화재	분말색
제1종	탄산수소나트륨(NaHCO₃)	BC	백색
제2종	탄산수소칼륨 (KHCO₃)	BC	담회색
제3종	인산암모늄 (NH₄H₂PO₄)	ABC	담홍색
제4종	탄산수소칼륨 + 요소 KHCO₃ + (NH₂)₂CO	BC	회색

불활성 가스 소화약제의 종류

약제명	구성 원소
IG - 100	N₂ 100 %
IG - 55	N₂ 50 % + Ar 50 %
IG - 541	N₂ 52 % + Ar 40 % + CO₂ 8 %

17 다음 보기는 주유취급소에 관한 특례기준이다. 아래 물음에 대해 해당사항을 모두 골라 기호를 쓰시오.

[보기]

ㄱ. 주유공지를 확보하지 않아도 된다.
ㄴ. 지하저장탱크에서 직접 주유하는 경우 탱크 용량에 제한을 두지 않아도 된다.
ㄷ. 고정주유설비 또는 고정급유설비의 주유관의 길이에 제한을 두지 않아도 된다.
ㄹ. 담 또는 벽을 설치하지 않아도 된다.
ㅁ. 캐노피를 설치하지 않아도 된다.

(1) 항공기 주유취급소 특례
(2) 자가용 주유취급소 특례
(3) 선박 주유취급소 특례

정답

(1) ㄱ, ㄴ, ㄷ, ㄹ, ㅁ
(2) ㄱ
(3) ㄱ, ㄴ, ㄷ, ㄹ

[해설]
주유취급소 구조 및 설비의 기준
- 항공기주유취급소의 특례
  비행장에서 항공기, 비행장에 소속된 차량 등에 주유하는 주유취급소에 대하여는 Ⅰ(주유공지 및 급유공지), Ⅱ(표지 및 게시판), Ⅲ제1호(탱크 설치 제외 경우)·제2호(옥외의 지하 또는 캐노피 아래의 지하 매설 경우), Ⅳ제2호·제3호(주유관의 길이에 관한 규정), Ⅶ(담 또는 벽) 및 Ⅷ(캐노피)의 규정을 적용하지 아니한다.
- 자가용주유취급소의 특례
  주유취급소의 관계인이 소유·관리 또는 점유한 자동차 등에 대하여만 주유하기 위하여 설치하는 자가용주유취급소에 대하여는 Ⅰ제1호(주유공지 및 급유공지)의 규정을 적용하지 아니한다.
- 선박주유취급소의 특례
  선박에 주유하는 주유취급소에 대하여는 Ⅰ제1호(주유공지 및 급유공지), Ⅲ제1호(탱크 설치 제외 경우)·제2호(옥외의 지하 또는 캐노피 아래의 지하 매설 경우), Ⅳ제3호(주유관의 길이에 관한 규정) 및 Ⅶ(캐노피)의 규정을 적용하지 아니한다.

18

다음은 위험물안전관리법상 제4류 위험물의 알코올류에 대한 설명이다. 설명 중 틀린 내용을 모두 찾아 기호를 적고, 알맞게 수정하시오. (단, 틀린 부분이 없다면 "없음"이라고 표기하시오)

> ① "알코올류"라 함은 1분자를 구성하는 탄소 원자의 수가 1개부터 3개까지인 포화 1가 알코올(변성알코올을 포함한다)을 말한다.
> ② 1분자를 구성하는 탄소원자의 수가 1개 내지 3개의 포화 1가 알코올의 함유량이 60 vol% 미만인 수용액은 제외한다.
> ③ 모든 알코올류의 지정수량은 400 L이다.
> ④ 위험등급은 Ⅱ등급에 해당한다.
> ⑤ 옥내저장소에서 저장창고의 바닥면적은 1,000 m² 이하이다.

정답

② 60 vol% → 60 wt%

[해설]

제4류 위험물의 정의
"알코올류"라 함은 1분자를 구성하는 탄소 원자의 수가 1개부터 3개까지인 포화 1가 알코올을 말한다. 다만 다음 각 목의 1에 해당하는 것은 제외한다.
① 알코올 함유량이 60 중량% 미만인 수용액
② 가연성 액체량이 60 중량% 미만이고 인화점 및 연소점이 에틸알코올 60 중량%인 수용액의 인화점 및 연소점을 초과하는 것

※ 제4류 위험물 분류

종류	위험등급	품명		지정수량
제4류 위험물	Ⅰ	특수인화물		50 L
	Ⅱ	제1석유류	비수용성	200 L
			수용성	400 L
		알코올류		400 L

종류	위험등급	품명		지정수량
제4류 위험물	Ⅲ	제2석유류	비수용성	1,000 L
			수용성	2,000 L
		제3석유류	비수용성	2,000 L
			수용성	4,000 L
		제4석유류		6,000 L
		동식물류		10,000 L

※ 옥내저장소 바닥면적 기준

바닥면적	저장하는 위험물
1,000 m² 이하	• 제1류 위험물 중 아염소산염류, 염소산염류, 과염소산염류, 무기과산화물 그 밖에 지정수량이 50 kg인 위험물 • 제3류 위험물 중 칼륨, 나트륨, 알킬알루미늄, 알킬리튬 그 밖에 지정수량이 10 kg인 위험물 및 황린 • 제4류 위험물 중 특수인화물, 제1석유류 및 알코올류 • 제5류 위험물 중 유기과산화물, 질산에스터류 그 밖에 지정수량이 10 kg인 위험물 • 제6류 위험물
2,000 m² 이하	그 외의 위험물
1,500 m² 이하	위의 위험물을 내화구조의 격벽으로 완전히 구획된 실에 각각 저장하는 창고

TIP 1,000 m² 이하 기준은 위험등급 Ⅰ인 물질을 저장할 때이다.
(제4류 위험물 중 위험등급 Ⅱ인 제1석유류, 알코올류만 따로 암기)

19 다음에서 설명하는 위험물에 대하여 각 물음에 답하시오.

> 옥외저장탱크는 벽 및 바닥의 두께가 0.2m 이상이고 누수가 되지 않는 철근콘크리트의 수조에 넣어 보관하여야 한다. 이 경우 보유공지, 통기관 및 자동계량장치는 생략할 수 있다.

(1) 품명

(2) 연소반응식

(3) 위험물 운반에 관한 기준에서 혼재 가능 위험물을 모두 고르시오. (단, 해당 없으면 "해당 없음"이라고 표기하시오)

> 과염소산, 과산화나트륨, 과망가니즈산칼륨, 삼불화브로민

정답

(1) 특수인화물

(2) $CS_2 + 3O_2 \rightarrow CO_2 + 2SO_2$

(3) 해당 없음

[해설]

이황화탄소[CS_2, 특수인화물]

① 연소반응 : $CS_2 + 3O_2 \rightarrow CO_2 + 2SO_2$

② 황 연소 시 푸른 불꽃 발생

③ 이황화탄소를 저장하는 옥외저장탱크는 벽 및 바닥 두께 0.2 m 이상인 철근콘크리트 수조에 넣어 보관한다.

위험물 운반 시 혼재 가능 위험물

구분	제1류	제2류	제3류	제4류	제5류	제6류
제1류		×	×	×	×	○
제2류	×		×	○	○	×
제3류	×	×		○	×	×
제4류	×	○	○		○	×
제5류	×	○	×	○		×
제6류	○	×	×	×	×	

20 적린의 완전연소 시 발생하는 기체의 화학식과 색상을 쓰시오.

> **정답**
>
> 오산화인[P_2O_5], 백색
>
> [해설]
> 적린[P, 제2류 위험물]
> 연소반응식 : $4P + 5O_2 \rightarrow 2P_2O_5$
> 연소하면 유독성이 심한 백색의 오산화인[P_2O_5]이 발생된다.

2023 2회

01 트리에틸알루미늄 228 g이 물과 반응할 때 반응식과 이때 발생하는 가연성 가스의 부피는 표준상태에서 몇 L인지 계산하시오.

정답

$(C_2H_5)_3Al + 3H_2O \rightarrow Al(OH)_3 + 3C_2H_6$

134.4 L

[해설]

트라이에틸알루미늄[$(C_2H_5)_3Al$]과 물 반응 시 가스 부피

- 트라이에틸알루미늄 분자량 = $(12 \times 2 + 1 \times 5) \times 3 + 27 = 114$ g/mol
  트라이에틸알루미늄 몰 수 = 228 g / 114 = 2 mol
- 물과 반응식 : $(C_2H_5)_3Al + 3H_2O \rightarrow Al(OH)_3 + 3C_2H_6$(에테인가스)
- 에테인가스 몰 수 : 트라이에틸알루미늄과 1 : 3 비율이므로 2 × 3 = 6 mol
  에테인가스 부피 = 6 mol × 22.4 L/mol = 134.4 L

02 다음 위험물을 지정수량 이상 운반할 때 혼재가 불가능한 위험물의 유별을 모두 쓰시오.

(1) 제1류 위험물

(2) 제2류 위험물

(3) 제3류 위험물

(4) 제4류 위험물

(5) 제5류 위험물

(6) 제6류 위험물

정답

(1) 제2, 3, 4, 5류
(2) 제1, 3, 6류
(3) 제1, 2, 5, 6류
(4) 제1, 6류
(5) 제1, 3, 6류
(6) 제2, 3, 4, 5류

[해설]
운반 시 혼재 가능 위험물

위험물 종류			혼재 여부
1 ↓	6		혼재 가능
2 ↓	5 ↑	4	혼재 가능
3 →	4 ↑		혼재 가능

TIP 1 2 3 4 5 6을 화살표 방향으로 적고, 가운데에 4를 적어서 같은 줄이 혼재 가능 위험물

---

03 분말소화약제 중 하나인 $NaHCO_3$ 270 ℃에서의 열분해반응식과 10 kg의 탄산수소나트륨이 분해될 때 생성되는 이산화탄소 부피[m³]를 구하시오.

정답

$2NaHCO_3 \rightarrow Na_2CO_3 + CO_2 + H_2O$

[해설]
분말소화약제의 열분해반응식
- 제1종 분말소화약제
  1차 분해반응식(270 ℃) : $2NaHCO_3 \rightarrow Na_2CO_3 + CO_2 + H_2O$
  2차 분해반응식(850 ℃) : $2NaHCO_3 \rightarrow Na_2O + 2CO_2 + H_2O$

- 제2종 분말소화약제
  1차 분해반응식(190 ℃) : 2KHCO$_3$ → K$_2$CO$_3$ + CO$_2$ + H$_2$O
  2차 분해반응식(590 ℃) : 2KHCO$_3$ → K$_2$O + 2CO$_2$ + H$_2$O
- 제3종 분말소화약제
  1차 분해반응식(190 ℃) : NH$_4$H$_2$PO$_4$ → NH$_3$ + H$_3$PO$_4$(오쏘인산)
  2차 분해반응식(215 ℃) : 2H$_3$PO$_4$ → H$_2$O + H$_4$P$_2$O$_7$(피로인산)
  3차 분해반응식(300 ℃) : H$_4$P$_2$O$_7$ → H$_2$O + 2HPO$_3$(메타인산)
- 반응하는 탄산수소나트륨의 몰수 = $\dfrac{10\,kg}{(23+1+12+16\times 3)\,kg/kmol}$ = 0.119 kmol

  생성되는 이산화탄소의 몰수 = $\dfrac{0.119\,kmol}{2}$ = 0.06 kmol

  이상기체상태방정식을 적용하여
  PV = nRT
  1 atm × V m^3 = 0.06 kmol × 0.082 atm·m^3/kmol·K × (273 + 270) K
  ∴ V = 2.67 m^3

04 20 ℃ 물 10 kg으로 냉각소화 시 100 ℃ 수증기가 흡수하는 열량[kcal]를 구하시오.

정답

6,190 kcal

[해설]
온도 변화에 따른 열량 계산
20 ℃ 물 10 kg → 100 ℃ 물
[현열] Q = mCΔT = 10 kg × 1 kcal/kg·℃ × (100 - 20)℃ = 800 kcal
100 ℃ 물 10 kg → 100 ℃ 수증기
[잠열] Q = mγ = 10 kg × 539 kcal/kg = 5,390 kcal
∴ 800 kcal + 5,390 kcal = 6,190 kcal

05 인화점 측정방법의 종류를 3가지 쓰시오.

> **정답**
>
> 태그 밀폐식, 신속평형법, 클리브랜드 개방컵
>
> **[해설]**
> 인화점 측정 장치
> 태그 밀폐식, 신속평형법, 클리브랜드 개방컵

06 톨루엔 400 L, 스타이렌 2000 L, 아닐린 4000 L, 실린더유 6000 L, 올리브유 20000 L를 같은 옥내저장소에 저장할 때 지정수량 배수를 구하시오.

> **정답**
>
> 12배수
>
> **[해설]**
> 지정수량 배수 계산
> - 지정수량
>   톨루엔(제1석유류 비수용성) : 200 L
>   스타이렌(제2석유류 비수용성) : 1,000 L
>   아닐린(제3석유류 비수용성) : 2,000 L
>   실린더유(제4석유류) : 6,000 L
>   올리브유(동식물유류) : 10,000 L
>
> $$\therefore \frac{1,000\,L}{200\,L/배수} + \frac{2,000\,L}{1,000\,L/배수} + \frac{4,000\,L}{2,000\,L/배수} + \frac{6,000\,L}{6,000\,L/배수} + \frac{20,000\,L}{10,000\,L/배수}$$
> $$= 12배수$$

07 제3류 위험물인 탄화칼슘에 대하여 다음 각 물음에 답하시오.

(1) 산화반응할 경우 산화칼슘과 이산화탄소를 생성하는 반응식을 쓰시오.

(2) 질소와 고온에서 반응할 경우 생성되는 물질 2가지를 쓰시오.

> **정답**
>
> (1) $CaC_2 + 5O_2 \rightarrow CaO + 4CO_2$
> (2) 석회질소[$CaCN_2$], 탄소[C]

[해설]
탄화칼슘[CaC_2, 칼슘카바이드, 제3류 위험물]
- 물과의 반응식 : $CaC_2 + 2H_2O \rightarrow Ca(OH)_2 + C_2H_2$
- 산화반응식 : $CaC_2 + 5O_2 \rightarrow CaO + 4CO_2$
- 질소(N_2)와 700 ℃에서 질화되어 석회질소[$CaCN_2$]가 생성된다.
  $CaC_2 + N_2 \rightarrow CaCN_2 + C$

08 다음 소화약제의 화학식을 각각 적으시오.

① 할론1301

② IG - 100

③ 제2종 분말소화약제

> **정답**
>
> ① CF_3Br
> ② N_2
> ③ $KHCO_3$

[해설]

소화약제의 명명법

- 할론 소화약제의 명명법
    (1) C F Cl Br I 순으로 숫자 배열
    (2) 할론 1301 : $C_1F_3Cl_0Br_1I_0$ = CF_3Br
    (3) 할론 1211 : $C_1F_2Cl_1Br_1I_0$ = CF_2ClBr
    (4) 할론 2402 : $C_2F_4Cl_0Br_2I_0$ = $C_2F_4Br_2$

- 불활성 가스의 명명법

약제명	구성 원소
IG – 100	N_2 100 %
IG – 55	N_2 50 % + Ar 50 %
IG – 541	N_2 52 % + Ar 40 % + CO_2 8 %

- 분말소화약제의 종류

분말소화약제 종류	주성분	적응화재	분말색
제1종	탄산수소나트륨($NaHCO_3$)	BC	백색
제2종	탄산수소칼륨($KHCO_3$)	BC	담회색
제3종	인산암모늄($NH_4H_2PO_4$)	ABC	담홍색
제4종	탄산수소칼륨 + 요소 $KHCO_3$ + $(NH_2)_2CO$	BC	회색

09 제1류 위험물 중 염소산칼륨에 대한 설명이다. 다음 각 물음에 답하시오.

(1) 이산화망간 촉매하에 염소산칼륨의 완전열분해반응식을 쓰시오.

(2) 염소산칼륨 24.5 kg이 열분해하여 생성되는 산소의 부피[m^3]를 계산하시오. (단, 표준상태이며, 칼륨 원자량 39, 염소 원자량 35.5이다)

정답

(1) KClO$_3$ $\xrightarrow{\text{MnO}_2}$ KCl + 1.5O$_2$

(2) 6.72 m^3

[해설]

염소산칼륨(KClO$_3$) 열분해

- KClO$_3$ $\xrightarrow{\text{MnO}_2}$ KCl + 1.5O$_2$
- 염소산칼륨 분자량 = 39 + 35.5 + 16×3 = 122.5 g/mol
- 염소산칼륨 몰 수 = 24.5 kg/122.5 = 0.2 kmol = 200 mol
- 산소 몰 수 : 염소산칼륨과 1 : 1.5 비율이므로 200×1.5 = 300 mol
- 산소 부피 = 300×22.4 L/mol = 6,720 L = 6.72 m^3

10 옥외탱크저장소의 방유제에 대한 설명이다. 보기를 참고하여 다음 물음에 답하시오.

[보기]

옥외탱크저장소의 옥외저장탱크 2기 사이에 둑이 하나 설치되어 있다.
㈀ 내용적 5천만 L에 휘발유 3천만 L 저장탱크
㈁ 내용적 1억 2천만 L에 경유 8천만 L 저장탱크

(1) 옥외저장탱크 ㈀의 최대저장량은 몇 m^{3}인가?

(2) 옥외탱크저장소 방유제의 최소용량은 몇 m^{3}인가? (공간용적은 10 %로 한다)

정답

(1) 47,500 m^3 (2) 118,800 m^3

[해설]

옥외탱크저장소의 방유제

(1) 옥외저장탱크 최대저장량 : 탱크용량 = 내용적 - 공간용적
- 공간용적 : 5 ~ 10 % 이므로 5 %일 때 최대용량
- 옥외저장탱크 ㈀ 최대용량 = 50,000,000×0.95 = 47,500,000 L = 47,500 m^3

(2) 옥외탱크저장소 방유제 용량 : 최대탱크용량의 110 %
- 최대탱크는 ㈜, 최대탱크용량 = 120,000,000 × 0.9 (공간용적 10 %) = 108,000,000 L
- 방유제 용량 = 108,000,000 × 1.1 (110 %) = 118,800,000 L = 118,800 m³

11 클로로벤젠에 대한 다음 물음에 답하시오.

(1) 화학식

(2) 품명

(3) 지정수량

정답

(1) C_6H_5Cl

(2) 제2석유류

(3) 1,000 L

[해설]
클로로벤젠(C_6H_5Cl, 염화페닐)
- 지정수량
  제2석유류 비수용성 : 1,000 L

12 환원력이 강하고 은거울 반응과 펠링반응을 하며, 물, 에터, 알코올에 잘 녹고 산화하여 아세트산이 되는 위험물에 대해 다음 물음에 답하시오.

(1) 명칭

(2) 화학식

(3) 지정수량

(4) 위험등급

정답

(1) 아세트알데하이드
(2) CH_3CHO
(3) 50 L
(4) 위험등급 I

[해설]

아세트알데하이드[CH_3CHO]

① 지정수량 : 제4류 위험물 특수인화물 - 50 L
② 산화과정

$$C_2H_5OH(\text{에탄올}) \xrightarrow{\text{산화}} CH_3CHO(\text{아세트알데하이드}) \xrightarrow{\text{산화}} CH_3COOH(\text{아세트산})$$

13 제3류 위험물로 비중 0.53, 융점 180 ℃이며, 은백색의 연한 경금속으로 불꽃 색상이 붉은 색인 물질에 대한 다음 물음에 답하시오.

(1) 물과의 반응식

(2) 위험등급

(3) 해당 물질 1,000 kg을 제조소에서 취급하는 경우 보유공지 기준

정답

(1) $2Li + 2H_2O \rightarrow 2LiOH + H_2$
(2) 위험등급 II
(3) 5 m 이상

[해설]

금속 리튬[Li]

① 지정수량 : 제3류 위험물 알칼리금속류 - 50 kg
② 물과의 반응식 : $2Li + 2H_2O \rightarrow 2LiOH + H_2$
③ 제조소 보유공지 기준
  ㉠ 위험물 지정수량 10배 이하 : 3 m 이상
  ㉡ 위험물 지정수량 10배 초과 : 5 m 이상

14 흑색화약을 만드는 3가지 원료의 화학식과 품명을 쓰시오. (단, 위험물이 아닌 경우 "해당 없음"이라고 적으시오)

> **정답**
>
> 질산칼륨(KNO_3) : 질산염류
> 황(S) : 황
> 숯(C) : 해당 없음
>
> [해설]
> 흑색화약
> (1) 원료 : 질산칼륨(KNO_3) + 황(S) + 숯(C)
> (2) 황(S) : 원료 중 연소 시 푸른 불꽃을 내는 물질

15 무색투명한 기름상의 액체로 열분해 시 이산화탄소, 질소, 수증기, 산소로 분해되며 규조토에 흡수시켜 다이너마이트를 제조하는 물질에 대해 다음 물음에 답하시오.

(1) 구조식

(2) 품명 및 폭발성 및 가열분해성 판정결과 1종일 때 해당 위험물의 지정수량

(3) 열분해 반응식

> **정답**
>
> (1)
> $$\begin{array}{c} \quad\;\; H \quad\;\; H \quad\;\; H \\ \quad\;\; | \quad\;\;\; | \quad\;\;\; | \\ H - C - C - C - H \\ \quad\;\; | \quad\;\;\; | \quad\;\;\; | \\ \quad ONO_2\; ONO_2\; ONO_2 \end{array}$$
>
> (2) 질산에스터류, 10 kg
> (3) $4C_3H_5(ONO_2)_3 \rightarrow 12CO_2 + 10H_2O + 6N_2 + O_2$

[해설]
나이트로글리세린[$C_3H_5(ONO_2)_3$]
- 지정수량
  제5류 위험물 중 질산에스터류 : 10 kg
- 열분해반응식 : $4C_3H_5(ONO_2)_3 \rightarrow 12CO_2 + 10H_2O + 6N_2 + O_2$

16 과산화칼륨과 아세트산의 화학반응을 통해 생성되는 위험물에 대해 다음 물음에 답하시오. (단, 해당 없는 경우 "해당 없음"이라고 적으시오)

(1) 분해 반응식

(2) 운반용기 외부에 표시해야 하는 주의사항

(3) 저장 장소와 학교와의 안전거리

정답

(1) $H_2O_2 \rightarrow H_2O + 0.5O_2$
(2) 가연물접촉주의
(3) 해당 없음

[해설]
과산화칼륨(K_2O_2)
- 아세트산과 반응 : $K_2O_2 + 2CH_3COOH \rightarrow 2CH_3COOK + H_2O_2$
- 과산화수소(제6류 위험물)

품명	물질명	위험물이 되는 조건
과염소산	과염소산	모두 위험물
과산화수소	과산화수소	농도 36 중량% 이상
질산	질산	비중 1.49 이상

① 과산화수소(H_2O_2) 분해반응식
   $2H_2O_2 \rightarrow 2H_2O + O_2$
② 과산화수소 위험등급 : 위험등급 I
③ 과산화수소 운반용기에 표시하여야 할 주의사항 : 가연물접촉주의

• 옥내저장소에 안전거리를 두지 않을 수 있는 경우
  ① 지정수량 20배 미만의 제4류 위험물 중 4석유류·동식물유 저장 시
  ② 제6류 위험물 저장 시

17 다음 주어진 위험물의 운반용기 외부에 적어야 하는 주의사항을 쓰시오.

① 벤조일퍼옥사이드

② 마그네슘

③ 과산화나트륨

④ 인화성 고체

⑤ 기어유

> **정답**
>
> ① 화기엄금, 충격주의
> ② 화기주의, 물기엄금
> ③ 화기·충격주의, 가연물접촉주의, 물기엄금
> ④ 화기엄금
> ⑤ 화기엄금
>
> **[해설]**
> 위험물 운반용기 외부 표시
> ① 벤조일퍼옥사이드 : 제5류 위험물
> ② 마그네슘 : 제2류 위험물
> ③ 과산화나트륨 : 제1류 위험물 중 알칼리금속의 과산화물
> ④ 인화성 고체 : 제2류 위험물
> ⑤ 기어유 : 제4류 위험물

※ 위험물 운반용기 외부 표시 주의사항

종류	위험등급	품명	주의사항
제1류 위험물	I	무기과산화물 중 알칼리금속의 과산화물	화기·충격주의 가연물접촉주의 물기엄금
제2류 위험물	III	철분·금속분·마그네슘	화기주의, 물기엄금
		인화성 고체	화기엄금
제4류 위험물	III	제2석유류, 제3석유류, 제4석유류, 동식물유류	화기엄금
제5류 위험물	I	유기과산화물	화기엄금, 충격주의

18 다음 각 물음에 답하시오.

① 대통령령이 정하는 위험물 탱크가 있는 제조소 등이 탱크의 변경공사를 하는 때에는 완공검사를 받기 전에 어떤 검사를 받아야 하는가?

② 지하탱크가 있는 제조소 등의 완공검사 신청시기는 언제인가?

③ 이동탱크저장소의 완공검사 신청시기는 언제인가?

④ 제조소 등의 완공검사를 실시한 결과 기술기준에 적합하다고 인정되는 경우, 시·도지사는 무엇을 교부하는가?

> **정답**
>
> ① 탱크안전성능검사
> ② 지하탱크 매설하기 전
> ③ 이동저장탱크를 완공하고 상치장소를 확보한 후
> ④ 완공검사 합격확인증

2023년 2회

[해설]
위험물의 안전관리
① 탱크안전성능검사

위험물을 저장 또는 취급하는 탱크로서 대통령령이 정하는 탱크가 있는 제조소등의 설치 또는 그 위치·구조 또는 설비의 변경에 관하여 허가를 받은 자가 위험물탱크의 설치 또는 그 위치·구조 또는 설비의 변경공사를 하는 때에는 완공검사를 받기 전에 기술기준에 적합한지의 여부를 확인하기 위하여 시·도지사가 실시하는 탱크안전성능검사를 받아야 한다. 이 경우 시·도지사는 허가를 받은 자가 규정에 따른 탱크안전성능시험자 또는 「소방산업의 진흥에 관한 법률」에 따른 한국소방산업기술원로부터 탱크안전성능시험을 받은 경우에는 대통령령이 정하는 바에 따라 당해 탱크안전성능검사의 전부 또는 일부를 면제할 수 있다.

② 완공검사 신청시기
  1. 지하탱크가 있는 제조소등의 경우 : 당해 지하탱크를 매설하기 전
  2. 이동탱크저장소의 경우 : 이동저장탱크를 완공하고 상시 설치 장소(상치장소)를 확보한 후
  3. 이송취급소의 경우 : 이송배관 공사의 전체 또는 일부를 완료한 후. 다만 지하·하천 등에 매설하는 이송배관의 공사의 경우에는 이송배관을 매설하기 전

③ 완공검사

제조소등에 대한 완공검사를 받고자 하는 자는 이를 시·도지사에게 신청하여야 한다. 신청을 받은 시·도지사는 제조소등에 대하여 완공검사를 실시하고, 완공검사를 실시한 결과 해당 제조소등이 기술기준(탱크안전성능검사에 관련된 것을 제외한다)에 적합하다고 인정하는 때에는 완공검사합격확인증을 교부해야 한다.

19 다음 보기의 설명 중 옳은 내용의 번호만을 골라서 모두 적으시오.

[보기]
① 제1류 위험물에는 냉각소화가 가능한 물질이 있고, 그렇지 않은 물질이 있다.
② 마그네슘 화재 시 물분무소화는 적응성이 없어 이산화탄소 소화기로 소화해야 한다.
③ 제6류 위험물을 저장 또는 취급하는 장소로서 폭발의 위험이 없는 장소에 한하여 이산화탄소 소화기는 적응성이 있다.
④ 건조사는 모든 유별 위험물에 소화적응성이 있다.
⑤ 에탄올은 물보다 비중이 높아 물로 소화 시 화재면이 확대되어 냉각소화가 불가능하다.

정답

①, ③, ④

[해설]
위험물별 소화방법

분류	소화방법
제1류 위험물(알칼리금속의 과산화물 제외)	냉각소화
제2류 위험물(철분·금속분·마그네슘, 인화성 고체 제외)	냉각소화
제2류 중 인화성 고체	냉각소화, 질식소화 모두 가능
제3류(금수성 물질 제외)	냉각소화
제4류 위험물	질식소화
제5류 위험물	냉각소화
제6류 위험물	냉각소화
알칼리금속의 과산화물(제1류)	탄산수소염류·건조사·팽창질석·팽창진주암
철분·금속분·마그네슘(제2류)	
금수성 물질(제3류)	

- 마그네슘(Mg)과 이산화탄소(CO_2) 반응식

  $2Mg + CO_2 \rightarrow 2MgO + C$

- 에탄올(C_2H_5OH, 에틸알코올)

  지정수량 : 제4류 위험물 중 알코올류 - 400 L

20 다음은 위험물안전관리법상 지하탱크저장소에 대한 내용이다. 빈칸에 알맞은 말을 쓰시오.

(1) 지하저장탱크의 윗부분은 지면으로부터 (①) m 이상 아래에 있어야 한다.

(2) 지하저장탱크를 2 이상 인접해 설치하는 경우에는 그 상호 간에 (②) m 이상의 간격을 유지하여야 한다.

(3) 지하탱크는 용량에 따라 기준에 적합하게 강철판 또는 동등 이상의 성능이 있는 금속재질로 (③) 용접 또는 (④) 용접으로 틈이 없도록 만드는 동시에 압력탱크 외의 탱크에 있어서는 70 kPa의 압력으로, 압력탱크에 있어서는 최대상용압력의 (⑤)의 압력으로 각각 (⑥) 간 수압시험을 실시하여 새거나 변형되지 아니하여야 한다.

정답

① 0.6　　② 1　　③ 완전용입
④ 양면겹침이음　　⑤ 1.5배　　⑥ 10분

[해설]

지하탱크저장소의 위치 구조 및 설비의 기준

① 지하저장탱크의 윗부분은 지면으로부터 0.6 m 이상 아래에 있어야 한다.

② 지하저장탱크를 2 이상 인접해 설치하는 경우에는 그 상호 간에 1 m(당해 2 이상의 지하저장탱크의 용량의 합계가 지정수량의 100배 이하인 때에는 0.5 m) 이상의 간격을 유지하여야 한다.

③ 지하저장탱크는 용량에 따라 다음 표에 정하는 기준에 적합하게 강철판 또는 동등 이상의 성능이 있는 금속재질로 완전용입용접 또는 양면겹침이음용접으로 틈이 없도록 만드는 동시에, 압력탱크(최대상용압력이 46.7 kPa 이상인 탱크를 말한다) 외의 탱크에 있어서는 70 kPa의 압력으로, 압력탱크에 있어서는 최대상용압력의 1.5배의 압력으로 각각 10분간 수압시험을 실시하여 새거나 변형되지 아니하여야 한다. 이 경우 수압시험은 소방청장이 정하여 고시하는 기밀시험과 비파괴시험을 동시에 실시하는 방법으로 대신할 수 있다.

2023 4회

01 다음 보기의 물질들을 건성유, 반건성유, 불건성유로 구분하여 쓰시오.

[보기]
아마인유, 야자유, 면실유, 피마자유, 올리브유, 동유

① 건성유

② 반건성유

③ 불건성유

정답

① 건성유 : 동유, 아마인유

② 반건성유 : 면실유

③ 불건성유 : 피마자유, 야자유, 올리브유

[해설]

동식물유류의 아이오딘값

(1) 아이오딘값 : 유지 100 g에 녹는 아이오딘의 g 수

(2) 아이오딘값에 따른 동식물유류

분류	건성유	반건성유	불건성유
아이오딘값	130 이상	100 ~ 130	100 이하
위험도(불포화도)	크다	중간	작다
종류	동유·해바라기씨유·아마인유·들기름·정어리기름	채종유·참기름·목화씨기름	야자유·올리브유·피마자유·동백유

2023년 4회

02 다음 보기에서 인화점이 낮은 것부터 순서대로 나열하시오.

―[보기]―
초산에틸, 메탄올, 에틸렌글라이콜, 나이트로벤젠

정답

초산에틸, 메탄올, 나이트로벤젠, 에틸렌글라이콜

[해설]
제4류 위험물 인화점
① 초산에틸(제1석유류) : -4 ℃
② 메탄올(알코올류) : 11 ℃
③ 에틸렌글라이콜(제3석유류) : 111 ℃
④ 나이트로벤젠(제3석유류) : 88 ℃

03 다음 기준에 따라 설치된 옥내소화전설비의 수원의 양을 구하시오.

(1) 옥내소화전이 최대로 설치된 층의 개수가 4개일 경우
(2) 옥내소화전이 최대로 설치된 층의 개수가 6개일 경우

정답

(1) $31.2 \ m^3$ (2) $39 \ m^3$

[해설]
옥내소화전설비 수원량 계산

구분	옥내소화전설비
수원량	가장 많이 설치된 층 소화전 수(최대 5개) × 7.8 m^3 (260 L/min × 30 min)

(1) $7.8 \ m^3 \times 4 = 31.2 \ m^3$
(2) $7.8 \ m^3 \times 5(최대 \ 5개) = 39 \ m^3$

04 탄화칼슘 32 g이 물과 반응해 생성되는 기체가 완전연소하기 위해 필요한 산소 부피(L)를 계산하시오. (단, 표준상태라고 가정한다)

정답

28 L

[해설]
산소부피 계산
1. 탄화칼슘(CaC_2)과 물 반응식 : $CaC_2 + 2H_2O \rightarrow Ca(OH)_2 + C_2H_2$(아세틸렌)
2. 아세틸렌 가스 완전연소반응식 : $2C_2H_2 + 5O_2 \rightarrow 4CO_2 + 2H_2O$
3. 산소부피 계산
   - 탄화칼슘 몰 수 = 32 g/(40 + 2×12) = 0.5 mol
   - 아세틸렌 몰 수 : 탄화칼슘과 1 : 1 비율이므로 0.5 mol
   - 아세틸렌과 산소는 2 : 5 비율로 반응하므로 0.5 × 5/2 = 1.25 mol
   - 산소부피(표준상태) = 1.25 mol × 22.4 L/mol = 28 L

05 다음 보기 중 옥내저장소에서 위험물을 1 m 이상 간격을 두었을 때 저장 가능한 위험물을 골라 적으시오.

[보기]
과산화나트륨, 염소산칼륨, 과염소산칼륨, 아세트산, 아세톤, 질산

(1) 질산메틸

(2) 황린

(3) 인화성 고체

정답

(1) 염소산칼륨, 과염소산칼륨
(2) 염소산칼륨, 과염소산칼륨, 과산화나트륨
(3) 아세트산, 아세톤

[해설]
옥내 · 외저장소 1 m 이상 간격을 두었을 때 저장 가능한 위험물

제1류 위험물(알칼리금속의 과산화물 제외)	제5류 위험물
제1류 위험물	• 제3류 위험물 중 자연발화성 물질 • 제6류 위험물
제2류 위험물 중 인화성 고체	제4류 위험물
제3류 위험물 중 알킬알루미늄 · 알킬리튬	제4류 위험물
제4류 위험물	제5류 위험물 중 유기과산화물

(1) 질산메틸(제5류 중 질산에스터)
  알칼리금속의 과산화물이 아닌 제1류 위험물(염소산칼륨, 과염소산칼륨)
(2) 황린(제3류 중 자연발화성 물질)
  알칼리금속의 과산화물이 아닌 제1류 위험물(염소산칼륨, 과염소산칼륨, 과산화나트륨)
(3) 인화성 고체(제2류) : 제4류 위험물(아세트산, 아세톤)

06 다음 위험물을 지정수량 이상 운반할 때 혼재가 불가능한 위험물의 유별을 모두 쓰시오.

(1) 제1류 위험물 (2) 제2류 위험물
(3) 제3류 위험물 (4) 제4류 위험물
(5) 제5류 위험물 (6) 제6류 위험물

정답

(1) 제2, 3, 4, 5류 (2) 제1, 3, 6류
(3) 제1, 2, 5, 6류 (4) 제1, 6류
(5) 제1, 3, 6류 (6) 제2, 3, 4, 5류

[해설]
운반 시 혼재 가능 위험물

위험물 종류			혼재 여부
1↓	6		혼재 가능
2↓	5↑	4	혼재 가능
3→	4↑		혼재 가능

TIP 1 2 3 4 5 6을 화살표 방향으로 적고, 가운데에 4를 적어서 같은 줄이 혼재 가능 위험물

07 이황화탄소에 대하여 다음 물음에 답하시오.

(1) 품명

(2) 연소반응식

(3) 수조에 보관할 때 수조의 두께

정답

(1) 특수인화물
(2) $CS_2 + 3O_2 \rightarrow CO_2 + 2SO_2$
(3) 0.2 m 이상

[해설]
이황화탄소(CS_2)
- 품명 : 특수인화물
- 연소반응식 : $CS_2 + 3O_2 \rightarrow CO_2 + 2SO_2$
- 이황화탄소를 저장하는 옥외저장탱크는 벽 및 바닥 두께 0.2 m 이상인 철근콘크리트 수조에 넣어 보관한다.

08 과산화수소와 하이드라진의 폭발반응식을 쓰고 과산화수소가 위험물이 되기 위한 조건을 쓰시오.

(1) 반응식

(2) 위험물이 되기 위한 조건

> **정답**
>
> (1) $2H_2O_2 + N_2H_4 \rightarrow 4H_2O + N_2$
> (2) 농도 36 wt% 이상
>
> [해설]
> 과산화수소(H_2O_2)와 하이드라진(N_2H_4) 반응
> (1) 반응식 : $2H_2O_2 + N_2H_4 \rightarrow 4H_2O + N_2$
> (2) 과산화수소 위험물 조건 : 농도 36 wt% 이상일 때 제6류 위험물이다.

09 다음 소화약제의 화학식 또는 구성 성분을 각각 적으시오.

① HFC - 23

② HFC - 227ea

③ IG - 541

> **정답**
>
> ① CHF_3
> ② CF_3CHFCF_3
> ③ N_2 : 52 %, Ar : 40 %, CO_2 : 8 %

[해설]
할로겐화합물 및 불활성 가스 소화약제 종류

소화약제	화학식
퍼플루오로부탄(FC - 3 - 1 - 10)	C_4F_{10}
하이드로클로로플루오로카본혼화제 (이하 "HCFC BLEND A"라 한다)	HCFC - 123($CHCl_2CF_3$) : 4.75 % HCFC - 22($CHClF_2$) : 82 % HCFC - 124($CHClFCF_3$) : 9.5 % $C_{10}H_{16}$: 3.75 %
클로로테트라플루오르에탄(이하 "HCFC - 124"라 한다)	$CHClFCF_3$
펜타플루오로에탄(이하 "HFC - 125"라 한다)	CHF_2CF_3
헵타플루오로프로판(이하 "HFC - 227ea"라 한다)	CF_3CHFCF_3
트리플루오로메탄(이하 "HFC - 23"이라 한다)	CHF_3
헥사플루오로프로판(이하 "HFC - 236fa"라 한다)	$CF_3CH_2CF_3$
트리플루오로이오다이드(이하 "FIC - 13I1"이라 한다)	CF_3I
불연성·불활성 기체혼합가스(이하 "IG - 01"이라 한다)	Ar
불연성·불활성 기체혼합가스(이하 "IG - 100"이라 한다)	N_2
불연성·불활성 기체혼합가스(이하 "IG - 541"이라 한다)	N_2 : 52 %, Ar : 40 %, CO_2 : 8 %
불연성·불활성 기체혼합가스(이하 "IG - 55"라 한다)	N_2 : 50 %, Ar : 50 %
도데카플루오로 - 2 - 메틸펜탄 - 3 - 원 (FK - 5 - 1 - 12)	$CF_3CF_2C(O)CF(CF_3)_2$

10 다음 보기 중 나트륨 화재 시 적응성 있는 소화방법을 모두 고르시오.

[보기]

포소화설비, 인산염류 분말소화약제, 건조사, 팽창질석, 이산화탄소 소화설비

정답

건조사, 팽창질석

[해설]
나트륨 화재 적응성 있는 소화설비
탄산수소염류·건조사·팽창질석·팽창진주암으로 소화 가능

11 농도가 36 wt% 이상인 경우 위험물로 본다. 이 위험물에 대하여 물음에 답하시오.

(1) 이 물질의 분해 반응식을 쓰시오.

(2) 이 위험물의 위험등급을 쓰시오.

(3) 이 물질을 운반하는 경우 운반용기 외부에 표시하여야 할 주의사항을 쓰시오.

정답

(1) $2H_2O_2 \rightarrow 2H_2O + O_2$
(2) 위험등급 Ⅰ
(3) 가연물접촉주의

[해설]
과산화수소(제6류 위험물)

품명	물질명	위험물이 되는 조건
과염소산	과염소산	모두 위험물
과산화수소	과산화수소	농도 36 중량% 이상
질산	질산	비중 1.49 이상

(1) 과산화수소(H_2O_2) 분해반응식
   $2H_2O_2 \rightarrow 2H_2O + O_2$
(2) 과산화수소 위험등급 : 위험등급 Ⅰ
(3) 과산화수소 운반용기에 표시하여야 할 주의사항 : 가연물접촉주의

12 제4류 위험물인 아세톤에 대하여 다음 물음에 답하시오.

(1) 시성식

(2) 품명, 지정수량

(3) 증기비중

정답

(1) CH_3COCH_3

(2) 제1석유류, 400 L

(3) 2

[해설]

아세톤(제4류 위험물)

- CH_3COCH_3
- 품명 : 제1석유류(수용성)
- 지정수량 : 400 L
- 증기비중 = 분자량/29 = $(12 \times 3 + 1 \times 6 + 16 \times 1)/29 = 2$

13 다음 보기는 알코올류가 산화되는 과정이다. 주어진 질문에 알맞게 답하시오.

[보기]

(㉠)은 공기 속에서 산화되면 아세트알데하이드가 되며, 최종적으로 (㉡)이 된다.

(1) ㉠에 들어갈 물질을 쓰시오.

(2) ㉠이 공기 중에서 산화하는 경우의 연소반응식을 쓰시오.

(3) ㉡에 들어갈 물질을 쓰시오.

(4) ㉡이 공기 중에서 산화하는 경우의 연소반응식을 쓰시오.

정답

(1) 에틸알코올(에탄올)
(2) $C_2H_5OH + 3O_2 \rightarrow 2CO_2 + 3H_2O$
(3) 아세트산(초산)
(4) $CH_3COOH + 2O_2 \rightarrow 2CO_2 + 2H_2O$

[해설]

에탄올의 산화반응

• 산화과정

$$C_2H_5OH(\text{에탄올}) \xrightarrow{\text{산화}} CH_3CHO(\text{아세트알데하이드}) \xrightarrow{\text{산화}} CH_3COOH(\text{아세트산})$$

• 에탄올(C_2H_5OH, 제4류 위험물 알코올류)
  연소반응식 : $C_2H_5OH + 3O_2 \rightarrow 2CO_2 + 3H_2O$
• 아세트산(CH_3COOH, 제4류 위험물 제2석유류 수용성)
  연소반응식 : $CH_3COOH + 2O_2 \rightarrow 2CO_2 + 2H_2O$

---

14 다음 위험물이 공기 중에서 연소하는 경우의 연소생성물을 각각 화학식으로 적으시오. (단, 생성물이 없는 경우 "해당 없음"이라 적으시오)

(1) $HClO_4$

(2) $NaClO_3$

(3) Mg

(4) S

(5) P

정답

(1) 해당 없음
(2) 해당 없음
(3) MgO
(4) SO_2
(5) P_2O_5

[해설]
(1) 과염소산($HClO_4$)은 제6류 위험물로 불연성 물질이다.
(2) 염소산나트륨($NaClO_3$)은 제1류 위험물로 불연성 물질이다.
(3) 마그네슘(Mg) 연소반응식 : Mg(마그네슘) + $0.5O_2$ → MgO
(4) 황(S) 연소반응식 : S + O_2 → SO_2
(5) 적린(P) 연소반응식 : 4P + $5O_2$ → $2P_2O_5$

15 다음 각 물질이 열분해하여 산소를 발생시키는 경우의 반응식을 적으시오.

(1) 아염소산나트륨
(2) 염소산나트륨
(3) 과염소산나트륨

[정답]
(1) $NaClO_2$ → $NaCl + O_2$
(2) $NaClO_3$ → $NaCl + 1.5O_2$
(3) $NaClO_4$ → $NaCl + 2O_2$

[해설]
제1류 위험물 열분해반응식
(1) 아염소산나트륨($NaClO_2$) 열분해반응식 : $NaClO_2$ → $NaCl + O_2$
(2) 염소산나트륨($NaClO_3$) 열분해반응식 : $2NaClO_3$ → $2NaCl + 3O_2$
(3) 과염소산나트륨($NaClO_4$) 열분해반응식 : $NaClO_4$ → $NaCl + 2O_2$

16 다음 보기에 주어진 위험물을 연소방식에 따라 분류하시오.

[보기]
나트륨, T.N.T., 에탄올, 금속분, 다이에틸에터, 피크르산

정답

(1) 표면연소 : 나트륨, 금속분
(2) 자기연소 : T.N.T., 피크르산
(3) 증발연소 : 에탄올, 다이에틸에터

[해설]
연소형태
- 고체 연소형태

표면연소	목탄(숯) · 코크스 · 금속분
분해연소	목재 · 종이 · 석탄 · 플라스틱
자기연소	제5류 위험물
증발연소	황 · 나프탈렌 · 양초(파라핀)

- 액체 연소형태(제4류 위험물)

증발연소	특수인화물 · 제1석유류 · 알코올류 · 제2석유류
분해연소	제3석유류 · 제4석유류 · 동식물유

- 코크스, 금속분 : 표면연소
- 에탄올(알코올류), 다이에틸에터(특수인화물) : 증발연소
- TNT, 피크르산(5류 위험물) : 자기연소

17 제2종 위험물로 판정된 하이드록실아민 1,000 kg을 취급하는 위험물제조소에 대하여 다음 물음에 답하시오.

(1) 안전거리는 최소 몇 m 이상으로 하는지 쓰시오.

(2) 토제 경사면의 경사도는 몇 도 미만으로 해야 하는지 쓰시오.

(3) 표지판 주의사항에 대한 바탕색과 문자색을 쓰시오.

정답

(1) 110.09[m]   (2) 60도   (3) 적색바탕, 백색문자

[해설]
하이드록실아민등(하이드록실아민·하이드록실아민염류)을 취급하는 제조소의 특례
(1) 건축물의 벽 또는 이에 상당하는 공작물의 외측으로부터 해당 제조소의 외벽 또는 이에 상당하는 공작물의 외측까지의 사이에 다음 식에 의하여 요구되는 거리 이상의 안전거리를 둘 것

$$D = 51.1\sqrt[3]{N}$$

D : 거리(m)
N : 해당 제조소에서 취급하는 하이드록실아민등의 지정수량의 배수

(2) 제조소의 주위에는 다음의 기준에 적합한 담 또는 토제(土堤)를 설치할 것
   ① 담 또는 토제는 당해 제조소의 외벽 또는 이에 상당하는 공작물의 외측으로부터 2 m 이상 떨어진 장소에 설치할 것
   ② 담 또는 토제의 높이는 해당 제조소에 있어서 하이드록실아민등을 취급하는 부분의 높이 이상으로 할 것
   ③ 담은 두께 15 cm 이상의 철근콘크리트조·철골철근콘크리트조 또는 두께 20 cm 이상의 보강콘크리트블록조로 할 것
   ④ 토제의 경사면의 경사도는 60도 미만으로 할 것

(3) 5류 위험물 주의사항 표지

위험물 종류	주의사항 내용	색상
• 제2류 위험물 중 인화성 고체 • 제3류 위험물 중 자연발화성 물질 • 제4류 위험물 • 제5류 위험물	화기엄금	적색바탕, 백색문자

18 다음 보기는 주유취급소에 태양광 발전설비를 설치하는 경우의 설치기준에 대한 내용이다. 옳지 않은 내용을 골라 번호를 쓰시오. (단, 없는 경우 "해당 없음"이라 적으시오)

[보기]
① 전기사업법의 관련기술기준에 적합해야 한다.
② 접속반, 인버터, 분전반 등의 전기설비는 주유를 위한 작업장 등 위험물 취급장소에 면하지 않는 방향에 설치하여야 한다.
③ 가연성의 증기가 체류할 우려가 있는 장소에 설치하는 전기설비는 방폭구조로 해야 한다.
④ 집광판 및 그 부속설비는 캐노피의 상부 또는 건축물의 옥내에 설치한다.

정답

④

[해설]
④ 집광판 및 그 부속설비는 캐노피의 상부 또는 건축물의 옥상에 설치한다.

19 지정용량이 50만리터 이상인 옥외탱크저장소의 설치 허가를 받고자 한다. 다음 물음에 답하시오.

(1) 기술검토를 담당하는 부서를 쓰시오.
(2) 기술검토의 내용을 쓰시오.

정답

(1) 한국소방산업기술원
(2) 위험물탱크의 기초·지반, 탱크본체 및 소화설비에 관한 사항

[해설]
제조소등의 설치 및 변경의 허가
1) 제조소등의 설치허가 또는 변경허가를 받으려는 자는 설치허가 또는 변경허가신청서에 행정안전부령으로 정하는 서류를 첨부하여 시·도지사에게 제출하여야 한다.
2) 시·도지사는 제1항에 따른 제조소등의 설치허가 또는 변경허가 신청 내용이 다음 각 호의 기준에 적합하다고 인정하는 경우에는 허가를 하여야 한다.
① 제조소등의 위치·구조 및 설비가 규정에 의한 기술기준에 적합할 것

② 제조소등에서의 위험물의 저장 또는 취급이 공공의 안전유지 또는 재해의 발생방지에 지장을 줄 우려가 없다고 인정될 것
③ 다음 각 목의 제조소등은 해당 목에서 정한 사항에 대하여 「소방산업의 진흥에 관한 법률」에 따른 한국소방산업기술원의 기술검토를 받고 그 결과가 행정안전부령으로 정하는 기준에 적합한 것으로 인정될 것. 다만 보수 등을 위한 부분적인 변경으로서 소방청장이 정하여 고시하는 사항에 대해서는 기술원의 기술검토를 받지 않을 수 있으나 행정안전부령으로 정하는 기준에는 적합해야 한다.
  ㉠ 지정수량의 1천 배 이상의 위험물을 취급하는 제조소 또는 일반취급소 : 구조·설비에 관한 사항
  ㉡ 옥외탱크저장소(저장용량이 50만 리터 이상인 것만 해당한다) 또는 암반탱크저장소 : 위험물탱크의 기초·지반, 탱크본체 및 소화설비에 관한 사항

20 다음은 위험물안전관리법상 소화설비의 적응성에 대한 도표이다. 위험물별 소화설비 적응성이 있는 것에 ○ 표시를 하시오.

소화설비의 구분		건축물·그 밖의 공작물	전기설비	제1류 위험물		제2류 위험물			제3류 위험물		제4류 위험물	제5류 위험물	제6류 위험물
				알칼리금속의 과산화물 등	그 밖의 것	철분·금속분·마그네슘 등	인화성 고체	그 밖의 것	금수성 물품	그 밖의 것			
옥내소화전 또는 옥외소화전설비													
물분무등 소화설비	물분무소화설비												
	불활성 가스소화설비												
	할로젠화합물소화설비												

정답

소화설비의 구분		대상물 구분										
		건축물·그 밖의 공작물	전기설비	제1류 위험물		제2류 위험물			제3류 위험물		제4류 위험물	제5류 위험물	제6류 위험물
				알칼리금속의 과산화물 등	그 밖의 것	철분·금속분·마그네슘 등	인화성 고체	그 밖의 것	금수성 물품	그 밖의 것			
옥내소화전 또는 옥외소화전설비		○			○		○	○		○		○	○
물분무등 소화설비	물분무소화설비	○	○		○		○	○		○	○	○	○
	불활성 가스소화설비		○				○			○			
	할로젠화합물소화설비		○				○			○			

2022 1회

01 다음 각 위험물의 증기비중을 구하시오.

(1) 이황화탄소

(2) 아세트알데하이드

(3) 벤젠

정답

(1) 2.62
(2) 1.52
(3) 2.69

[해설]
위험물의 증기비중
- 이황화탄소(CS_2)
  증기비중 = $(12 + 32 \times 2) / 29 = 2.62$
- 아세트알데하이드(CH_3CHO)
  증기비중 = $(12 \times 2 + 1 \times 4 + 16 \times 1) / 29 = 1.52$
- 벤젠(C_6H_6)
  증기비중 = $(12 \times 6 + 1 \times 6) / 29 = 2.69$

02 에틸렌과 산소를 $CuCl_2$의 촉매하에 생성된 제4류 위험물 중 특수인화물에 대하여 다음 물음에 알맞은 답을 쓰시오.

(1) 증기비중

(2) 시성식

(3) 해당 위험물을 보냉장치가 없는 이동탱크저장소에 저장 시 저장온도 기준

> **정답**
> (1) 1.52
> (2) CH₃CHO
> (3) 40 ℃ 이하

[해설]
아세트알데하이드(CH₃CHO, 제4류 위험물 중 특수인화물)
• 인화점 : -38 ℃
• 연소범위 : 4.1 ~ 57 %
• CuCl₂ 촉매하에 에틸렌과 산소를 반응시켜 생성

$$C_2H_4 + 0.5O_2 \xrightarrow{CuCl_2} CH_3CHO$$

• 증기비중 = (12 × 2 + 1 × 4 + 16 × 1) / 29 = 1.52
• 탱크 저장온도
  ① 옥내·외저장탱크 또는 지하저장탱크 중 압력탱크 외의 탱크에 저장 시 온도
      ㉠ 산화프로필렌·다이에틸에터 : 30 ℃ 이하
      ㉡ 아세트알데하이드 : 15 ℃ 이하
  ② 옥내·외저장탱크 또는 지하저장탱크 중 압력탱크에 저장 시 온도
      ㉠ 아세트알데하이드·다이에틸에터 등 : 40 ℃ 이하
  ③ 아세트알데하이드·다이에틸에터 등 이동저장탱크에 저장 시 온도
      ㉠ 보냉장치가 있는 경우 : 비점 이하
      ㉡ 보냉장치가 없는 경우 : 40 ℃ 이하

03 분자량 39, 인화점 -11 ℃, 불꽃반응 시 보라색을 띄는 제3류 위험물이 제1류 위험물의 과산화물이 되었을 경우에 그 물질에 대하여 다음 물음에 답하시오.

(1) 물과의 반응식

(2) 이산화탄소와의 반응식

(3) 옥내저장소 저장 시 바닥면적 기준

> **정답**

(1) K + H$_2$O → KOH + 0.5H$_2$

(2) 4K + 3CO$_2$ → 2K$_2$CO$_3$ + C

(3) 1,000 m^2 이하

[해설]

칼륨(K)과 반응하는 물질

- 물과 반응 : K + H$_2$O → KOH + 0.5H$_2$
- 이산화탄소와 반응 : 4K + 3CO$_2$ → 2K$_2$CO$_3$ + C
- 옥내저장소 바닥면적 기준

바닥면적	저장하는 위험물
1,000 m^2 이하	• 제1류 위험물 중 아염소산염류, 염소산염류, 과염소산염류, 무기과산화물 그 밖에 지정수량이 50 kg인 위험물 • 제3류 위험물 중 칼륨, 나트륨, 알킬알루미늄, 알킬리튬 그 밖에 지정수량이 10 kg인 위험물 및 황린 • 제4류 위험물 중 특수인화물, 제1석유류 및 알코올류 • 제5류 위험물 중 유기과산화물, 질산에스터류 그 밖에 지정수량이 10 kg인 위험물 • 제6류 위험물
2,000 m^2 이하	그 외의 위험물
1,500 m^2 이하	위의 위험물을 내화구조의 격벽으로 완전히 구획된 실에 각각 저장하는 창고

> TIP 1,000 m^2 이하 기준은 위험등급 I 인 물질을 저장할 때이다.
> (제4류 위험물 중 위험등급 II 인 제1석유류, 알코올류만 따로 암기)

04 위험물안전관리법령에 따른 옥외저장소의 보유공지에 대하여 다음 빈칸을 채우시오.

위험물의 최대수량 저장	취급하는 위험물	최소 공지너비
지정수량의 10배 이하	제1석유류	(①) m
	제2석유류	(②) m
지정수량의 20배 초과 50배 이하	제2석유류	(③) m
	제3석유류	(④) m
	제4석유류	(⑤) m

정답

① 3
② 3
③ 9
④ 9
⑤ 3

[해설]

옥외저장소 보유공지

위험물의 최대수량	공지너비
지정수량의 10배 이하	3 m 이상
지정수량의 10 ~ 20배 이하	5 m 이상
지정수량의 20 ~ 50배 이하	9 m 이상
지정수량의 50 ~ 200배 이하	12 m 이상
지정수량의 200배 초과	15 m 이상

제4류 위험물 중 제4석유류와 제6류 위험물 : 위의 표에 의한 보유공지의 1/3으로 할 수 있다.

05 위험물 운반에 관한 기준 중 다음 위험물과 지정수량 10배 이상일 때 혼재 가능한 위험물은 무엇인지 쓰시오. (단, 해당 없으면 '해당 없음'이라고 쓰시오)

(1) 제2류 위험물과만 혼재 가능한 위험물 유별
(2) 제4류 위험물과만 혼재 가능한 위험물 유별
(3) 제6류 위험물과만 혼재 가능한 위험물 유별

> 정답

(1) 제4, 5류 위험물
(2) 제2, 3, 5류 위험물
(3) 제1류 위험물

[해설]
운반 시 혼재 가능 위험물

위험물 종류			혼재 여부
1↓	6		혼재 가능
2↓	5↑	4	혼재 가능
3→	4↑		혼재 가능

TIP 1 2 3 4 5 6을 화살표 방향으로 적고 가운데에 4를 적어서 같은 줄이 혼재 가능 위험물

06 다음 보기를 보고 금수성 물질이면서 자연발화성 물질인 것을 모두 고르시오.

[보기]
칼륨, 황린, 트라이나이트로페놀, 나이트로벤젠, 글리세롤, 수소화나트륨

> 정답

칼륨

[해설]
제3류 위험물
① 금수성 및 자연발화성 : 칼륨
② 자연발화성 : 황린
③ 금수성 : 수소화나트륨
④ 인화성 : 나이트로벤젠, 글리세롤
⑤ 자기반응성 : 트라이나이트로페놀(T.N.P.)

07 다음 위험물의 연소반응식을 쓰시오.

(1) 에탄올

(2) 메탄올

정답

(1) $C_2H_5OH + 3O_2 \rightarrow 2CO_2 + 3H_2O$
(2) $CH_3OH + 1.5O_2 \rightarrow CO_2 + 2H_2O$

[해설]
에탄올(C_2H_5OH)
- 연소반응식 : $C_2H_5OH + 3O_2 \rightarrow 2CO_2 + 3H_2O$
  메틸알코올(메탄올, CH_3OH) 연소반응식
- $CH_3OH + 1.5O_2 \rightarrow CO_2 + 2H_2O$

08 분말소화약제 각각의 주성분을 화학식으로 쓰시오.

(1) 제1종 분말소화약제

(2) 제2종 분말소화약제

(3) 제3종 분말소화약제

정답

(1) NaHCO₃
(2) KHCO₃
(3) NH₄H₂PO₄

[해설]
분말소화약제의 주성분

분말소화약제 종류	주성분	적응화재	분말색
제1종	탄산수소나트륨(NaHCO₃)	BC	백색
제2종	탄산수소칼륨(KHCO₃)	BC	담회색
제3종	인산암모늄(NH₄H₂PO₄)	ABC	담홍색
제4종	탄산수소칼륨 + 요소 KHCO₃ + (NH₂)₂CO	BC	회색

09 다음 빈칸에 품명에 따른 알맞은 유별과 지정수량을 쓰시오. (다만 제5류 위험물의 경우 폭발성 및 가열분해성 판정결과 2종인 위험물에 한한다)

품명	유별	지정수량
황린	제3류	20 kg
칼륨	①	⑥
질산	②	⑦
아조화합물	③	⑧
질산염류	④	⑨
나이트로화합물	⑤	⑩

정답

① 제3류 ② 제6류 ③ 제5류
④ 제1류 ⑤ 제5류 ⑥ 10 kg
⑦ 300 kg ⑧ 100 kg ⑨ 300 kg ⑩ 100 kg

[해설]

품명	유별	지정수량
황린	제3류	20 kg
칼륨	제3류	10 kg
질산	제6류	300 kg
아조화합물	제5류	100 kg
질산염류	제1류	300 kg
나이트로화합물	제5류	100 kg

10 제3류 위험물 중 위험등급 Ⅰ 품명 5가지를 쓰시오.

정답

칼륨, 나트륨, 알킬리튬, 알킬알루미늄, 황린

[해설]
제3류 위험물의 위험등급

종류	위험등급	품명
제3류 위험물	Ⅰ	칼륨 나트륨 알킬리튬 알킬알루미늄
		황린
	Ⅱ	알칼리금속(칼륨, 나트륨 제외) 및 알칼리토금속 유기금속화합물
	Ⅲ	금속수소화물 금속인화물 칼슘탄화물 알루미늄탄화물

11 다음 반응에 대하여 생성되는 유독가스의 명칭을 쓰시오.

(1) 황린의 연소반응

(2) 황린과 수산화칼륨의 반응

(3) 아세트산의 연소반응

(4) 인화칼슘과 물의 반응

(5) 과산화바륨과 물의 반응

정답

(1) 오산화인(P_2O_5)

(2) 포스핀(PH_3)

(3) 없음

(4) 없음

(5) 포스핀(PH_3)

[해설]

위험물의 연소반응식

(1) 황린의 완전연소반응식 : $P_4 + 5O_2 \rightarrow 2P_2O_5$

(2) 인화칼슘과 물의 반응식 : $Ca_3P_2 + 6H_2O \rightarrow 3Ca(OH)_2 + 2PH_3$

(3) 아세트산의 완전연소반응식 : $CH_3COOH + 2O_2 \rightarrow 2CO_2 + 2H_2O$

(4) 과산화바륨과 물의 반응식 : $BaO_2 + 2H_2O \rightarrow Ba(OH)_2 + O_2$

(5) 황린과 수산화칼륨 수용액의 반응식 : $P_4 + 3KOH \rightarrow 3KH_2PO_2 + PH_3$

---

12 제2류 위험물인 마그네슘에 대하여 다음 물음에 답을 쓰시오.

(1) 아래 위험물이 될 조건에서 빈칸에 공통으로 들어갈 수치를 적으시오.

> (①) mm의 체를 통과하지 아니하는 덩어리 상태의 것과 지름 (②) mm 이상인 것을 제외한 것

(2) 위험등급

(3) 물과의 반응식

(4) 염산과의 반응식

정답

(1) ① 2 mm, ② 2 mm
(2) Ⅲ등급
(3) $Mg + 2H_2O \rightarrow Mg(OH)_2 + H_2$
(4) $Mg + 2HCl \rightarrow MgCl_2 + H_2$

[해설]
마그네슘(Mg, 제2류)
조건 : 직경 2 mm 이상이거나 2 mm 체를 통과하지 못하는 덩어리 제외

종류	위험등급	품명	지정수량
제2류 위험물	Ⅱ	황화인 적린 황	100 kg
	Ⅲ	철분 마그네슘 금속분	500 kg
		인화성 고체	1,000 kg

• 물과의 반응식 : $Mg + 2H_2O \rightarrow Mg(OH)_2 + H_2$
• 염산과의 반응식 : $Mg + 2HCl \rightarrow MgCl_2 + H_2$

13 동식물유류를 아이오딘가에 따라 각각 분류하고 그 범위를 적으시오.

정답

건성유 : 아이오딘값 130 이상
반건성유 : 아이오딘값 100 이상 130 이하
불건성유 : 아이오딘값 100 이하

[해설]
동식물유류의 아이오딘값
(1) 아이오딘값 : 유지 100 g에 녹는 아이오딘의 g 수
(2) 아이오딘값에 따른 동식물유류

분류	건성유	반건성유	불건성유
아이오딘값	130 이상	100 ~ 130	100 이하
위험도(불포화도)	크다	중간	작다
종류	동유·해바라기씨유·아마인유·들기름·정어리기름	채종유·참기름·목화씨기름	야자유·올리브유·피마자유·동백유

14 인화성 액체를 저장하는 옥외탱크저장소 탱크 주위에 설치하는 방유제에 대한 내용이다. 물음에 답하시오.

(1) 방유제 내의 면적은 몇 m^2 이하로 하여야 하는지 쓰시오.
(2) 저장탱크의 개수를 제한 두지 않을 경우에 대하여 인화점을 중심으로 설명하시오.
(3) 제1석유류 15만 리터를 저장할 경우 탱크의 최대 개수를 쓰시오.

[정답]
(1) 80,000 m^2 이하
(2) 인화점 200 ℃ 이상인 것은 기수에 제한을 두지 않을 수 있다.
(3) 10기

[해설]
옥외탱크저장소의 방유제 구조 기준
1. 방유제의 높이 : 0.5 m 이상 3 m 이하
2. 계단 : 높이 1 m 이상의 방유제에는 50 m 간격으로 방유제의 안과 밖에 설치
3. 방유제 내 면적 : 80,000 m^2 이하

4. 방유제 내 탱크의 기수
- 10기 이하
- 20기 이하로 할 경우 : 방유제 내의 전 탱크용량이 20만 L 이하이고, 위험물의 인화점이 70 ℃ 이상 200 ℃ 미만인 것
- 기수에 제한을 두지 않을 경우 : 인화점 200 ℃ 이상인 것
   → 제1석유류(인화점 21℃ 이하)이므로 10기 이하

15 지하저장탱크 2기를 인접하여 설치하는 경우 그 상호 간의 거리는 몇 m 이상인지 각각 쓰시오.

(1) 경유 20000 L와 휘발유 8000 L

(2) 경유 8000 L와 휘발유 20000 L

(3) 경유 20000 L와 휘발유 20000 L

정답

(1) 0.5 m 이상
(2) 1 m 이상
(3) 1 m 이상

[해설]
지하저장탱크 탱크 간 거리
- 지하저장탱크를 2 이상 인접해 설치하는 경우에는 그 상호 간에 1 m(당해 2 이상의 지하저장탱크의 용량합계가 지정수량 100배 이하인 때에는 0.5 m) 이상의 간격을 유지해야 한다.
- 지정수량
  휘발유(제1석유류) : 200 L
  경유(제2석유류) : 1,000 L
  (1) 지정수량 배수 = 20,000 L / 1,000 + 8,000 L /200 = 60배수(100배 이하)
  (2) 지정수량 배수 = 8,000 L / 1,000 + 20,000 L /200 = 108배수(100배 초과)
  (3) 지정수량 배수 = 20,000 L / 1,000 + 20,000 L /200 = 120배수(100배 초과)

16 위험물안전관리법령에 따른 주유취급소의 탱크 용량에 대하여 다음 괄호 안에 알맞은 답을 쓰시오.

> - 자동차 등에 주유를 위한 고정주유설비에 직접 접속하는 전용탱크로서 (①) L 이하의 것
> - 고정급유설비에 직접 접속하는 전용탱크로서 (②) L 이하의 것
> - 보일러 등에 직접 접속하는 전용탱크로서 (③) L 이하의 것
> - 자동차 등을 점검·정비하는 작업장 등에서 사용하는 폐유·윤활유 등의 위험물을 저장하는 탱크로서 용량이 (④) L 이하인 탱크

정답

① 50,000 L 이하
② 50,000 L 이하
③ 10,000 L 이하
④ 2,000 L 이하

[해설]
주유취급소 탱크용량
- 고정주유설비, 고정급유설비와 직접 접속한 탱크 : 50,000 L 이하
- 고속도로에 있는 고정주유설비, 고정급유설비와 직접 접속한 탱크 : 60,000 L 이하
- 보일러 탱크 : 10,000 L 이하
- 폐유, 윤활유 탱크 : 모두 합해 2,000 L 이하

---

17 다음 설명하는 위험물에 대하여 다음 물음에 답하시오.

> - 제4류 위험물 중 제1석유류로서 비수용성에 해당
> - 무색투명한 방향성을 가지는 휘발성이 강한 액체
> - 분자량 78, 인화점 -1 ℃

(1) 물질의 명칭

(2) 물질의 구조식

(3) 당해 위험물이 직접 배수구에 흘러가지 않도록 집유설비에 설치해야 하는 것 (단, 해당 없으면 해당 없음이라고 쓰시오)

> **정답**

(1) 벤젠

(2) | 구조식 C_6H_6 |  |

(3) 유분리장치

[해설]

벤젠[C_6H_6]

| 구조식 C_6H_6 | 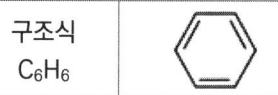 |

1) 분자량 M은 78 g/mol로 제1석유류로 위험등급 Ⅱ에 속한다.
2) 자극성 냄새가 나고 어는점 5.5 ℃, 인화점 -11 ℃로 고체 상태에서 인화 위험성이 존재한다.
3) 연소반응식 : $C_6H_6 + 7.5O_2 \rightarrow 6CO_2 + 3H_2O$
4) 옥외저장탱크 펌프설비 설치기준
   ① 펌프설비의 보유공지 : 너비 3 m 이상
   ② 펌프설비로부터 옥외저장탱크까지의 사이 : 보유공지 너비의 3분의 1 이상
   ③ 펌프설비는 견고한 기초 위에 고정할 것
   ④ 펌프실의 벽·기둥·바닥 및 보 : 불연재료
   ⑤ 펌프실의 지붕 : 폭발력이 위로 방출될 정도의 가벼운 불연재료
   ⑥ 펌프실의 창 및 출입구 : 60분+방화문, 60분방화문 또는 30분방화문
   ⑦ 펌프실의 바닥의 주위에는 높이 0.2 m 이상의 턱을 만들고 바닥은 콘크리트 등 위험물이 스며들지 아니하는 재료로 적당히 경사지게 하여 그 최저부에는 집유설비를 설치할 것
   ⑧ 펌프실 외의 장소에 설치하는 펌프설비에는 그 직하의 지반면의 주위에 높이 0.15 m 이상의 턱을 만들고 당해 지반면은 콘크리트 등 위험물이 스며들지 아니하는 재료로 적당히 경사지게 하여 그 최저부에는 집유설비를 할 것. 이 경우 제4류 위험물(온도 20 ℃의 물 100 g에 용해되는 양이 1 g 미만인 것에 한한다)을 취급하는 펌프설비에 있어서는 당해 위험물이 직접 배수구에 유입하지 아니하도록 집유설비에 유분리장치를 설치하여야 한다.

18 제4류 위험물 중 인화점이 21 ℃ 이상 70 ℃ 미만이며, 수용성인 위험물을 [보기]에서 고르시오.

[보기]
나이트로벤젠, 폼산, 글리세롤, 메틸알코올, 아세트산

정답

폼산, 아세트산

[해설]
- 나이트로벤젠(제3석유류 비수용성)
- 폼산(포름산, 제2석유류 수용성)
- 글리세롤(글리세롤, 제3석유류 수용성)
- 메틸알코올(알코올류 수용성)
- 아세트산(제2석유류 수용성)

19 위험물안전관리법령상 그림과 같은 옥외저장탱크에 대하여 다음 물음에 답하시오.

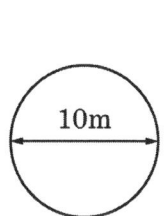
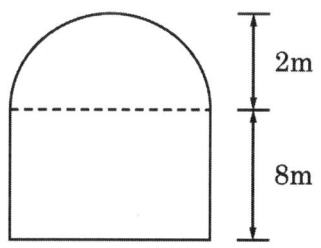

(1) 해당 탱크의 용량[L]을 구하시오. (단, 공간용적은 10/100이다)
(2) 기술검토를 받아야 하는지 쓰시오.
(3) 완공검사를 받아야 하는지 쓰시오.
(4) 정기검사를 받아야 하는지 쓰시오.

정답

(1) 565486.68(L)
(2) 예
(3) 예
(4) 예

[해설]
(1) 탱크의 내용적
   내용적 V = 윗면적 × 높이 = $\pi r^2 \times L = \pi \times 5^2 \times 8$ = 628.31853 m³ = 628318.53 L
   628318.53 × 0.9 = 565486.68 L

   TIP 종으로 설치된 원통형 탱크는 윗부분 높이를 고려하지 않는다.

(2) 완공검사 : 규정에 따른 허가를 받은 자가 제조소등의 설치를 마쳤거나 그 위치·구조 또는 설비의 변경을 마친 때에는 당해 제조소등마다 시·도지사가 행하는 완공검사를 받아 기술기준에 적합하다고 인정받은 후가 아니면 이를 사용하여서는 아니된다.

(3) 정기검사, 기술검토를 받아야 하는 제조소등 : 액체위험물을 저장 또는 취급하는 50만 리터 이상의 옥외탱크저장소(특정 및 준특정 옥외탱크저장소)

20 위험물안전관리법령상 위험물 운송에 관한 내용이다. 다음 물음에 답하시오.

(1) 운송책임자가 운전자감독 또는 지원방법으로 옳은 것을 모두 고르시오. (단, 없으면 해당 없음이라고 쓰시오)
   ① 이동탱크저장소에 동승
   ② 사무실에 대기하면서 감독, 지원
   ③ 부득이한 경우 GPS로 감독, 지원
   ④ 다른 차량을 이용하여 따라 다니면서 감독, 지원

(2) 위험물 운송 시 운전자가 장시간 운전할 경우 2명 이상의 운전자로 하여야 한다. 다만 어떠한 경우에 그러하지 않아도 되는 경우를 보기에서 모두 고르시오. (단, 없으면 해당 없음이라고 쓰시오)
   ① 운송책임자가 동승하는 경우
   ② 제2류 위험물을 운반하는 경우
   ③ 제4류 위험물 중 제1석유류를 운반하는 경우
   ④ 2시간 이내마다 20분 이상씩 휴식하는 경우

(3) 위험물 운송 시 이동탱크저장소에 비치하여야 하는 것을 모두 고르시오. (단, 없으면 해당 없음이라고 쓰시오)
  ① 완공검사합격확인증
  ② 정기검사확인증
  ③ 설치허가확인증
  ④ 위험물 안전관리카드

정답

(1) ①, ②
(2) ①, ②, ③, ④
(3) ①, ②, ④

[해설]
위험물 운송책임자의 감독 또는 지원 방법과 위험물 운송 시에 준수하여야 하는 사항
(1) 운송책임자의 감독 또는 지원 방법
  ① 운송책임자가 이동탱크저장소에 동승하여 운송 중인 위험물의 안전확보에 관하여 운전자에게 필요한 감독 또는 지원을 하는 방법
  ② 운송의 감독 또는 지원을 위하여 마련한 별도의 사무실에 운송책임자가 대기하면서 다음의 사항을 이행하는 방법
(2) 위험물운송자는 장거리(고속국도에 있어서는 340 km 이상, 그 밖의 도로에 있어서는 200 km 이상)에 걸치는 운송을 하는 때에는 2명 이상의 운전자로 할 것. 다만 다음의 경우에는 그러하지 아니하다.
  ① 운송책임자를 동승시킨 경우
  ② 운송하는 위험물이 제2류 위험물·제3류 위험물(칼슘 또는 알루미늄의 탄화물)또는 제4류 위험물(특수인화물 제외)인 경우
  ③ 운송 도중에 2시간 이내마다 20분 이상씩 휴식하는 경우
(3) 위험물(제4류 위험물에 있어서는 특수인화물 및 제1석유류에 한함)을 운송하는 위험물운송자는 위험물안전카드 휴대하여야 한다.
(4) 이동탱크저장소에는 해당 이동탱크저장소의 완공검사합격확인증 및 정기점검기록을 비하여야 한다.

2022 2회

01 제3류 위험물인 트라이에틸알루미늄에 대하여 다음 각 물음에 답하시오.

(1) 트라이에틸알루미늄과 메탄올의 반응식
(2) (1)에서 생성된 기체의 연소반응식

정답

(1) $(C_2H_5)_3Al + 3CH_3OH \rightarrow (CH_3O)_3Al + 3C_2H_6$
(2) $C_2H_6 + 3.5O_2 \rightarrow 2CO_2 + 3H_2O$

[해설]
트라이에틸알루미늄[$(C_2H_5)_3Al$]과 메탄올(CH_3OH) 반응
$(C_2H_5)_3Al + 3CH_3OH \rightarrow (CH_3O)_3Al + 3C_2H_6$
• 에테인의 연소반응식 : $C_2H_6 + 3.5O_2 \rightarrow 2CO_2 + 3H_2O$

02 탄화알루미늄에 대하여 다음 물음에 답하시오.

(1) 탄화알루미늄과 물 반응식
(2) 탄화알루미늄과 염산 반응식

정답

(1) $Al_4C_3 + 12H_2O \rightarrow 4Al(OH)_3 + 3CH_4$
(2) $Al_4C_3 + 12HCl \rightarrow 4AlCl_3 + CH_4$

[해설]
탄화알루미늄[Al_4C_3]
• 물과 반응 : $Al_4C_3 + 12H_2O \rightarrow 4Al(OH)_3 + 3CH_4$
• 염산과 반응 : $Al_4C_3 + 12HCl \rightarrow 4AlCl_3 + CH_4$

03 위험물안전관리법령에 따른 소화설비의 능력단위에 대한 내용이다. 다음 (   ) 안에 알맞은 답을 쓰시오.

소화설비	용량 [L]	능력단위
소화전용 물통	(①)	0.3
수조(물통 3개 포함)	80	(②)
수조(물통 6개 포함)	190	(③)
건조사(삽 1개 포함)	(④)	0.5
팽창질석·진주암(삽 1개 포함)	(⑤)	1.0

정답

① 8
② 1.5
③ 2.5
④ 50
⑤ 160

[해설]

소화설비의 능력단위

소화설비	용량 [L]	능력단위
소화전용 물통	(8)	0.3
수조(물통 3개 포함)	80	(1.5)
수조(물통 6개 포함)	190	(2.5)
건조사(삽 1개 포함)	(50)	0.5
팽창질석·진주암(삽 1개 포함)	(160)	1.0

04 다음은 지정과산화물의 옥내저장소 저장창고의 지붕 기준이다. 알맞은 답을 쓰시오.

- 중도리 또는 서까래의 간격은 (①) cm 이하로 할 것
- 지붕 아래쪽 면에는 한 변의 길이가 (②) cm 이하의 환강·경량형강 등으로 된 강제의 격자를 설치할 것
- 지붕 아래쪽 면에 (③)을 쳐서 불연재료의 도리·보 또는 서까래에 단단히 결합할 것
- 두께 (④) cm 이상, 너비 (⑤) cm 이상의 목재로 만든 받침대를 설치할 것

정답

① 30 cm
② 45 cm
③ 철망
④ 5 cm
⑤ 30 cm

[해설]

지정과산화물(제5류 위험물 중 유기과산화물) 옥내저장소의 저장창고 강화 기준

① 저장창고는 150 m² 이내마다 격벽(두께 30 cm 이상의 철근콘크리트조 또는 철골철근콘크리트조 또는 두께 40 cm 이상의 보강콘크리트블록조)으로 완전하게 구획할 것. 격벽은 저장창고의 양측의 외벽으로부터 1m 이상, 상부의 지붕으로부터 50 cm 이상 돌출하게 하여야 한다.
② 저장창고의 외벽 : 두께 20 cm 이상의 철근콘크리트조나 철골철근콘크리트조 또는 두께 30 cm 이상의 보강콘크리트블록조
③ 저장창고 지붕의 중도리 또는 서까래의 간격 : 30 cm 이하
    ㉠ 중도리(서까래 중간을 받치는 수평의 도리) 또는 서까래의 간격은 30 cm 이하로 할 것
    ㉡ 지붕의 아래쪽 면에는 한 변의 길이가 45 cm 이하의 환강(丸鋼)·경량형강(輕量形鋼) 등으로 된 강제(鋼製)의 격자를 설치할 것
    ㉢ 지붕의 아래쪽 면에 철망을 쳐서 불연재료의 도리(서까래를 받치기 위해 기둥과 기둥 사이에 설치한 부재)·보 또는 서까래에 단단히 결합할 것
    ㉣ 두께 5 cm 이상, 너비 30 cm 이상의 목재로 만든 받침대를 설치할 것
④ 저장창고의 출입구 : 60분+방화문 또는 60분방화문
⑤ 저장창고의 창 : 바닥면으로부터 2m 이상의 높이에 설치하고, 당해 벽면의 면적의 80분의 1 이내로 하며, 하나의 창의 면적을 0.4 m² 이내로 할 것

05 위험물안전관리법에서 정한 다음 용어의 정의를 쓰시오.

(1) 인화성 고체
(2) 철분
(3) 제2석유류

정답

(1) 철분이란, 철의 분말로 53 μm 표준체 통과하는 50 중량% 미만인 것을 제외한다.
(2) 인화성 고체란, 고형알코올 그 밖에 1기압에서 인화점이 섭씨 40 ℃ 미만인 고체를 말한다.
(3) 제2석유류란, 1기압 기준 인화점 21 ℃ 이상 70 ℃ 미만인 것을 말한다.

[해설]
용어의 정의
- 제4류 위험물 정의

구분	기준
특수인화물	발화점 100 ℃ 이하 or 인화점 -20 ℃ 이하이고 비점 40 ℃ 이하
제1석유류	1기압 기준 인화점 21 ℃ 미만
알코올류	탄소 수 1 ~ 3 개의 포화 1가 알코올
제2석유류	1기압 기준 인화점 21 ℃ 이상 70 ℃ 미만
제3석유류	1기압 기준 인화점 70 ℃ 이상 200 ℃ 미만
제4석유류	1기압 기준 인화점 200 ℃ 이상 250 ℃ 미만
동식물유	동물이나 식물에서 추출한 것으로 인화점 250 ℃ 미만

- 제2류 위험물 정의
  - 황 : 순도 60 중량% 이상
  - 철분 : 철 분말로 53 μm 표준체 통과하는 50 중량% 이상
  - 금속분 : 금속 분말로 150 μm 표준체 통과하는 50 중량% 이상
  - 마그네슘 : 직경 2 mm 이상이거나 2 mm 체를 통과 못하는 덩어리 제외
  - 인화성 고체 : 고형알코올 그 밖에 1기압에서 인화점이 섭씨 40 ℃ 미만인 고체

06 삼황화인과 오황화인이 연소할 경우 공통으로 생성되는 물질의 명칭을 모두 쓰시오.

정답

SO_2, P_2O_5

[해설]

황화인의 화학반응식

① 삼황화인 연소반응 : $P_4S_3 + 8O_2 \rightarrow 3SO_2 + 2P_2O_5$
② 오황화인 연소반응 : $P_2S_5 + 7.5O_2 \rightarrow 5SO_2 + P_2O_5$
③ 오황화인 물과 반응 : $P_2S_5 + 8H_2O \rightarrow 5H_2S + 2H_3PO_4$
④ 칠황화인 연소반응 : $P_4S_7 + 12O_2 \rightarrow 7SO_2 + 2P_2O_5$

07 위험물안전관리법령에 따른 불활성 가스 소화약제의 구성성분에 대하여 (   ) 안에 알맞은 답을 쓰시오.

- IG - 541 : 8 % (①), 40 % (②), 52 % (③)
- IG - 55 : 50 % (④), 50 % (⑤)

정답

① 이산화탄소[CO_2]
② 아르곤[Ar]
③ 질소[N_2]
④ 질소[N_2]
⑤ 아르곤[Ar]

[해설]

불활성 가스 소화약제

약제명	구성 원소
IG - 100	N_2 100%
IG - 55	N_2 50% + Ar 50%
IG - 541	N_2 52% + Ar 40% + CO_2 8%

08 제1류 위험물 중 염소산칼륨에 대한 설명이다. 다음 각 물음에 답하시오.

(1) 이산화망간 촉매하에 염소산칼륨의 완전열분해반응식을 쓰시오.

(2) 염소산칼륨 24.5 kg이 열분해하여 생성되는 산소의 부피(m^3)를 계산하시오. (단, 표준상태이며, 칼륨 원자량 39, 염소 원자량 35.5이다)

정답

(1) $2KClO_3 \rightarrow 2KCl + 3O_2$

(2) $6.72 m^3$

[해설]

염소산칼륨($KClO_3$) 분해 시 산소부피 계산

- 반응식 : $2KClO_3 \rightarrow 2KCl + 3O_2$
- 염소산칼륨 몰 수 = 24.5 g/(39 + 35.5 + 16×3) = 0.2 kmol
- 산소 몰 수 : 염소산칼륨과 2 : 3 비율이므로 0.2×3/2 = 0.3 kmol 발생
- 산소 부피 = 0.3 kmol × 22.4 m^3/kmol = 6.72 m^3

09 위험물안전관리법령에서 정한 소화설비의 소요단위에 대하여 다음 물음에 알맞은 소요단위를 쓰시오.

(1) 면적 300 m^2으로 내화구조의 벽으로 된 제조소

(2) 면적 300 m^2으로 내화구조가 아닌 제조소

(3) 면적 300 m^2으로 내화구조의 저장소

정답

(1) 3 소요단위
(2) 6 소요단위
(3) 2 소요단위

[해설]
소요단위 계산

구분	내화구조	비내화구조
제조소·취급소	연면적 100 m²	연면적 50 m²
저장소	연면적 150 m²	연면적 75 m²
위험물	지정수량 10배	

(1) 소요단위 = 300 m² / 100 m² = 3 소요단위
(2) 소요단위 = 300 m² / 50 m² = 6 소요단위
(3) 소요단위 = 300 m² / 150 m² = 2 소요단위

10 다음 물질이 물과 반응하여 생성되는 기체의 명칭을 쓰시오. (단, 해당 없으면 해당 없음이라고 표기)

(1) 염소산칼륨   (2) 과산화칼륨   (3) 금속리튬
(4) 인화칼슘   (5) 질산암모늄

정답

(1) 없음   (2) 산소(O_2)   (3) 수소(H_2)
(4) 포스핀(PH_3)   (5) 없음

[해설]
위험물의 물 반응식
(2) 과산화칼륨과 물 반응식 : $K_2O_2 + H_2O \rightarrow 2KOH + 0.5O_2$
(3) 리튬과 물 반응식 : $Li + H_2O \rightarrow LiOH + H_2$
(4) 인화칼슘과 물 반응식 : $Ca_3P_2 + 6H_2O \rightarrow 3Ca(OH)_2 + 2PH_3$

11 폭발성 및 가열분해성 판정결과 1종인 나이트로셀룰로오스에 대하여 다음 물음에 알맞은 답을 쓰시오.

(1) 품명
(2) 지정수량
(3) 이 물질을 운반 시 운반용기 외부에 표시해야 할 주의사항
(4) 나이트로셀룰로오스 제조방법

> 정답

(1) 질산에스터류
(2) 10 kg
(3) 화기엄금, 충격주의
(4) 셀룰로오스를 진한 질산(질화작용)과 진한 황산(탈수작용)을 혼합하여 제조

[해설]
제5류 위험물 분류 및 주의사항

품명	물질명	상태	지정수량	운반용기 외부 표시
질산에스터	질산메틸	액체	종 판단 필요	화기엄금, 충격주의
	질산에틸	액체		
	나이트로글라이콜	액체	10 kg	
	나이트로글리세린	액체		
	나이트로셀룰로오스	고체		
	셀룰로오스	고체	100 kg	

• 나이트로셀룰로오스 제조법 : 셀룰로오스를 진한 질산(질화작용)과 진한 황산(탈수작용)을 혼합하여 제조

12 제4류 위험물인 산화프로필렌에 대하여 다음 물음에 알맞은 답을 쓰시오.

(1) 위험등급
(2) 증기비중
(3) 보냉장치가 없는 이동탱크저장소에 저장할 경우의 온도

정답
(1) 위험등급 I
(2) 2
(3) 40 ℃ 이하

[해설]
산화프로필렌(CH_3CH_2CHO, 특수인화물)
- 무색 투명한 액체
- 지정수량 : 50 L
- 분자량 : 58
- 인화점 : -37 ℃
- 증기비중 : 58/29 = 2
- 탱크 저장온도
  ① 옥내·외저장탱크 또는 지하저장탱크 중 압력탱크 외의 탱크에 저장 시 온도
    ㉠ 산화프로필렌·다이에틸에터 : 30 ℃ 이하
    ㉡ 아세트알데하이드 : 15 ℃ 이하
  ② 옥내·외저장탱크 또는 지하저장탱크 중 압력탱크에 저장 시 온도
    ㉠ 아세트알데하이드·다이에틸에터 등 : 40 ℃ 이하
  ③ 아세트알데하이드·다이에틸에터 등 이동저장탱크에 저장 시 온도
    ㉠ 보냉장치가 있는 경우 : 비점 이하
    ㉡ 보냉장치가 없는 경우 : 40 ℃ 이하

13 제3류 위험물인 칼륨이 다음 물질과 반응하는 경우 반응식을 쓰시오.

(1) 이산화탄소
(2) 에탄올

정답
(1) $4K + 3CO_2 \rightarrow 2K_2CO_3 + C$
(2) $K + C_2H_5OH \rightarrow C_2H_5OK + 0.5H_2$

[해설]
칼륨(K)과 반응하는 물질
- 물과 반응 : $K + H_2O \rightarrow KOH + 0.5H_2$
- 에탄올과 반응 : $K + C_2H_5OH \rightarrow C_2H_5OK + 0.5H_2$
- 이산화탄소와 반응 : $4K + 3CO_2 \rightarrow 2K_2CO_3 + C$

14 아세트알데히드가 산화할 경우 생성되는 제4류 위험물에 대하여 다음 물음에 답하시오.

(1) 시성식

(2) 완전연소반응식

(3) 이 물질을 옥내저장소에 저장할 경우 저장소 바닥면적

[정답]

(1) CH_3COOH

(2) $CH_3COOH + 2O_2 \rightarrow 2CO_2 + 2H_2O$

(3) 2,000 m² 이하

[해설]
에탄올의 산화과정
- 아세트알데히드 산화과정

$C_2H_5OH(에탄올) \xrightarrow{산화} CH_3CHO(아세트알데히드) \xrightarrow{산화} CH_3COOH(아세트산)$

- 아세트산의 완전연소반응식 : $CH_3COOH + 2O_2 \rightarrow 2CO_2 + 2H_2O$
- 옥내저장소 저장창고 기준

바닥면적	저장하는 위험물
1,000 m² 이하	• 제1류 위험물 중 아염소산염류, 염소산염류, 과염소산염류, 무기과산화물 그 밖에 지정수량이 50 kg인 위험물 • 제3류 위험물 중 칼륨, 나트륨, 알킬알루미늄, 알킬리튬 그 밖에 지정수량이 10 kg인 위험물 및 황린 • 제4류 위험물 중 특수인화물, 제1석유류 및 알코올류 • 제5류 위험물 중 유기과산화물, 질산에스터류 그 밖에 지정수량이 10 kg인 위험물 • 제6류 위험물

바닥면적	저장하는 위험물
2,000 m² 이하	그 외의 위험물
1,500 m² 이하	위의 위험물을 내화구조의 격벽으로 완전히 구획된 실에 각각 저장하는 창고

> TIP 1,000 m² 이하 기준은 위험등급Ⅰ인 물질을 저장할 때이다.
> (제4류 위험물 중 위험등급Ⅱ인 제1석유류, 알코올류만 따로 암기)

15 제1류 위험물 중 위험등급Ⅰ 품명을 3가지 쓰시오.

정답

염소산염류, 아염소산염류, 과염소산염류, 무기과산화물

[해설]

제1류 위험물

유별	위험등급	품명	소화방법	지정수량	운반용기 외부 표시	제조소등 표시
제1류 위험물	Ⅰ	아염소산염류 염소산염류 과염소산염류 무기과산화물	냉각소화	50 kg	화기·충격주의 가연물접촉주의	필요 없음
		무기과산화물 중 알칼리금속의 과산화물	질식소화		화기·충격주의 가연물접촉주의 물기엄금	물기엄금
	Ⅱ	브로민산염류 질산염류 아이오딘산염류	냉각소화	300 kg	화기·충격주의 가연물접촉주의	필요 없음
	Ⅲ	과망가니즈산염류 다이크로뮴산염류		1,000 kg		

16 보기에서 설명하는 위험물에 대하여 다음 물음에 답하시오(단, 해당 없으면 해당 없음이라고 쓰시오).

[보기]
- 무색의 유동성이 있는 액체로서 물과 반응하여 발열한다.
- 분자량 100.5
- 비중 1.76
- 염소산 중 가장 강한 산이다.

(1) 해당 위험물의 류별

(2) 시성식

(3) 해당 위험물을 취급하는 제조소와 병원 간의 안전거리

(4) 해당 위험물 5,000 kg을 취급하는 제조소의 보유공지

정답

(1) 제6류 위험물
(2) $HClO_4$
(3) 30 m 이상
(4) 5 m 이상

[해설]
과염소산[$HClO_4$]

• 열분해 : $HClO_4 \rightarrow HCl + 2O_2$
• 위험물제조소와의 안전거리 기준

시설 종류	안전거리
지정문화유산 및 천연기념물 등	50 m 이상
병원·학교·극장	30 m 이상
고압가스·액화석유가스	20 m 이상
주거용 건축물	10 m 이상
전압 35,000 V 초과 특고압전선	5 m 이상
전압 7,000 ~ 35,000 V 특고압전선	3 m 이상

- 보유공지 너비
  ① 위험물 지정수량 10배 이하 : 3 m 이상
  ② 위험물 지정수량 10배 초과 : 5 m 이상
  → 지정수량
    과염소산(제6류 위험물) : 300 kg

  $$\therefore \frac{5{,}000\,kg}{300\,kg/배수} = 16.67\ 배수$$

17 제4류 위험물(이황화탄소제외)을 취급하는 제조소의 옥외취급탱크 100만 L 1기, 50만 L 2기, 10만 L 3기가 있다. 이 중 50만 L 탱크 1기를 다른 방유제에 설치하고 나머지를 하나의 방유제에 설치할 경우 방유제 전체의 최소용량의 합계[L]를 구하시오.

정답

83만 L

[해설]
위험물제조소 방유제
- 방유제의 용량
  하나의 취급탱크 : 당해 탱크용량의 50 % 이상
  2 이상의 취급탱크 : 용량이 최대인 탱크의 50 % + 나머지 탱크용량 합계의 10 % 이상
- 방유제의 높이 : 0.5 m 이상 3 m 이하
- 방유제의 두께 : 0.2 m 이상
- 지하매설깊이 : 1 m 이상
- 방유제 내의 면적 : 8만 m^2 이하
  ① 50만 L 탱크 1기 : 50만 L × 0.5 = 25만 L
  ② 나머지 탱크 : (100만 L × 0.5) + (50만 L × 0.1) + (10만 L × 0.1 × 3) = 58만 L
  따라서 25만 L + 58만 L = 83만 L

18 위험물안전관리법령에 따른 옥내저장소 기준이다. 물음에 답하시오.

- 옥내저장소에 동일 품명의 위험물이더라도 자연발화할 우려가 있는 위험물 또는 재해가 현저하게 증대할 우려가 있는 위험물을 다량 저장하는 경우에는 지정수량 (①) 이하마다 (②) 이상의 간격을 두어야 한다.
- 기계에 의하여 하역하는 구조로 된 용기만을 겹쳐 쌓는 경우 (③)의 높이를 초과하지 아니하여야 한다.
- 제4류 위험물 중 제3석유류, 제4석유류 및 동식물유류를 수납하는 용기만을 겹쳐 쌓는 경우 (④)의 높이를 초과하지 아니하여야 한다.
- 그 밖의 경우에 있어서는 (⑤)의 높이를 초과하지 아니하여야 한다.

정답

① 10배　　② 0.3 m　　③ 6 m
④ 4 m　　⑤ 3 m

[해설]

옥내·외저장소 위험물 용기 저장 높이

(1) 기계에 의하여 하역하는 구조로 된 용기 : 6 m 이하
(2) 제4류(3·4석유류, 동식물유)를 수납하는 용기 : 4 m 이하
(3) 그 외의 위험물 : 3 m 이하
(4) 용기를 선반에 저장하는 경우
　　① 옥내저장소에 설치한 선반 : 높이 제한 없음
　　② 옥외저장소에 설치한 선반 : 6 m 이하

19 위험물안전관리법령상 위험물 유별에 대하여 빈칸에 알맞은 답을 쓰시오.

산화성 고체	아이오딘산염류		(①) kg
	과망가니즈산염류		1,000 kg
	(②)		
(③)	금속분		500 kg
	마그네슘		
	(④)		1,000 kg
인화성 액체	제2석유류	비수용성	(⑤) L
		수용성	2,000 L
	제3석유류	비수용성	2,000 L
		수용성	(⑥) L

정답

① 10배
② 0.3 m
③ 6 m
④ 4 m
⑤ 3 m

[해설]

옥내·외저장소 위험물 용기 저장 높이

(1) 기계에 의하여 하역하는 구조로 된 용기 : 6 m 이하
(2) 제4류(3·4석유류, 동식물유)를 수납하는 용기 : 4 m 이하
(3) 그 외의 위험물 : 3 m 이하
(4) 용기를 선반에 저장하는 경우
 ① 옥내저장소에 설치한 선반 : 높이 제한 없음
 ② 옥외저장소에 설치한 선반 : 6 m 이하

20 다음 그림과 같은 옥외저장탱크의 탱크 용량[m³]을 구하시오. (단, a : 2 m, b : 1.5 m, L : 3 m, L₁과 L₂ : 0.3 m이며 탱크 최댓값과 최솟값을 둘 다 적으시오.)

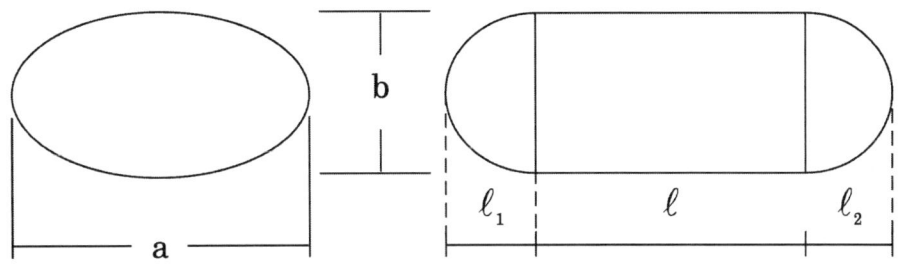

> 정답

최소 용량 : 6.79 m³
최대 용량 : 7.16 m³

[해설]
타원형 탱크의 내용적
- 타원형 탱크 내용적
  V = 윗면적 × 높이환산값
  $= \dfrac{\pi ab}{4} \times (l + \dfrac{l_1 + l_2}{3}) = \dfrac{\pi \times 2 \times 1.5}{4} \times (3 + \dfrac{0.3 + 0.3}{3})$
  = 7.54 m³
- 탱크용적 = 내용적 - 공간용적
- 공간용적 : 탱크 내용적의 5/100(5 %) 이상 10/100(10 %) 이하
  최소 용량 = 7.54 m³ × 0.9 = 6.79 m³
  최대 용량 = 7.54 m³ × 0.95 = 7.16 m³

2022 4회

01 크실렌의 구조이성질체 3가지의 구조식을 쓰시오.

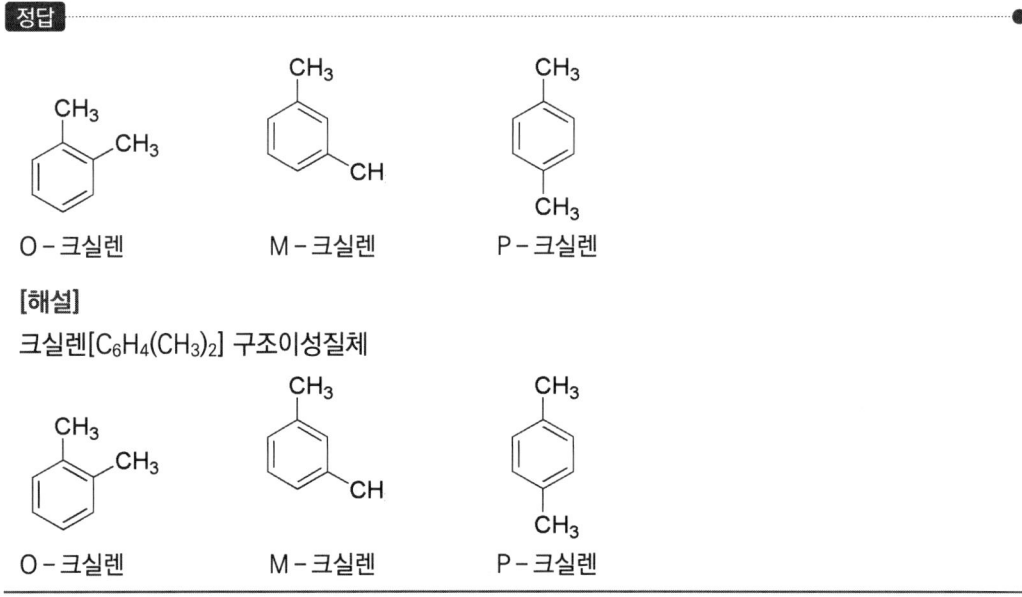

02 분자량이 227이고, 폭약의 원료로 사용되며 햇빛에 다갈색으로 변하며 물에는 녹지 않고 벤젠과 아세톤에는 녹는 물질에 대하여 다음 물음에 답하시오.

(1) 화학식

(2) 지정수량

(3) 제조방법

정답

(1) $C_6H_2CH_3(NO_2)_3$
(2) 10 kg
(3) 톨루엔에 질산과 황산을 넣어 나이트로화시키면 트라이나이트로톨루엔이 된다.

[해설]
트라이나이트로톨루엔(TNT, 제5류 위험물)
- 화학식 : $C_6H_2CH_3(NO_2)_3$
- 분자량 = 12 × 7 + 1 × 5 + 14 × 3 + 16 × 6 = 227
- 대표적인 폭약의 원료
- 지정수량 : 10 kg
- 톨루엔 ($C_6H_5CH_3$)에 질산과 황산을 반응시킬 때 반응식

$$C_6H_5CH_3 + 3HNO_3 \xrightarrow{H_2SO_4} C_6H_2CH_3(NO_2)_3 + 3H_2O$$

- 톨루엔에 질산과 황산을 넣어 나이트로화시키면 트라이나이트로톨루엔이 된다.

03 다음 위험물 중 인화점이 낮은 것부터 높은 순으로 번호를 나열하시오.

① 초산에틸
② 메탄올
③ 에틸렌글라이콜
④ 나이트로벤젠

정답

① 초산에틸, ② 메탄올, ④ 나이트로벤젠, ③ 에틸렌글라이콜

[해설]
제4류 위험물 인화점
- 초산에틸(제1석유류) : -4 ℃
- 메탄올(알코올류) : 11 ℃
- 에틸렌글라이콜(제3석유류) : 111 ℃
- 나이트로벤젠(제3석유류) : 88 ℃

04 트라이에틸알루미늄 228 g이 물과 반응할 때 반응식과 이때 발생하는 가연성 가스의 부피는 표준상태에서 몇 L인지 계산하시오.

정답

134.4 L

[해설]

트라이에틸알루미늄[$(C_2H_5)_3Al$]과 물 반응 시 가스 부피
- 트라이에틸알루미늄 분자량 = $(12 \times 2 + 1 \times 5) \times 3 + 27 = 114$ g/mol
  트라이에틸알루미늄 몰 수 = 228 g / 114 = 2 mol
- 물과 반응식 : $(C_2H_5)_3Al + 3H_2O \rightarrow Al(OH)_3 + 3C_2H_6$(에테인가스)
- 에테인가스 몰 수 : 트라이에틸알루미늄과 1 : 3 비율이므로 $2 \times 3 = 6$ mol
  에테인가스 부피 = 6 mol × 22.4 L/mol = 134.4 L

05 다음 제4류 위험물의 분자식(시성식)을 쓰시오.

(1) 산화프로필렌

(2) 메틸에틸케톤

(3) 초산메틸

(4) 클로로벤젠

(5) 사이안화수소

정답

(1) CH_3CH_2CHO
(2) $CH_3COC_2H_5$
(3) CH_3COOCH_3
(4) C_6H_5Cl
(5) HCN

[해설]

제4류 위험물 분자식

(1) 산화프로필렌(특수인화물) : CH_3CH_2CHO

(2) 메틸에틸케톤(제1석유류) : $CH_3COC_2H_5$

(3) 초산메틸(제1석유류) : CH_3COOCH_3

(4) 클로로벤젠(제2석유류) : C_6H_5Cl

(5) 사이안화수소(제1석유류) : HCN

06 다음 원통형 탱크의 내용적을 L로 구하시오. (단, 공간용적은 5 %이다)

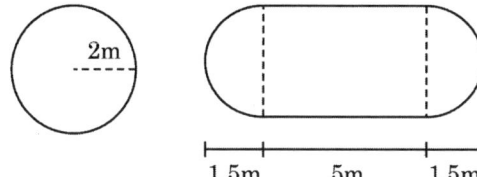

정답

71,628.1 L

[해설]

원통형 탱크 내용적

- 내용적 V = 윗면적 × 높이 환산값 = $\pi r^2 \times (l + \dfrac{l_1 + l_2}{3})$

  $= \pi \times 2^2 \times (5 + \dfrac{1.5 + 1.5}{3})$

  $= 75.398$ m^3 = 75,398 L

- 공간용적 5 % 고려한 내용적 = 75,398 × 0.95 = 71,628.1 L

2022년 4회

07 다음은 제3류 위험물인 칼륨에 대한 내용이다. 다음 주어진 물질과 반응하는 화학반응식을 쓰시오.

① 물
② 에탄올
③ 이산화탄소

정답

(1) K + H₂O → KOH + 0.5H₂
(2) K + C₂H₅OH → C₂H₅OK + 0.5H₂
(3) 4K + 3CO₂ → 2K₂CO₃ + C

[해설]
칼륨(K)과 반응하는 물질
• 물과 반응 : K + H₂O → KOH + 0.5H₂
• 에탄올과 반응 : K + C₂H₅OH → C₂H₅OK + 0.5H₂
• 이산화탄소와 반응 : 4K + 3CO₂ → 2K₂CO₃ + C

08 질산암모늄 800 g이 완전 열분해하는 경우 생성되는 모든 기체의 부피(L)를 계산하시오. (단, 1기압 600 ℃이다)

정답

2505.51 L

[해설]
질산암모늄(NH₄NO₃) 열분해 시 기체부피
• NH₄NO₃ → N₂ + 2H₂O + 0.5O₂
• 질산암모늄 몰 수 = 800 g /(14 × 2 + 1 × 4 + 16 × 3) = 10 mol
 질산암모늄과 생성기체는 1 : 3.5 비율이므로 기체 35 mol 생성
• 생성기체 부피 $V = \dfrac{nRT}{P} = \dfrac{35\,mol \times 0.082\dfrac{atm\,L}{mol\,K} \times (600+273)K}{1\,atm} = 2505.51\,L$

09 다음 보기에서 운반 시 방수성 덮개와 차광성 덮개를 모두 하여야 하는 위험물의 품명을 모두 쓰시오.

[보기]
유기과산화물, 질산, 알칼리금속의 과산화물, 염소산염류

정답

알칼리금속의 과산화물

[해설]
운반 시 피복(덮개) 기준

차광성 피복을 사용해야 하는 위험물	방수성 피복을 사용해야 하는 위험물
• 제1류 위험물 • 제3류 위험물 중 자연발화성 물질 • 제4류 위험물 중 특수인화물 • 제5류 위험물 • 제6류 위험물	• 제1류 위험물 중 알칼리금속의 과산화물 • 제2류 위험물 중 철분·금속분·마그네슘 • 제3류 위험물 중 금수성 물질

• 차광성 피복을 사용해야 하는 위험물 : 유기과산화물, 질산, <u>알칼리금속의 과산화물</u>, 염소산염류
• 방수성 피복을 사용해야 하는 위험물 : <u>알칼리금속의 과산화물</u>

10 다음은 위험물의 유별 저장 및 취급 공통기준이다. 빈칸 안에 알맞은 단어를 쓰시오.

(1) 제1류 위험물은 (①)과의 접촉·혼합이나 분해를 촉진하는 물품과의 접근 또는, 과열, 충격, 마찰 등을 피하는 한편, 알칼리금속의 과산화물 및 이를 함유한 것에 있어서는 (②)과의 접촉을 피해야 한다.

(2) 제3류 위험물 중 자연발화성 물질에 있어서는 불티, 불꽃, 고온체와의 접근, 과열 또는 (③)와의 접촉을 피하고 금수성 물질에 있어서는 (④)과의 접촉을 피해야 한다.

(3) 제6류 위험물 (⑤)과의 접촉·혼합이나 (⑥)를 촉진하는 물품과의 접근 또는 과열을 피해야 한다.

> **정답**
> ① 가연물　　② 물　　③ 공기　　④ 물　　⑤ 가연물　　⑥ 분해
>
> [해설]
> 위험물 유별 저장·취급의 공통기준
> - 제1류 위험물 : 가연물과의 접촉·혼합이나 분해를 촉진하는 물품과의 접근 또는 과열·충격·마찰 등을 피한다.
> - 제1류 위험물 중 알칼리금속의 과산화물 : 물과의 접촉을 피하여야 한다.
> - 제3류 위험물 중 자연발화성 물품 : 불티·불꽃 또는 고온체와의 접근·과열 또는 공기와의 접촉을 피한다.
> - 제3류 위험물 중 금수성 물품 : 물과의 접촉을 피한다.
> - 제6류 위험물 : 가연물과의 접촉·혼합이나 분해를 촉진하는 물품과의 접근 또는 과열을 피한다.

11 다음은 위험물안전관리법상 소화설비의 적응성에 대한 도표이다. 위험물별 소화설비 적응성이 있는 것에 ○ 표시를 하시오.

소화설비의 구분		건축물·그 밖의 공작물	전기설비	제1류 위험물		제2류 위험물			제3류 위험물		제4류 위험물	제5류 위험물	제6류 위험물
				알칼리금속의 과산화물 등	그 밖의 것	철분·금속분·마그네슘 등	인화성 고체	그 밖의 것	금수성 물품	그 밖의 것			
옥내소화전 또는 옥외소화전설비													
물분무등 소화설비	물분무소화설비												
	불활성 가스소화설비												
	할로젠화합물소화설비												

정답

소화설비의 구분		대상물 구분									
		건축물·그 밖의 공작물	전기설비	제1류 위험물		제2류 위험물			제3류 위험물			제4류 위험물	제5류 위험물	제6류 위험물
				알칼리금속의 과산화물 등	그 밖의 것	철분·금속분·마그네슘 등	인화성 고체	그 밖의 것	금수성 물품	그 밖의 것			
옥내소화전 또는 옥외소화전설비		○			○		○	○		○	○	○	○
물분무등 소화설비	물분무소화설비	○	○		○		○	○		○	○	○	○
	불활성 가스소화설비		○				○				○		
	할로젠화합물소화설비		○				○				○		

12 위험물안전관리법에서 정한 옥내저장소이다. 다음 보기를 참고하여 물음에 답하시오.

[보기]
- 저장소의 외벽은 내화구조이다.
- 연면적은 150 m²이다.
- 저장소에는 에탄올 1,000 L, 등유 1,500 L, 동식물유류 20,000 L, 특수인화물 500 L를 저장한다.

(1) 옥내저장소의 소요단위를 계산하시오.

(2) [보기]에서 위험물의 소요단위는 얼마인지 구하시오.

2022년 4회

정답

(1) 1 소요단위　(2) 1.6 소요단위

[해설]

소요단위 계산

(1) 옥내저장소 소요단위 계산

구분	내화구조	비내화구조
제조소·취급소	연면적 100 m²	연면적 50 m²
저장소	연면적 150 m²	연면적 75 m²
위험물	지정수량 10배	

옥내저장소 연면적 150 m²이므로 <u>1 소요단위</u>

(2) 위험물 소요단위 계산
- 총 지정수량 배수
  = 1,000 L / 400 L + 1,500 L / 1,000 L + 20,000 L / 10,000 L + 500 L / 50 L = 16
- 총 소요단위 = 16 / 10 = <u>1.6 소요단위</u>

---

13 위험물안전관리법상 제3류 위험물에 해당하는 금속나트륨에 대한 다음의 물음에 답하시오.

(1) 에탄올과의 반응식

(2) 에탄올과의 반응을 통해 생성되는 가연성 기체의 위험도

정답

(1) $Na + C_2H_5OH \rightarrow C_2H_5ONa + 0.5H_2$

(2) 17.75

[해설]

나트륨과 에탄올의 반응과정

(1) 에탄올(에틸알코올, C_2H_5OH)과의 반응
$Na + C_2H_5OH \rightarrow C_2H_5ONa + 0.5H_2$

(2) 위험도 = $\dfrac{상한계 - 하한계}{하한계} = \dfrac{75 - 4}{4} = 17.75$

14 다음 주어진 조건을 보고, 위험물제조소의 방화상 유효한 담의 높이는 몇 m 이상으로 하여야 하는지 구하시오.

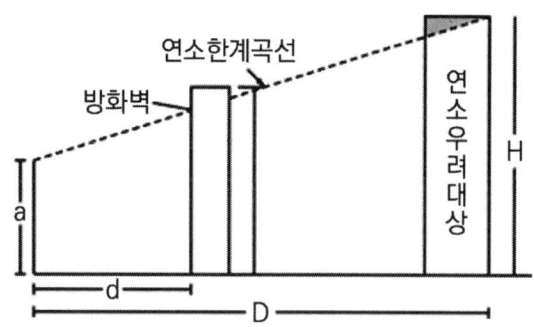

여기서, D : 제조소등과 인근 건축물 또는 공작물과의 거리(10m)
H : 인근 건축물 또한 공작물 높이(40m)
a : 제조소등의 외벽의 높이(30m)
d : 제조소등과 방화상 유효한 담과의 거리(5m)
h : 방화상 유효한 담의 높이(m)
p : 상수(0.15)

> **정답**

2 m 이상

[해설]
위험물제조소의 방화상 유효한 담의 높이
가. $H \leq pD^2 + a$인 경우
   $h = 2$
나. $H > pD^2 + a$인 경우
   $h = H - p(D^2 - d^2)$
따라서, $40 \leq 0.15 \times 10^2 + 30$이므로 $h = 2$ m

15 다음 보기에서 주어진 위험물의 완전연소반응식을 각각 적으시오. (단, 해당 없는 경우에는 "해당 없음"이라고 적으시오)

[보기]
① 질산나트륨　　② 과산화수소　　③ 메틸에틸케톤
④ 염소산암모늄　　⑤ 알루미늄분

정답

① 해당 없음
② 해당 없음
③ $CH_3COC_2H_5 + 11O_2 \rightarrow 8CO_2 + 8H_2O$
④ 해당 없음
⑤ $4Al + 3O_2 \rightarrow 2Al_2O_3$

[해설]
위험물의 완전연소반응식
① 질산나트륨($NaNO_3$) : 제1류 위험물(불연성)
② 과산화수소(H_2O_2) : 제6류 위험물(불연성)
③ 메틸에틸케톤($CH_3COC_2H_5$) : 제4류 위험물(가연성)
　　※ 완전연소반응식 : $CH_3COC_2H_5 + 11O_2 \rightarrow 8CO_2 + 8H_2O$
④ 염소산암모늄(NH_4ClO_3) : 제1류 위험물(불연성)
⑤ 알루미늄분(Al) : 제2류 위험물(가연성)
　　※ 완전연소반응식 : $4Al + 3O_2 \rightarrow 2Al_2O_3$

16 다음은 위험물안전관리법령에서 정하는 제조소와의 안전거리의 기준으로 빈칸을 알맞게 채우시오.

건축물 종류	안전거리[m] 이상
주거용으로 사용되는 것(제조소가 설치된 부지 내에 있는 것을 제외한다)	(①)
학교·병원·극장 그 밖에 다수인을 수용하는 시설	(②)
지정문화유산 및 천연기념물 등	(③)
고압가스, 액화석유가스 또는 도시가스를 저장 또는 취급하는 시설	(④)
사용전압이 7,000 V 초과 35,000 V 이하의 특고압가공전선	(⑤)
사용전압이 35,000 V를 초과하는 특고압가공전선	(⑥)

[정답]

① 10 ② 30 ③ 50
④ 20 ⑤ 3   ⑥ 5

[해설]

위험물제조소와의 안전거리 기준

시설 종류	안전거리
지정문화유산 및 천연기념물 등	50 m 이상
병원·학교·극장	30 m 이상
고압가스·액화석유가스	20 m 이상
주거용 건축물	10 m 이상
전압 35,000 V 초과 특고압전선	5 m 이상
전압 7,000 ~ 35,000 V 특고압전선	3 m 이상

17 다음 제6류 위험물에 대한 물음에 답하시오.

(1) 과염소산의 열분해반응식

(2) 이산화망간 촉매하에 과산화수소 열분해반응식

정답

(1) $HClO_4 \rightarrow HCl + 2O_2$

(2) $H_2O_2 \xrightarrow{MnO_2} H_2O + 0.5O_2$

[해설]
제6류 위험물 열분해반응식
(1) 과염소산($HClO_4$)의 열분해반응식 : $HClO_4 \rightarrow HCl + 2O_2$
(2) 이산화망간(MnO_2) 촉매하에 과산화수소(H_2O_2) 열분해반응식

$$H_2O_2 \xrightarrow{MnO_2} H_2O + 0.5O_2$$

18 위험물안전관리법에 따른 안전관리자, 위험물운반자, 위험물운송자, 탱크시험자에 대한 교육에 관한 내용으로 빈칸에 알맞은 말을 쓰시오.

교육과정	교육대상자	교육시간	교육기관
강습교육	(①)가 되려는 사람	24시간	안전원
	(②)가 되려는 사람	8시간	
	(③)가 되려는 사람	16시간	
실무교육	(①)	8시간	
	(②)	4시간	
	(③)	8시간	
	(④)의 기술인력	8시간	기술원

정답
① 안전관리자
② 위험물운반자
③ 위험물운송자
④ 탱크시험자

[해설]

교육과정	교육대상자	교육시간	교육기관
강습교육	안전관리자가 되려는 사람	24시간	안전원
	위험물운반자가 되려는 사람	8시간	
	위험물운송자가 되려는 사람	16시간	
실무교육	안전관리자	8시간	
	위험물운반자	4시간	
	위험물운송자	8시간	
	탱크시험자의 기술인력	8시간	기술원

19 다음 보기에서 제2석유류에 대한 설명으로 맞는 것을 모두 고르시오.

[보기]
⑴ 등유, 경유이다.
⑵ 산화제이다.
⑶ 1기압에서 인화점이 70 ℃ 이상 200 ℃ 미만인 것을 말한다.
⑷ 대부분 물에 잘 녹는다.
⑸ 도료류, 그 밖의 물품은 가연성 액체량이 40 wt% 이하이면서 인화점이 40 ℃ 이상인 동시에 연소점이 60 ℃ 이상인 것은 제외한다.

2022년 4회

정답

(1), (5)

[해설]
제2석유류
- 등유, 경유, 그 밖에 1기압에서 인화점이 21 ℃이상 70 ℃ 미만인 것
- 도료류, 그 밖의 물품은 가연성 액체량이 40 wt% 이하이면서 인화점이 40 ℃ 이상인 동시에 연소점이 60 ℃ 이상인 것은 제외
- 인화성 액체로 물에 잘 녹는 수용성과 녹지 않는 지용성이 모두 존재
- 제4류 위험물 : 산화제가 아닌 산소를 받아 연소하는 환원제

20 분자량이 78의 휘발성이 있는 액체로 독특한 냄새가 나며, 수소첨가반응으로 사이클로헥세인을 생성하는 물질에 대해 다음 물음에 답하시오.

(1) 화학식

(2) 위험등급

(3) 위험물안전카드 휴대 여부(단, 해당 없는 경우에는 "해당 없음"이라고 적으시오)

(4) 장거리(고속국도에 있어서는 340 km 이상, 그 밖의 도로에 있어서는 200 km 이상에 걸치는 운송을 하는 때에 2명 이상의 운전자 필요여부 (단, 해당 없는 경우에는 "해당 없음"이라고 적으시오)

정답

(1) 벤젠[C_6H_6]
(2) 위험등급 Ⅱ
(3) 휴대해야 한다.
(4) 해당 없음

[해설]

벤젠[C_6H_6]

| 구조식 C_6H_6 |  |

① 분자량 M은 78 g/mol로 제1석유류로 위험등급 Ⅱ에 속한다.
② 자극성 냄새가 나고 어는점 5.5℃, 인화점 -11℃로 고체 상태에서 인화 위험성이 존재한다.
③ 연소반응식 : $C_6H_6 + 7.5O_2 \rightarrow 6CO_2 + 3H_2O$
④ 위험물(제4류 위험물에 있어서는 특수인화물 및 제1석유류에 한한다)을 운송하게 하는 자는 위험물안전카드를 위험물운송자로 하여금 휴대하게 할 것
⑤ 위험물운송자는 장거리에 걸치는 운송을 하는 때에는 2명 이상의 운전자로 할 것. 다만 다음에 해당하는 경우에는 그러하지 아니하다.
　1) 운송책임자를 동승시킨 경우
　2) 운송하는 위험물이 제2류 위험물·제3류 위험물(칼슘 또는 알루미늄의 탄화물과 이것만을 함유한 것에 한한다)또는 제4류 위험물(특수인화물을 제외한다)인 경우
　3) 운송도중에 2시간 이내마다 20분 이상씩 휴식하는 경우

2021 1회

01 제2류 위험물인 마그네슘 화재 시 이산화탄소로 소화하면 소화효과가 없다. 이유를 반응식과 함께 적으시오.

(1) 반응식

(2) 이유

정답

(1) $2Mg + CO_2 \rightarrow 2MgO + C$
(2) 마그네슘과 이산화탄소 반응 시 폭발적인 반응을 하여 탄소 발생

[해설]
마그네슘(Mg)과 이산화탄소(CO_2) 반응
- $2Mg + CO_2 \rightarrow 2MgO + C$
- 마그네슘과 이산화탄소 반응 시 폭발적인 반응을 하여 탄소 발생

02 다음 보기의 제4류 위험물 중 지정수량을 옳게 나타낸 것을 번호로 쓰시오.

[보기]
① 테레핀유 - 2,000 L
② 실린더유 - 6,000 L
③ 아닐린 - 2,000 L
④ 피리딘 - 400 L
⑤ 산화프로필렌 - 200 L

정답

②, ③, ④

[해설]
제4류 위험물 지정수량

① 테레핀유(제2석유류 중 비수용성) - 1,000 L
② 실린더유(제4석유류) - 6,000 L
③ 아닐린(제3석유류 중 비수용성) - 2,000 L
④ 피리딘(제1석유류 중 수용성) - 400 L
⑤ 산화프로필렌(특수인화물) - 50 L

03 다음 분말소화약제의 1차 분해반응식을 적으시오.

(1) 제1종 분말소화약제
(2) 제2종 분말소화약제

정답

(1) $2NaHCO_3 \rightarrow Na_2CO_3 + CO_2 + H_2O$
(2) $2KHCO_3 \rightarrow K_2CO_3 + CO_2 + H_2O$

[해설]
분말소화약제 분해반응식

- 제1종 분말소화약제
  1차 분해반응식 (270 ℃) : $2NaHCO_3 \rightarrow Na_2CO_3 + CO_2 + H_2O$
  2차 분해반응식 (850 ℃) : $2NaHCO_3 \rightarrow Na_2O + 2CO_2 + H_2O$
- 제2종 분말소화약제
  1차 분해반응식(190 ℃) : $2KHCO_3 \rightarrow K_2CO_3 + CO_2 + H_2O$
  2차 분해반응식(590 ℃) : $2KHCO_3 \rightarrow K_2O + 2CO_2 + H_2O$
- 제3종 분말소화약제
  1차 분해반응식(190 ℃) : $NH_4H_2PO_4 \rightarrow NH_3 + H_3PO_4$(오쏘인산)
  2차 분해반응식(215 ℃) : $2H_3PO_4 \rightarrow H_2O + H_4P_2O_7$(피로인산)
  3차 분해반응식(300 ℃) : $H_4P_2O_7 \rightarrow H_2O + 2HPO_3$(메타인산)

04 위험물안전관리법령에 따른 자체소방대에 관한 기준이다. 다음 표의 빈칸에 알맞은 답을 쓰시오.

사업소 구분	화학소방자동차	자체소방대원
제조소 또는 일반취급소에서 취급하는 제4류 위험물의 최대수량의 합이 지정수량의 3천 배 이상 12만 배 미만인 사업소	(①) 대	(②) 명
제조소 또는 일반취급소에서 취급하는 제4류 위험물의 최대수량의 합이 지정수량의 12만 배 이상 24만 배 이하인 사업소	(③) 대	(④) 명
제조소 또는 일반취급소에서 취급하는 제4류 위험물의 최대수량의 합이 지정수량의 24만 배 이상 48만 배 이하인 사업소	(⑤) 대	(⑥) 명
제조소 또는 일반취급소에서 취급하는 제4류 위험물의 최대수량의 합이 지정수량의 48만 배 이상인 사업소	(⑦) 대	(⑧) 명

정답

① 1 ② 5 ③ 2 ④ 10 ⑤ 3 ⑥ 15 ⑦ 4 ⑧ 20

[해설]
화학소방자동차 대수별 자체소방대원 수

사업소 구분(제4류 위험물 지정수량)	화학소방자동차	자체소방대원
3천 배 이상 12만 배 미만	1대	5명
12만 배 이상 24만 배 미만	2대	10명
24만 배 이상 48만 배 미만	3대	15명
48만 배 이상	4대	20명

05
다음은 지정과산화물의 옥내저장소의 저장창고의 설치기준이다. 빈칸 안에 알맞은 답을 쓰시오.

> 저장창고는 (①) m² 이내마다 격벽으로 완전하게 구획할 것. 이 경우 당해 격벽은 두께 (②) cm 이상의 철근콘크리트조 또는 철골철근콘크리트조로 하거나 두께 (③) cm 이상의 보강콘크리트블록조로 하고, 당해 저장창고 양측의 외벽으로부터 (④) m 이상, 상부의 지붕으로부터 (⑤) cm 이상 돌출하게 하여야 한다.

정답

① 150 ② 30 ③ 40 ④ 1 ⑤ 50

[해설]
옥내저장소 저장창고 격벽기준
저장창고는 150 m² 이내마다 격벽으로 완전하게 구획할 것. 이 경우 당해 격벽은 두께 30 cm 이상의 철근콘크리트조 또는 철골철근콘크리트조로 하거나 두께 40 cm 이상의 보강콘크리트블록조로 하고, 당해 저장창고 양측의 외벽으로부터 1 m 이상, 상부의 지붕으로부터 50 cm 이상 돌출하게 하여야 한다.

06
아이소프로필알코올을 산화시켜 만든 것으로 아이오딘폼 반응을 하는 제1석유류에 대한 다음 각 물음에 답을 쓰시오.

(1) 아이오딘폼 반응을 하는 위험물의 명칭

(2) 아이오딘폼의 화학식

(3) 아이오딘폼 색깔

정답

(1) 아세톤
(2) CHI_3
(3) 노란색

[해설]
아이오딘폼 반응을 하는 위험물
- 아이소프로필알코올(CH₃CH(OH)CH₃) 산화반응

  $$CH_3CH(OH)CH_3 \xrightarrow{-H_2} CH_3COCH_3 (아세톤)$$

- 아세톤 : 아이오딘폼반응을 하는 물질 중 하나
- 아이오딘폼
  화학식 : CHI_3
  색깔 : 노란색

07 이황화탄소 5 kg이 모두 증발할 때 발생하는 부피는 1기압, 50 ℃에서 몇 m³인가?

정답

1.74 m³

[해설]
이황화탄소(CS_2) 기체부피
- 이황화탄소 분자량 = 12×1 + 32×2 = 76 g/mol
- 이황화탄소 몰수 = 5000 g / 76 = 65.79 mol
- 이황화탄소 부피

$$V = \frac{nRT}{P} = \frac{65.79 \times 0.082 \frac{atm \cdot L}{mol \cdot K} \times (50+273)K}{1 atm} = 1,742.51 \text{ L} = 1.74 \text{ m}^3$$

08 위험안전관리법령에서 정한 다음 용어의 정의를 쓰시오.

(1) 인화성 고체

(2) 철분

정답

(1) 고형알코올 그 밖에 1기압에서 인화점이 섭씨 40 ℃ 미만인 고체
(2) 철 분말로 53 μm 표준체 통과하는 50 중량% 이상

[해설]
제2류 위험물 정의
- 황 : 순도 60 중량% 이상
- 철분 : 철 분말로 53 μm 표준체 통과하는 50 중량% 이상
- 금속분 : 금속 분말로 150 μm 표준체 통과하는 50 중량% 이상
- 마그네슘 : 직경 2 mm 이상이거나 2 mm 체를 통과 못하는 덩어리 제외
- 인화성 고체 : 고형알코올 그 밖에 1기압에서 인화점이 섭씨 40 ℃ 미만인 고체

09 다음은 옥외탱크저장소의 특례 기준이다. 빈칸에 들어갈 위험물을 쓰시오.

(1) • (①) 등을 취급하는 설비의 주위에는 누설범위를 국한하기 위한 설비 및 누설된 물질을 안전한 장소에 설치된 조에 이끌어 들일 수 있는 설비를 설치할 것
 • 불활성 기체를 봉입하는 장치를 설치할 것
(2) • (②) 등을 취급하는 설비는 수은·은·구리·마그네슘 또는 이들을 성분으로 하는 합금을 만들지 아니할 것
 • 연소성 혼합기체의 생성에 의한 폭발을 방지하기 위한 불활성 기체를 봉합하는 장치를 설치할 것
(3) • (③) 등을 취급하는 설비에는 온도 상승에 의한 위험한 반응을 방지하기 위한 조치를 강구할 것
 • 철 이온 등의 혼합에 의한 위험한 반응을 방지하기 위한 조치를 강구할 것

정답

① 알킬알루미늄　② 아세트알데하이드　③ 하이드록실아민

[해설]

옥외탱크저장소의 특례 기준
- 알킬알루미늄 등을 취급하는 설비
  - 누설범위를 국한하기 위한 설비 및 누설된 물질을 안전한 장소에 설치된 조에 이끌어 들일 수 있는 설비를 설치할 것
  - 불활성 기체를 봉입하는 장치를 설치할 것
- 아세트알데하이드 등을 취급하는 설비
  - 수은·은·구리·마그네슘 또는 이들을 성분으로 하는 합금을 만들지 아니할 것
  - 연소성 혼합기체의 생성에 의한 폭발을 방지하기 위한 불활성 기체를 봉합하는 장치를 설치할 것
- 하이드록실아민 등을 취급하는 설비
  - 온도 상승에 의한 위험한 반응을 방지하기 위한 조치를 강구할 것
  - 철 이온 등의 혼합에 의한 위험한 반응을 방지하기 위한 조치를 강구할 것

10 제3류 위험물인 탄화칼슘에 대하여 다음 물음에 답하시오.

(1) 탄화칼슘과 물과의 반응식

(2) (1)에서 생성된 기체의 완전연소반응식

정답

(1) $CaC_2 + 2H_2O \rightarrow Ca(OH)_2 + C_2H_2$

(2) $C_2H_2 + 2.5O_2 \rightarrow 2CO_2 + H_2O$

[해설]

탄화칼슘(CaC_2) 반응
- 물과의 반응식 : $CaC_2 + 2H_2O \rightarrow Ca(OH)_2 + C_2H_2$(아세틸렌가스)
- 아세틸렌 완전연소반응식 : $C_2H_2 + 2.5O_2 \rightarrow 2CO_2 + H_2O$

11 다음은 제조소의 배출설비 기준이다. 다음 빈칸에 알맞은 답을 쓰시오.

(1) 배출능력은 1시간당 배출장소 용적의 (①)배 이상인 것으로 하여야 한다. 다만 전역방식의 경우에는 바닥면적 $1m^2$당 (②) m^3 이상으로 할 수 있다.
(2) 배출구는 지상 (③) m 이상으로서 연소의 우려가 없는 장소에 설치하고, (④)가 관통하는 벽부분의 바로 가까이에 화재 시 자동으로 폐쇄하는 (⑤)를 설치할 것

정답

① 20 ② 18 ③ 2 ④ 배출덕트 ⑤ 방화댐퍼

[해설]
제조소 배출설비 기준
- 배출능력은 1시간당 배출장소 용적의 20배 이상인 것으로 하여야 한다. 다만 전역방식의 경우에는 바닥면적 $1m^2$당 18 m^3 이상으로 할 수 있다.
- 배출구는 지상 2 m 이상으로서 연소의 우려가 없는 장소에 설치하고, 배출덕트가 관통하는 벽부분의 바로 가까이에 화재 시 자동으로 폐쇄하는 방화댐퍼를 설치할 것

12 다음 수납하는 위험물의 운반용기 외부에 표시하여야 하는 주의사항을 적으시오.

(1) 과산화나트륨
(2) 인화성 고체
(3) 황린

정답

(1) 화기·충격주의, 가연물접촉주의 물기엄금
(2) 화기엄금
(3) 화기엄금, 공기접촉엄금

[해설]
위험물 운반용기 외부 표시

종류	위험등급	품명	운반용기 외부 표시	제조소등 표시
제1류위험물	I	무기과산화물 중 알칼리금속의 과산화물	화기·충격주의 가연물접촉주의 물기엄금	물기엄금
제2류 위험물	III	인화성 고체	화기엄금	화기엄금
제3류 위험물	I	황린	화기엄금, 공기접촉엄금	화기엄금

13 과산화수소는 이산화망간 촉매하에 반응하여 햇빛에 의하여 분해가 된다. 다음 물음에 답을 쓰시오.

(1) 분해반응식
(2) 생성되는 기체의 명칭

> 정답
>
> (1) $H_2O_2 \rightarrow H_2O + 0.5O_2$ (2) 산소
>
> [해설]
> 과산화수소(H_2O_2) 분해반응
> • 분해반응식 : $H_2O_2 \rightarrow H_2O + 0.5O_2$
> • 분해 시 O_2(산소) 생성

14 제5류 위험물의 운반용기 외부표시 주의사항을 적으시오.

> 정답
>
> 화기엄금, 충격주의

[해설]
제5류 위험물 지정수량

종류	위험등급	품명	소화방법	지정수량	운반용기 외부 표시	제조소등 표시
제5류 위험물	I II	유기과산화물 질산에스터 나이트로화합물 나이트로소화합물 아조화합물 다이아조화합물 하이드라진유도체 하이드록실아민 하이드록실아민염류	냉각소화	10 kg 100 kg	화기엄금 충격주의	화기엄금

15 질산암모늄의 구성성분 중 질소와 수소의 함량을 wt%로 구하시오.

정답

질소 : 35 wt%   수소 : 5 wt%

[해설]

질산암모늄(NH_4NO_3) 원소 함량

- 질산암모늄 1 mol 기준 질량 = 14×2 + 1×4 + 16×3 = 80 g
  질소 질량 = 14×2 = 28 g
  수소 질량 = 1×4 = 4 g
- 질소 함량 = 28 g / 80 g = 0.35 = 35 wt%
  수소 함량 = 4 g / 80 g = 0.05 = 5 wt%

16 위험물안전관리법령상 옥외저장탱크의 소화난이도 등급 I 의 제조소 등에 해당되는 것을 보기에서 골라 쓰시오. (단, 없으면 없음으로 표기하시오)

> ① 질산 60,000 kg을 저장하는 옥외저장탱크
> ② 과산화수소 액표면적이 40 m²인 옥외저장탱크
> ③ 이황화탄소 500 L를 저장하는 옥외저장탱크
> ④ 황 14,000 kg을 저장하는 옥외저장탱크
> ⑤ 휘발유 100,000 L를 저장하는 해상탱크

정답

④, ⑤

[해설]

옥외탱크저장소의 소화난이도 등급 I
- 액표면적이 40 m² 이상인 것(제6류를 저장하는 것 및 고인화점 위험물만을 100 ℃ 미만의 온도에서 저장하는 것은 제외)
- 높이 : 지반면으로부터 탱크 옆판 상단까지 높이 6 m 이상인 것(제6류를 저장하는 것 및 고인화점 위험물만을 100 ℃ 미만의 온도에서 저장하는 것은 제외)
- 지정수량 : 지중탱크 또는 해상탱크로서 지정수량 100배 이상인 것(제6류를 저장하는 것 및 고인화점 위험물만을 100 ℃ 미만의 온도에서 저장하는 것은 제외)
- 고체위험물을 저장하는 것으로서 지정수량 100배 이상인 것
   ① 질산 60,000 kg을 저장하는 옥외저장탱크 : 액체 위험물이므로 제외
   ② 과산화수소 액표면적이 40 m²인 옥외저장탱크 : 제6류 위험물이므로 제외
   ③ 이황화탄소 500 L를 저장하는 옥외저장탱크 : 지정수량 10배이므로 제외
   ④ 황 14,000 kg을 저장하는 옥외저장탱크 : 고체이고, 지정수량 140배이므로 소화난이도 I
   ⑤ 휘발유 100,000 L를 저장하는 해상탱크 : 지정수량 500배이므로 소화난이도 I

17 다음 표를 보고 물음에 답하시오.

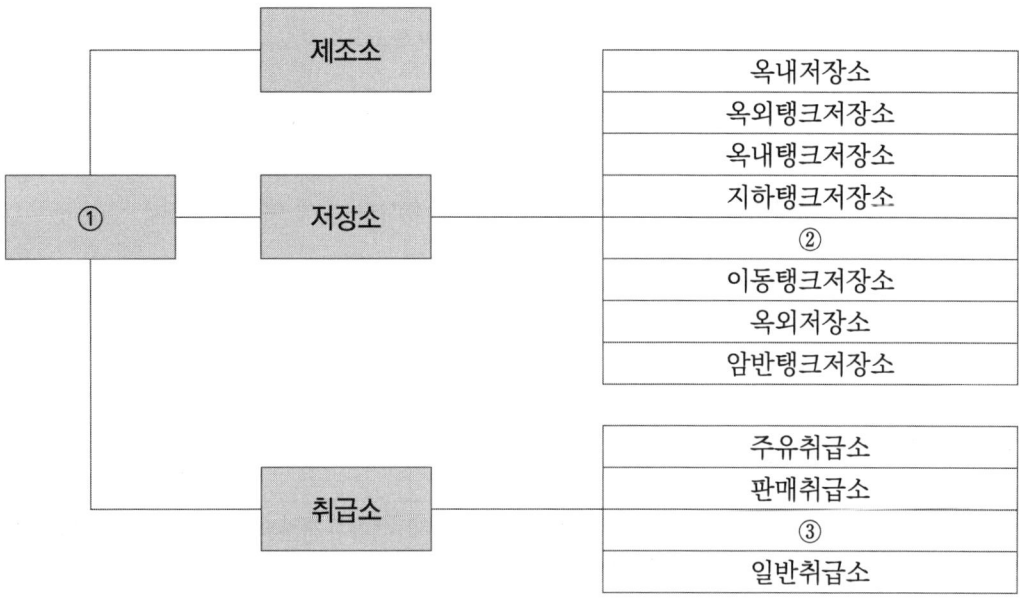

(1) 제조소, 저장소, 취급소 등을 모두 포함하는 ①의 명칭
(2) ②의 명칭
(3) 위험물안전관리자를 선임하지 아니하여도 되는 저장소의 종류
(4) ③의 명칭
(5) 일반취급소 중 액체위험물을 용기에 옮겨 담는 취급소의 명칭

> **정답**
>
> (1) 제조소등
> (2) 간이탱크저장소
> (3) 이동탱크저장소
> (4) 이송취급소
> (5) 충전하는 일반취급소

[해설]
제조소등 기준
- ① 제조소 : 제조소, 저장소, 취급소를 모두 포함하는 것
- ② 간이탱크저장소
- 위험물관리자를 선임하지 않아도 되는 저장소 : 이동탱크저장소
- ③ 이송취급소
- 충전하는 일반취급소 : 이동저장탱크 그 밖에 유사한 것에 액체위험물을 주입하는 일반취급소

18 다음 표를 보고 물음에 답하시오.

"알코올류"라 함은 1분자를 구성하는 탄소 원자의 수가 1개부터 (①)개까지인 포화 1가 알코올을 말한다. 다만 다음 각 목의 1에 해당하는 것은 제외한다.
1. 알코올 함유량이 (②) 중량% 미만인 수용액
2. 가연성 액체량이 60 중량% 미만이고, 인화점 및 연소점이 에틸알코올 (③) 중량%인 수용액의 인화점 및 연소점을 초과하는 것

정답

① 3 ② 60 ③ 60

[해설]
알코올류 정의와 제외기준
"알코올류"라 함은 1분자를 구성하는 탄소 원자의 수가 1개부터 3개까지인 포화 1가 알코올을 말한다. 다만 다음 각 목의 1에 해당하는 것은 제외한다.
1. 알코올 함유량이 60 중량% 미만인 수용액
2. 가연성 액체량이 60 중량% 미만이고, 인화점 및 연소점이 에틸알코올 60 중량%인 수용액의 인화점 및 연소점을 초과하는 것

19 제4류 위험물인 메틸알코올에 대한 다음 각 물음에 답을 쓰시오.

(1) 완전연소반응식

(2) 메틸알코올 1몰에 대한 생성되는 물질 몰수의 총합

정답

(1) $CH_3OH + 1.5O_2 \rightarrow CO_2 + 2H_2O$ (2) 3 mol

[해설]

메틸알코올(메탄올, CH_3OH) 연소반응식

- $CH_3OH + 1.5O_2 \rightarrow CO_2 + 2H_2O$
- 메탄올 1 mol당 CO_2 1 mol과 H_2O 2 mol, 총 3 mol 생성

20 다음 그림을 보고 탱크의 내용적(m^3)을 구하시오.

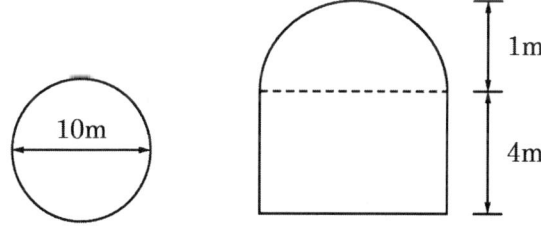

정답

314.16 m^3

[해설]

탱크의 내용적

내용적 V = 윗면적 × 높이 = $\pi r^2 \times L = \pi \times 5^2 \times 4 = 314.16 \, m^3$

TIP 종으로 설치된 원통형 탱크는 윗부분 높이를 고려하지 않는다.

2021 2회

01 아세톤이 완전연소하는 반응식을 쓰고 아세톤 200 g이 연소하는 데 필요한 이론공기량(L)과 탄산가스 부피(L)를 구하시오. (단, 표준상태이며 공기 중 산소의 부피 비는 21 %이다)

(1) 아세톤의 완전연소반응식

(2) 완전연소에 필요한 이론공기량(L)

(3) 완전연소 시 발생하는 탄산가스의 부피(L)

정답

(1) $CH_3COCH_3 + 4O_2 \rightarrow 3CO_2 + 3H_2O$

(2) 1,471.90 L

(3) 231.84 L

[해설]

아세톤(CH_3COCH_3) 완전연소반응

- 완전연소반응식 : $CH_3COCH_3 + 4O_2 \rightarrow 3CO_2 + 3H_2O$
- 아세톤 몰 수 = 200 g/(12×3 + 16×1 + 1×6) = 3.45 mol
- 산소 몰 수 : 아세톤과 산소는 1 : 4 비율이므로 산소 3.45×4 = 13.8 mol
  필요공기 몰 수 = 13.8 mol×100/21(농도 21 %) = 65.71 mol
  필요공기 부피 = 65.71 mol×22.4 L/mol = 1,471.90 L
- 이산화탄소 부피 : 아세톤과 이산화탄소는 1 : 3 비율이므로 3.45×3 = 10.35 mol
  이산화탄소 부피 = 10.35 mol×22.4 L/mol = 231.84 L

02 위험물안전관리법령상 옥내소화전설비에 대하여 다음 물음에 알맞은 답을 쓰시오.

(1) 옥내소화전 하나의 호스접속구까지의 수평거리를 적으시오.

(2) 수원의 수량은 옥내소화전이 가장 많이 설치된 층의 옥내소화전 설치개수에 얼마를 곱한 양(m^3) 이상이 되도록 설치하여야 하는지 쓰시오.

(3) 동시에 사용할 경우 각 노즐 선단의 방수압력[kPa]과 방수량은 몇 [L/min]인지 쓰시오.

정답

(1) 25 m 이하
(2) 7.8 m³
(3) 방수압 : 350 kPa 방수량 : 260 L/min

[해설]
옥내소화전설비 기준

구분	옥내소화전설비
수원량	가장 많이 설치된 층 소화전 수(최대 5개) × 7.8 m³(260 L/min × 30 min)
방수압	350 kPa 이상
호스접속구까지 수평거리	25 m 이하
방수량	260 L/min 이상

03 다음 [보기]를 보고 다음 물음에 답하시오.

[보기]

아세톤, 메틸에틸케톤, 아닐린, 클로로벤젠, 에탄올

(1) 인화점이 가장 낮은 물질을 쓰시오.
(2) (1)의 구조식을 쓰시오.
(3) 제1석유류를 모두 골라 쓰시오.

정답

(1) 아세톤
(2)
$$CH_3 - \underset{\underset{O}{\|}}{C} - CH_3$$
(3) 아세톤, 메틸에틸케톤

2021년 2회

[해설]

제4류 위험물 구분

- 인화점 구분

  아세톤(제1석유류) : -18 ℃
  메틸에틸케톤(제1석유류) : -9 ℃
  아닐린(제3석유류) : 76 ℃
  클로로벤젠(제2석유류) : 29 ℃
  메탄올(알코올류) : 11 ℃

아세트 구조식	$CH_3 - \overset{\overset{\displaystyle O}{\|}}{C} - CH_3$

04 다음은 제3류 위험물인 칼륨에 대한 내용이다. 다음 위험물과 반응하는 반응식을 쓰시오.

① 물	② 에탄올	③ 이산화탄소

정답

① $K + H_2O \rightarrow KOH + 0.5H_2$
② $K + C_2H_5OH \rightarrow C_2H_5OK + 0.5H_2$
③ $4K + 3CO_2 \rightarrow 2K_2CO_3 + C$

[해설]

칼륨(K)과 반응하는 물질

- 물과 반응 : $K + H_2O \rightarrow KOH + 0.5H_2$
- 에탄올과 반응 : $K + C_2H_5OH \rightarrow C_2H_5OK + 0.5H_2$
- 이산화탄소와 반응 : $4K + 3CO_2 \rightarrow 2K_2CO_3 + C$

05 다음 [보기] 중에서 염산과 반응하여 제6류 위험물을 생성하는 물질이 물과 반응하는 반응식을 쓰시오.

---[보기]---
과염소산암모늄, 과망가니즈산칼륨, 과산화나트륨, 마그네슘

정답

$Na_2O_2 + H_2O \rightarrow 2NaOH + 0.5O_2$

[해설]
염산과 반응해 제6류 위험물을 생성하는 물질
- 알칼리금속의 과산화물과 초산·염산 반응 시 과산화수소(H_2O_2, 제6류 위험물) 생성
- Na_2O_2(과산화나트륨) + 2HCl → 2NaCl + H_2O_2
- 과산화나트륨과 물 반응 : $Na_2O_2 + H_2O \rightarrow 2NaOH + 0.5O_2$

06 제2류 위험물에 동소체가 있는 자연발화성 물질인 제3류 위험물에 대하여 다음 물음에 답하시오.

(1) 연소반응식을 쓰시오.
(2) 위험등급을 쓰시오.
(3) 옥내저장소에 저장할 경우 바닥면적을 쓰시오.

정답

(1) $P_4 + 5O_2 \rightarrow 2P_2O_5$
(2) 위험등급 I
(3) 1,000 m^3

[해설]
제3류 위험물 중 자연발화성 물질(황린)
- 연소반응식 : $P_4 + 5O_2 \rightarrow 2P_2O_5$
- 위험등급 I

• 옥내저장소 바닥면적 기준

바닥면적	저장하는 위험물
1,000 m² 이하	• 제1류 위험물 중 아염소산염류, 염소산염류, 과염소산염류, 무기과산화물 그 밖에 지정수량이 50 kg인 위험물 • 제3류 위험물 중 칼륨, 나트륨, 알킬알루미늄, 알킬리튬 그 밖에 지정수량이 10 kg인 위험물 및 황린 • 제4류 위험물 중 특수인화물, 제1석유류 및 알코올류 • 제5류 위험물 중 유기과산화물, 질산에스터류 그 밖에 지정수량이 10 kg인 위험물 • 제6류 위험물
2,000 m² 이하	그 외의 위험물
1,500 m² 이하	위의 위험물을 내화구조의 격벽으로 완전히 구획된 실에 각각 저장하는 창고

07 위험물안전관리법령상 옥외탱크저장소의 보유공지에 관한 내용이다. 다음 빈칸에 알맞은 내용을 적으시오.

저장 또는 취급하는 위험물 최대수량	공지너비
지정수량의 500배 이하	(①) m 이상
지정수량의 500배 초과 1,000배 이하	(②) m 이상
지정수량의 1,000배 초과 2,000배 이하	(③) m 이상
지정수량의 2,000배 초과 3,000배 이하	(④) m 이상
지정수량의 3,000배 초과 4,000배 이하	(⑤) m 이상

정답

① 3 ② 5 ③ 9 ④ 12 ⑤ 15

[해설]
옥외탱크저장소 보유공지

위험물 최대수량	공지너비
지정수량의 500배 이하	3 m 이상
지정수량의 500 ~ 1,000배 이하	5 m 이상
지정수량의 1,000 ~ 2,000배 이하	9 m 이상
지정수량의 2,000 ~ 3,000배 이하	12 m 이상
지정수량의 3,000 ~ 4,000배 이하	15 m 이상

08 다음 위험물을 지정수량 이상 운반할 때 혼재가 불가능한 위험물의 유별을 모두 쓰시오.

(1) 제1류 위험물 (2) 제2류 위험물 (3) 제3류 위험물
(4) 제4류 위험물 (5) 제5류 위험물

정답

(1) 제2, 3, 4, 5류 (2) 제1, 3, 6류 (3) 제1, 2, 5, 6류
(4) 제1, 6류 (5) 제1, 3, 6류

[해설]
운반 시 혼재 가능 위험물

위험물 종류			혼재 여부
1↓	6		혼재 가능
2↓	5↑	4	혼재 가능
3→	4↑		혼재 가능

TIP 1 2 3 4 5 6을 화살표 방향으로 적고 가운데에 4를 적어서 같은 줄이 혼재 가능 위험물

2021년 2회

09 위험물안전관리법령에 따른 옥외저장탱크·옥내저장탱크 또는 지하탱크저장소에서 다음 물질을 저장·취급할 경우 다음 물음에 알맞은 답을 쓰시오.

> ① 산화프로필렌 : 압력탱크 외의 탱크에 저장할 경우 (①)℃ 이하의 온도로 유지할 것
> ② 아세트알데하이드 등 : 압력탱크 외의 탱크에 저장할 경우 (②)℃ 이하의 온도로 유지할 것
> ③ 아세트알데하이드 등 : 압력탱크에 저장할 경우 (③)℃ 이하의 온도로 유지할 것
> ④ 다이에틸에터 등 : 압력탱크에 저장할 경우 (④)℃ 이하의 온도로 유지할 것
> ⑤ 다이에틸에터 등 : 압력탱크 외의 탱크에 저장할 경우 (⑤)℃ 이하의 온도로 유지할 것

정답

① 30   ② 15   ③ 40   ④ 40   ⑤ 30

[해설]

탱크 저장온도

- 옥내·외저장탱크 또는 지하저장탱크 중 압력탱크 외의 탱크에 저장 시 온도
  산화프로필렌·다이에틸에터 : 30℃ 이하
  아세트알데하이드 : 15℃ 이하
- 옥내·외저장탱크 또는 지하저장탱크 중 압력탱크에 저장 시 온도
  아세트알데하이드·다이에틸에터 등 : 40℃ 이하
- 아세트알데하이드·다이에틸에터 등 이동저장탱크에 저장 시 온도
  보냉장치가 있는 경우 : 비점 이하
  보냉장치가 없는 경우 : 40℃ 이하

10 제4류 위험물인 특수인화물 중 물속에 저장하는 위험물에 대하여 다음 물음에 답하시오.

(1) 이 물질이 연소 시 생성되는 유독성 물질을 화학식으로 쓰시오.

(2) 이 물질의 증기비중을 구하시오.

(3) 이 물질을 옥외저장탱크에 저장할 경우 철근콘크리트 수조의 두께는 몇 m 이상으로 해야 하는지 쓰시오.

정답

(1) SO_2 (2) 2.62 (3) 0.2 m

[해설]

이황화탄소(CS_2)

- 연소반응식 : $CS_2 + 3O_2 \rightarrow CO_2 + 2SO_2$
- 증기비중 = (12 + 32×2) / 29 = 2.62
- 이황화탄소를 저장하는 옥외저장탱크는 벽 및 바닥 두께 0.2 m 이상인 철근콘크리트 수조에 넣어 보관한다.

11 위험물안전관리법령에 따른 위험물 저장·취급기준이다. 다음 빈칸을 채우시오.

(1) 제3류 위험물 중 자연발화성 물질에 있어서는 불티·불꽃 또는 고온체와의 접근·과열 또는 (①)와의 접촉을 피하고, 금수성 물질에 있어서는 물과의 접촉을 피한다.

(2) (②) 위험물은 불티·불꽃·고온체와 접근이나 과열·충격 또는 마찰을 피해야 한다.

(3) 제2류 위험물은 산화제와의 접촉·혼합이나 불티·불꽃·고온체와의 접근 또는 과열을 피하는 한편, (③)·(④)·(⑤) 및 이를 함유한 것에 있어서는 물이나 산과의 접촉을 피하고 인화성 고체에 있어서는 함부로 증기를 발생시키지 아니하여야 한다.

정답

① 공기   ② 제5류   ③ 철분   ④ 금속분   ⑤ 마그네슘

[해설]

위험물 유별 저장·취급의 공통기준

- 제1류 위험물 : 가연물과의 접촉·혼합이나 분해를 촉진하는 물품과의 접근 또는 과열·충격·마찰 등을 피한다.
  제1류 위험물 중 알칼리금속의 과산화물 : 물과의 접촉을 피하여야 한다.
- 제2류 위험물 : 산화제와의 접촉·혼합이나 불티·불꽃·고온체와의 접근 또는 과열을 피한다.
  제2류 위험물 중 철분·금속분·마그네슘 : 물이나 산과의 접촉을 피한다.
  제2류 위험물 중 인화성 고체 : 함부로 증기를 발생시키지 아니하여야 한다.
- 제3류 위험물 중
  - 자연발화성 물품 : 불티·불꽃 또는 고온체와의 접근·과열 또는 공기와의 접촉을 피한다.
  - 금수성 물품 : 물과의 접촉을 피한다.

- 제4류 위험물 : 불티·불꽃·고온체와의 접근 또는 과열을 피하고, 함부로 증기를 발생시키지 아니하여야 한다.
- 제5류 위험물 : 불티·불꽃·고온체와의 접근이나 과열·충격 또는 마찰을 피하여야 한다.
- 제6류 위험물 : 가연물과의 접촉·혼합이나 분해를 촉진하는 품품과의 접근 또는 과열을 피한다.

12 질산암모늄 800 g이 완전 열분해하는 경우 생성되는 모든 기체의 부피(L)를 계산하시오. (단, 1기압 600 ℃이다)

정답

2505.51 L

[해설]

질산암모늄(NH_4NO_3) 열분해 시 기체부피

- $NH_4NO_3 \rightarrow N_2 + 2H_2O + 0.5O_2$
- 질산암모늄 몰 수 = 800 g/(14×2 + 1×4 + 16×3) = 10 mol
  질산암모늄과 생성기체는 1 : 3.5 비율이므로 기체 35 mol 생성
- 생성기체 부피 $V = \dfrac{nRT}{P} = \dfrac{35\,mol \times 0.082 \dfrac{atm\,L}{mol\,K} \times (600+273)K}{1\,atm}$ = 2505.51 L

13 98 wt%인 질산(비중 1.51) 100 mL를 68 wt%(비중 1.41)로 만들기 위해 첨가하여야 할 물은 몇 g이 되는지 계산하시오.

정답

66.62 g

[해설]

68 wt% 질산용액 제조
- 98 wt% 수용액 내 질산의 질량 = 100 mL × 1.51 × 0.98 = 147.98 g
  98 wt% 수용액 내 물의 질량 = 100 mL × 1.51 × 0.02 = 3.02 g
- 68 wt% 수용액 내 질산의 질량 = 수용액 질량 m × 0.68 = 147.98 g
  68 수용액 질량(m) = 217.62 g
  68 wt% 수용액 내 물의 질량 = 217.62 − 147.98 = 69.64 g
- 첨가해야 할 물의 질량 = 69.64 g − 3.02 g = 66.62 g

14 위험물안전관리법령에서 정한 액체위험물의 옥외저장탱크 주입구 기준이다. 다음 물음에 답하시오.

(①), (②) 그 밖에 정전기에 의한 재해가 발생할 우려가 있는 액체위험물의 옥외저장탱크의 주입구 부근에는 정전기를 유효하게 제거하기 위한 접지전극을 설치할 것

(1) ①, ②의 명칭과 지정수량을 쓰시오.

(2) ①, ② 중 겨울철 응고가 될 수 있고, 인화점이 낮은 방향족 탄화수소의 구조식을 쓰시오.

정답

(1) ① 명칭 : 휘발유, 지정수량 : 200 L
   ② 명칭 : 벤젠, 지정수량 : 200 L

(2)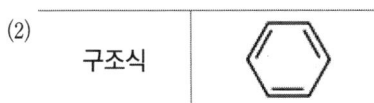

2021년 2회

[해설]

옥외저장탱크 주입구

- <u>휘발유, 벤젠</u> 그 밖에 정전기에 의한 재해가 발생할 우려가 있는 액체위험물의 옥외저장탱크의 주입구 부근에는 정전기를 유효하게 제거하기 위한 접지전극을 설치할 것
- 벤젠 : 자극성 냄새가 나고 어는점 5.5 ℃, 인화점 -11 ℃로 고체 상태에서 인화 위험성 존재

| 구조식
C_6H_6 |  |

15 다음 위험물의 연소반응식을 쓰시오.

| ① 오황화인 | ② 마그네슘 | ③ 알루미늄 |

정답

① $P_2S_5 + 7.5O_2 \rightarrow 5SO_2 + P_2O_5$
② $Mg + 0.5O_2 \rightarrow MgO$
③ $2Al + 1.5O_2 \rightarrow Al_2O_3$

[해설]

위험물별 연소반응식

- 오황화인 연소반응식 : P_2S_5(오황화인) + $7.5O_2 \rightarrow 5SO_2 + P_2O_5$
- 마그네슘 연소반응식 : Mg(마그네슘) + $0.5O_2 \rightarrow MgO$
- 알루미늄 연소반응식 : 2Al(알루미늄) + $1.5O_2 \rightarrow Al_2O_3$

16 위험물의 화재 시 소화방법에 대하여 다음 물음에 답하시오.

(1) 대표적인 소화방법 4가지를 쓰시오.
(2) 증발잠열에 의한 소화방법은 (1)의 소화방법 중 어느 것인지 쓰시오.
(3) 산소를 차단하는 소화방법은 (1)의 소화방법 중 어느 것인지 쓰시오.
(4) 가연물이 통과하는 부분의 밸브를 잠그는 소화방법은 (1)의 소화방법 중 어느 것인지 쓰시오.

정답

(1) 냉각소화, 제거소화, 억제소화, 질식소화
(2) 냉각소화
(3) 질식소화
(4) 제거소화

[해설]
화재 시 소화방법
- 제거소화 : 가연물을 제거해 소화
- 냉각소화 : 물을 뿌려 기화열을 이용해 온도를 낮추어 소화
- 질식소화 : 산소농도를 15 % 이하로 낮추어 소화
- 부촉매소화(억제소화) : 연쇄반응을 차단하는 화학적 소화

17 메틸알코올이 산화 될 경우 폼알데하이드와 물이 생성된다. 이때 메틸알코올 320 g이 산화 될 경우 생성되는 폼알데하이드의 양(g)을 구하시오.

정답

300 g

[해설]
메틸알코올(메탄올) 산화

- $CH_3OH \xrightarrow{-H_2} HCHO$
- 메탄올 몰수 = 320 g / (12 + 4 + 16) = 10 mol
- 폼알데하이드(HCHO)와 메탄올은 1 : 1 비율이므로 폼알데하이드 10 mol 생성
- 폼알데하이드 질량 = 10 mol × (12 + 2 + 16) = 300 g

18 위험물안전관리법령에서 정한 지정과산화물 옥내저장소 기준에 대하여 다음 물음에 답하시오.

(1) 폭발성 및 가열분해성 판정결과 2종인 유기과산화물의 지정수량을 쓰시오.

(2) 저장창고의 외벽을 철근콘크리트조로 할 경우 두께는 몇 cm 이상으로 하여야 하는지 쓰시오.

> **정답**
>
> (1) 100 kg   (2) 20 cm
>
> [해설]
> 지정과산화물(유기과산화물) 옥내저장소
> - 유기과산화물 (제5류 위험물) 지정수량 : 100 kg
> - 저장창고 외벽 두께 기준
>   철근콘크리트조 또는 철골철근콘크리트조 : <u>20 cm 이상</u>
>   보강콘크리트블록조 : 30 cm 이상

19 덩어리 상태의 황 30,000 kg을 저장하는 면적 300 m²인 옥외저장소가 있다. 다음 물음에 답하시오.

(1) 옥외저장소에 설치할 수 있는 경계표시 최소 개수

(2) 경계표시와 경계표시 사이의 거리

(3) 제4류 위험물(인화점 10 ℃ 이상)을 저장할 수 있는지의 유무

> **정답**
>
> (1) 3개   (2) 10 m 이상   (3) 저장 불가능

[해설]
옥외저장소 경계표시 및 저장
- 하나의 경계 표시내부 면적 100 m² 이하로 한다.
- 둘 이상 경계 표시 설치 시 각각의 내부 면적 합산 면적은 1,000 m² 이하로 한다. 이때 경계 표시 간 간격은 공지 너비의 1/2 이상으로 한다(단, 저장·취급하는 위험물이 최대 수량 200배 이상이면 10m 이상으로 한다).
  (1) 면적 300 m²이므로 최소 3개 이상 설치
  (2) 황(지정수량 100kg) 지정수량의 300배이므로 10 m 이상의 공지 너비
  (3) 황(제2류)과 제4류 위험물은 함께 저장 불가능

20 위험물안전관리법령에서 정한 위험물의 저장 및 취급에 관한 기준이다. 다음 내용을 보고 알맞은 것을 모두 고르시오.

> ① 옥내저장소에서는 용기에 수납하여 저장하는 위험물의 온도가 45℃가 넘지 아니하도록 필요한 조치를 강구한다.
> ② 제3류 위험물 중 황린 그 밖에 물속에 저장하는 물품과 금수성 물질은 동일한 저장소에 저장할 수 있다.
> ③ 컨테이너식 이동탱크저장소 외의 이동탱크저장소에 있어서는 위험물을 저장한 상태로 이동저장탱크를 옮겨 싣지 아니하여야 한다.
> ④ 이동취급소에 위험물을 이송하기 위한 배관·펌프 및 이에 부속한 설비의 안전을 확인하기 위한 순찰을 행하고, 위험물을 이송하는 중에는 이송하는 위험물의 압력 및 유량을 항상 감시할 것
> ⑤ 제조소등에서 규정에 의한 신고와 관련된 품명 외의 위험물 또는 이러한 허가 및 신고와 관련되는 수량 또는 지정수량의 배수를 초과하는 위험물을 저장 또는 취급하지 아니하여야 한다.

정답

③, ⑤

[해설]
위험물 저장 및 취급 기준
- 옥내저장소에서는 용기에 수납하여 저장하는 위험물의 온도가 55℃가 넘지 아니하도록 필요한 조치를 강구한다.
- 제3류 위험물 중 황린 그 밖에 물속에 저장하는 물품과 금수성 물질은 동일한 저장소에 저장할 수 없다.
- 컨테이너식 이동탱크저장소 외의 이동탱크저장소에 있어서는 위험물을 저장한 상태로 이동저장탱크를 옮겨 싣지 아니하여야 한다.
- 이송취급소에 위험물을 이송하기 위한 배관·펌프 및 이에 부속한 설비의 안전을 확인하기 위한 순찰을 행하고, 위험물을 이송하는 중에는 이송하는 위험물의 압력 및 유량을 항상 감시할 것
- 제조소등에서 규정에 의한 신고와 관련된 품명 외의 위험물 또는 이러한 허가 및 신고와 관련되는 수량 또는 지정수량의 배수를 초과하는 위험물을 저장 또는 취급하지 아니하여야 한다.

2021 4회

01 다음 물질이 물과 반응하는 반응식을 쓰시오.

(1) 탄화알루미늄

(2) 탄화칼슘

정답

(1) $Al_4C_3 + 12H_2O \rightarrow 4Al(OH)_3 + 3CH_4$

(2) $CaC_2 + 2H_2O \rightarrow Ca(OH)_2 + C_2H_2$

[해설]

제3류 위험물의 물 반응식

- 탄화알루미늄(Al_4C_3) : $Al_4C_3 + 12H_2O \rightarrow 4Al(OH)_3 + 3CH_4$
- 탄화칼슘(CaC_2) : $CaC_2 + 2H_2O \rightarrow Ca(OH)_2 + C_2H_2$

02 다음 원통형 탱크의 용량을 L로 구하시오. (단, 공간용적은 5 %이다)

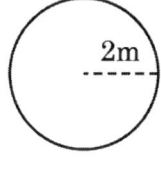
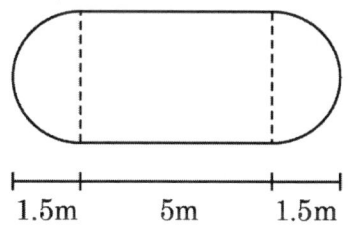

정답

71,628.1 L

[해설]
원통형 탱크 내용적

- 내용적 V = 윗면적 × 높이 환산값 = $\pi r^2 \times (l + \dfrac{l_1 + l_2}{3})$

  $= \pi \times 2^2 \times (5 + \dfrac{1.5 + 1.5}{3})$

  $= 75.398 \text{ m}^3 = 75,398 \text{ L}$

- 공간용적 5 % 고려한 내용적 = 75,398 × 0.95 = 71,628.1 L

03 제1석유류를 이용한 TNT의 합성과정을 화학반응식으로 쓰시오.

정답

$C_6H_5CH_3 + 3HNO_3 \xrightarrow{H_2SO_4} C_6H_2CH_3(NO_2)_3 + 3H_2O$

[해설]
트라이나이트로톨루엔(TNT, 제5류 위험물)
- 화학식 : $C_6H_2CH_3(NO_2)_3$
- 분자량 = 12×7 + 1×5 + 14×3 + 16×6 = 227
- 대표적인 폭약의 원료
- 지정수량 : 10 kg
- 톨루엔($C_6H_5CH_3$)에 질산과 황산을 반응시킬 때 반응식

  $C_6H_5CH_3 + 3HNO_3 \xrightarrow{H_2SO_4} C_6H_2CH_3(NO_2)_3 + 3H_2O$

- 톨루엔에 질산과 황산을 넣어 나이트로화시키면 트라이나이트로톨루엔이 된다.

04 옥외저장소에 옥외소화전설비를 아래와 같이 설치하고자 한다. 각각에 필요한 수원의 양은 몇 m³인지 계산하시오.

(1) 3개   (2) 6개

정답

(1) 40.5 m³   (2) 54 m³

[해설]

옥내소화전설비 수원량 계산

구분	옥내소화전설비
수원량	설치된 소화전 수(최대 4개) × 13.5 m³(450 L/min × 30 min)

(1) $3 \times 13.5 = 40.5 \ m^3$
(2) 4(최대 4개) × 13.5 = 54 m³

05 제3류 위험물인 나트륨에 대해 다음 물음에 답하시오.

(1) 지정수량

(2) 보호액

(3) 나트륨과 물의 반응식

정답

(1) 10 kg
(2) 등유, 경유, 유동파라핀 속에 저장
(3) $Na + H_2O \rightarrow NaOH + 0.5H_2$

[해설]

나트륨(제3류 위험물)

- 지정수량 : 10 kg
- 보호액 : 등유, 경유, 유동파라핀 속에 저장
- 물과의 반응식 : $Na + H_2O \rightarrow NaOH + 0.5H_2$

06 다음 보기에서 설명하는 물질에 대하여 다음 물음에 답하시오.

[보기]
① 제3류 위험물이며, 지정수량 300 kg이다
② 분자량이 64이다.
③ 비중이 2.2이다.
④ 질소와 고온에서 반응하여 칼슘시안나이트(석회질소)가 생성된다.

(1) 해당 물질의 화학식
(2) 물과의 반응식
(3) 물과 반응하여 생성되는 기체의 완전연소반응식

정답

(1) CaC_2
(2) $CaC_2 + 2H_2O \rightarrow Ca(OH)_2 + C_2H_2$
(3) $CaC_2 + 5O_2 \rightarrow CaO + 4CO_2$

[해설]
탄화칼슘[CaC_2, 칼슘카바이드, 제3류 위험물]

위험등급	품명	소화방법	지정수량	운반용기 외부 표시	제조소등 표시
III	금소수소화물 금속인화물 칼슘탄화물 알루미늄탄화물	질식소화	300 kg	물기엄금	물기엄금

- 물과의 반응식 : $CaC_2 + 2H_2O \rightarrow Ca(OH)_2 + C_2H_2$
- 산화반응식 : $CaC_2 + 5O_2 \rightarrow CaO + 4CO_2$
- 질소(N_2)와 700 ℃에서 질화되어 석회질소[$CaCN_2$]가 생성된다.
  $CaC_2 + N_2 \rightarrow CaCN_2 + C$

07 분말소화약제 각각의 주성분을 화학식으로 쓰시오.

(1) 제1종 분말소화약제

(2) 제2종 분말소화약제

(3) 제3종 분말소화약제

정답

(1) $NaHCO_3$

(2) $KHCO_3$

(3) $NH_4H_2PO_4$

[해설]

분말소화약제의 주성분

분말소화약제 종류	주성분	적응화재	분말색
제1종	탄산수소나트륨($NaHCO_3$)	BC	백색
제2종	탄산수소칼륨($KHCO_3$)	BC	담회색
제3종	인산암모늄($NH_4H_2PO_4$)	ABC	담홍색
제4종	탄산수소칼륨 + 요소 $KHCO_3$ + $(NH_2)_2CO$	BC	회색

08 다음 보기의 물질을 보고 연소범위가 가장 큰 물질에 대하여 다음 물음에 답하시오.

[보기]

아세톤, 메틸에틸케톤, 메탄올, 다이에틸에터, 톨루엔

(1) 물질의 명칭

(2) 위험도

정답

(1) 다이에틸에터
(2) 24.26

[해설]
연소범위 및 위험도
- 위험도(Hazard) 공식

$$\text{위험도} = \frac{\text{연소범위}}{\text{연소하한계}(LFL)} = \frac{\text{연소상한계}(UFL) - \text{연소하한계}(LFL)}{\text{연소하한계}(LFL)}$$

- 아세톤(CH_3COCH_3)의 연소범위 : 2.6 ~ 12.8 %
- 아세톤(CH_3COCH_3)의 위험도 = $\frac{12.8 - 2.6}{2.6}$ = 3.92
- 메틸에틸케톤($CH_3COC_2H_5$)의 연소범위 : 1.8 ~ 10 %
- 메틸에틸케톤($CH_3COC_2H_5$)의 위험도 = $\frac{10 - 1.8}{1.8}$ = 4.56
- 메탄올(CH_3OH)의 연소범위 : 4.3 ~ 19 %
- 메탄올(CH_3OH)의 위험도 = $\frac{19 - 4.3}{4.3}$ = 3.42
- 다이에틸에터($C_2H_5OC_2H_5$)의 연소범위 : 1.9 ~ 48 %
- 다이에틸에터($C_2H_5OC_2H_5$)의 위험도 = $\frac{48 - 1.9}{1.9}$ = 24.26
- 톨루엔($C_6H_5CH_3$)의 연소범위 : 1.4 ~ 6.7 %
- 톨루엔($C_6H_5CH_3$)의 위험도 = $\frac{6.7 - 1.4}{1.4}$ = 3.79

09 위험물안전관리법령상 옥외저장소에 저장할 수 있는 위험물의 품명 5가지를 적으시오.

정답

제2류 위험물 중 황, 인화성 고체, 제4류 위험물 중 제1석유류(인화점 0 ℃ 이상인 것에 한함), 알코올류 제2·3·4석유류, 동식물유

[해설]
옥외저장소에 저장 가능한 위험물
- 제2류 위험물 중 황, 인화성 고체(인화점 0 ℃ 이상인 것에 한함)
- 제4류 위험물 중 제1석유류(인화점 0 ℃ 이상인 것에 한함), 알코올류 제2·3·4석유류, 동식물유
- 제6류 위험물

10 다음 보기의 설명을 보고 물음에 답하시오.

[보기]
① 제6류 위험물이다.
② 저장용기는 갈색병에 넣어 직사일광을 피하고 찬 곳에 저장한다.
③ 피부와 닿아 크산토프로테인반응을 하여 노란색으로 변한다.

(1) 지정수량
(2) 위험등급
(3) 위험물이 되기 위한 조건
(4) 빛에 의해 분해되는 반응식

정답
(1) 300 kg
(2) 위험등급 I
(3) 비중 1.49 이상
(4) $4HNO_3 \rightarrow 2H_2O + 4NO_2 + O_2$

[해설]
질산(제6류 위험물)

품명	물질명	위험물이 되는 조건
과염소산	과염소산	모두 위험물
과산화수소	과산화수소	농도 36 중량% 이상
질산	질산	비중 1.49 이상

(1) 위험등급 및 지정수량 : 위험등급 Ⅰ, 300 kg
(2) 질산(HNO_3) 분해반응식
    $4HNO_3 \rightarrow 2H_2O + 4NO_2 + O_2$
(3) 질산 운반용기에 표시하여야 할 주의사항 : 가연물접촉주의
(4) 질산 특징
- 햇빛에 의하여 분해하면 적갈색 기체인 이산화질소(NO_2)가 발생하기 때문에 갈색으로 착색된 내산성 용기에 보관한다.
- 염산(HCl)과 질산(HNO_3)를 3 : 1의 부피로 혼합한 용액을 왕수라고 하며, 왕수는 금(Au)과 백금(Pt)를 녹일 수 있다.
- 단백질(프로틴, 프로테인)과의 접촉으로 노란색으로 변하는 크산토프로테인 반응을 일으킨다

11 위험물안전관리법령상 다음 지정수량의 배수에 따른 제조소의 보유공지를 적으시오.

(1) 1배
(2) 5배
(3) 10배
(4) 20배
(5) 200배

[정답]

① 3 m 이상
② 5 m 이상
③ 5 m 이상
④ 5 m 이상
⑤ 5 m 이상

[해설]
위험물제조소 보유공지 기준
① 위험물 지정수량 10배 이하 : 3 m 이상
② 위험물 지정수량 10배 초과 : 5 m 이상

12 제1류 위험물의 성질로서 옳은 것을 보기에서 모두 고르시오.

[보기]
무기화합물, 유기화합물, 산화제, 인화점이 0 ℃ 이하, 인화점이 0 ℃ 이상, 고체

정답

무기화합물, 산화제, 고체

[해설]
제1류 위험물(산화성 고체) 공통 성질 및 소화 방법
(1) 열분해 시 산소(O_2) 발생
(2) 대부분 무색 결정 또는 백색 분말
(3) 모두 물보다 무겁다.
(4) 대부분 수용성, 조해성 및 흡습성을 가지고 있다.
(5) 소화방법 : 냉각소화(알칼리금속의 과산화물 제외)
   무기(알칼리금속) 과산화물 : 탄산수소염류, 건조사, 팽창질석, 팽창진주암으로만 소화 가능

13 제3류 위험물인 트라이에틸알루미늄에 대해 다음 물음에 답하시오.

(1) 물과 반응하여 생성되는 가스의 명칭
(2) 물과의 반응식

정답

(1) 에테인가스(C_2H_6)
(2) $(C_2H_5)_3Al + 3H_2O \rightarrow Al(OH)_3 + 3C_2H_6$

[해설]
트라이에틸알루미늄[$(C_2H_5)_3Al$, 제3류]
(1) 완전연소반응식 : $2(C_2H_5)_3Al + 21O_2 \rightarrow Al_2O_3 + 12CO_2 + 15H_2O$
(2) 물과의 반응식 : $(C_2H_5)_3Al + 3H_2O \rightarrow Al(OH)_3 + 3C_2H_6$

14 위험물안전관리법령에 따른 위험물의 저장 및 취급에 관한 중요기준이다. 다음 보기의 설명을 보고 물음에 답하시오.

[보기]
① 불티·불꽃·고온체와의 접근이나 과열·충격 또는 마찰을 피하여야 한다.
② 옥내저장소에서는 용기에 수납하여 저장하는 위험물의 온도가 55℃를 넘지 아니하도록 필요한 조치를 강구하여야 한다.

(1) 보기에서 설명하는 위험물류와 혼재 가능한 위험물류를 쓰시오.
(2) 보기에서 설명하는 위험물류의 운반용기 외부에 표시하여야 하는 주의사항을 쓰시오.
(3) 보기에서 설명하는 위험물류에서 품명 1가지를 쓰시오.

정답

(1) 제2류 위험물, 제4류 위험물
(2) 화기엄금, 충격주의
(3) 질산에스터류

[해설]
위험물 유별 저장·취급의 공통기준
- 제1류 위험물 : 가연물과의 접촉·혼합이나 분해를 촉진하는 물품과의 접근 또는 과열·충격·마찰 등을 피한다.
  제1류 위험물 중 알칼리금속의 과산화물 : 물과의 접촉을 피하여야 한다.
- 제2류 위험물 : 산화제와의 접촉·혼합이나 불티·불꽃·고온체와의 접근 또는 과열을 피한다.
  제2류 위험물 중 철분·금속분·마그네슘 : 물이나 산과의 접촉을 피한다.
  제2류 위험물 중 인화성 고체 : 함부로 증기를 발생시키지 아니하여야 한다.
- 제3류 위험물 중
  - 자연발화성 물품 : 불티·불꽃 또는 고온체와의 접근·과열 또는 공기와의 접촉을 피한다.
  - 금수성 물품 : 물과의 접촉을 피한다.
- 제4류 위험물 : 불티·불꽃·고온체와의 접근 또는 과열을 피하고, 함부로 증기를 발생시키지 아니하여야 한다.
- 제5류 위험물 : <u>불티·불꽃·고온체와의 접근이나 과열·충격 또는 마찰을 피하여야 한다.</u>
- 제6류 위험물 : 가연물과의 접촉·혼합이나 분해를 촉진하는 물품과의 접근 또는 과열을 피한다.

운반 시 혼재 가능 위험물

위험물 종류			혼재 여부
1↓	6		혼재 가능
2↓	5↑	4	혼재 가능
3→	4↑		혼재 가능

TIP 1 2 3 4 5 6을 화살표 방향으로 적고 가운데에 4를 적어서 같은 줄이 혼재 가능 위험물

제5류 위험물 종류

품명	물질명	상태	지정수량	운반용기 주의사항
질산에스터류	• 질산메틸 • 질산에틸	액체 액체	종 판단 필요	화기엄금, 충격주의
	• 나이트로글라이콜 • 나이트로글리세린 • 나이트로셀룰로오스	액체 액체 고체	10kg	
	• 셀룰로오스	고체	100kg	

15 위험물안전관리법에서 정한 지하탱크저장소에 대한 내용이다. 다음 ( )안에 답을 적으시오.

(1) 탱크전용실은 지하의 가장 가까운 벽·피트·가스관 등의 시설물 및 대지경계선으로부터 (①) m 이상 떨어진 곳에 설치할 것

(2) 지하저장탱크의 윗부분은 지면으로부터 (②) m 이상 아래에 있어야 한다.

(3) 지하저장탱크를 2 이상 인접해 설치하는 경우에는 상호 간에 (③) m[당해 2 이상의 지하저장탱크의 용량의 합계가 지정수량의 100배 이하인 때에는 (④) m] 이상의 간격을 유지하여야 한다. 다만 그 사이에 탱크 전용실의 벽이나 두께 (⑤) cm 이상의 콘크리트 구조물이 있는 경우에는 그러하지 아니하다.

정답

① 0.1　　② 0.6　　③ 1
④ 0.5　　⑤ 20

[해설]
지하탱크저장소의 위치 구조 및 설비의 기준
① 탱크전용실은 지하의 가장 가까운 벽·피트·가스관 등의 시설물 및 대지경계선으로부터 0.1 m 이상 떨어진 곳에 설치하고, 지하저장탱크와 탱크전용실의 안쪽과의 사이는 0.1 m 이상의 간격을 유지하도록 하며, 당해 탱크의 주위에 마른 모래 또는 습기 등에 의하여 응고되지 아니하는 입자지름 5 mm 이하의 마른 자갈분을 채워야 한다.
② 지하저장탱크의 윗부분은 지면으로부터 0.6 m 이상 아래에 있어야 한다.
③ 지하저장탱크를 2 이상 인접해 설치하는 경우에는 그 상호 간에 1 m(당해 2 이상의 지하저장탱크의 용량의 합계가 지정수량의 100배 이하인 때에는 0.5 m) 이상의 간격을 유지하여야 한다. 다만 그 사이에 탱크전용실의 벽이나 두께 20 cm 이상의 콘크리트 구조물이 있는 경우에는 그러하지 아니하다.
④ 벽·바닥 및 뚜껑의 두께는 0.3 m 이상일 것
⑤ 통기관의 끝부분은 건축물의 창·출입구 등의 개구부로부터 1 m 이상 떨어진 옥외의 장소에 지면으로부터 4 m 이상의 높이로 설치

16 다음 보기의 위험물이 연소할 경우 생성되는 물질이 모두 같은 위험물의 연소반응식을 적으시오.

[보기]
적린, 삼황화인, 오황화인, 황, 철, 마그네슘

정답

$P_4S_3 + 8O_2 \rightarrow 3SO_2 + 2P_2O_5$
$P_2S_5 + 7.5O_2 \rightarrow 5SO_2 + P_2O_5$

[해설]
① 적린 연소반응식 : $2P + 2.5O_2 \rightarrow P_2O_5$
② 황화인 연소반응식
  • 삼황화인 $P_4S_3 + 8O_2 \rightarrow 3\underline{SO_2} + 2\underline{P_2O_5}$
  • 오황화인 $P_2S_5 + 7.5O_2 \rightarrow 5\underline{SO_2} + \underline{P_2O_5}$

③ 황 연소반응식 : S + O$_2$ → SO$_2$

④ 철 연소반응식 : 4Fe + 3O$_2$ → 2Fe$_2$O$_3$

⑤ 마그네슘 연소반응식 : 2Mg + O$_2$ → 2MgO

---

17 위험물안전관리법에서 정한 이동탱크저장소 주유설비에 대하여 다음 ( )에 알맞은 답을 쓰시오.

(1) 위험물이 샐 우려가 없고, 화재예방상 안전한 구조로 할 것

(2) 주입호스는 내경이 (①) mm 이상이고, (②) MPa 이상의 압력에 견딜 수 있는 것으로 할 것

(3) 주입설비의 길이는 (③) m 이내로 하고, 그 선단에 축적되는 (④)를 유효하게 제거할 수 있는 장치를 할 것

(4) 분당 토출량은 (⑤) L로 할 것

정답

① 23   ② 0.3   ③ 50   ④ 정전기   ⑤ 200

[해설]

위험물안전관리법 시행규칙

[별표10] 이동탱크저장소의 위치·구조 및 설비의 기준

1. 액체위험물의 이동탱크저장소의 주입호스는 위험물을 저장 또는 취급하는 탱크의 주입구와 결합할 수 있는 금속구를 사용하되, 그 결합금속구(제6류 위험물의 탱크의 것은 제외)는 놋쇠 그 밖에 마찰 등에 의하여 불꽃이 생기지 아니하는 재료로 하여야 한다.
2. 주입호스의 재질과 규격 및 결합금속구의 규격은 소방청장이 정하여 고시한다.

> [위험물안전관리에 관한 세부기준]
> 주입호스는 내경이 23 mm 이상이고, 0.3 MPa 이상의 압력에 견딜 수 있는 것으로 하며, 필요 이상으로 길게 하지 아니할 것

3. 이동탱크저장소에 주입설비(주입호스의 끝부분에 개폐밸브를 설치한 것을 말한다)를 설치하는 경우에는 다음 각 목의 기준에 의하여야 한다.
  가. 위험물이 샐 우려가 없고, 화재예방상 안전한 구조로 할 것
  나. 주입설비의 길이는 50 m 이내로 하고, 그 끝부분에 축적되는 정전기를 유효하게 제거할 수 있는 장치를 할 것
  다. 분당 배출량은 200 ℓ 이하로 할 것

18 보기의 위험물에 대하여 위험등급이 II등급에 해당하는 물질의 지정수량 배수의 합을 구하시오.

[보기]
황 : 100 kg, 나트륨 : 100 kg, 질산염류 : 600 kg, 등유 : 6000 L, 철분 : 50 kg

정답

12배

[해설]

위험등급 II에 해당하는 품명

유별	제1류 위험물	제2류 위험물	제3류 위험물	제4류 위험물
위험등급 II	브로민산염류 질산염류 아이오딘산염류	황화인 적린 황	알칼리금속 및 알칼리토금속 유기금속화합물	제1석유류 알코올류

- 황 지정수량 : $\dfrac{100kg}{100kg/배} = 10$배

- 질산염류 지정수량 : $\dfrac{600kg}{300kg/배} = 2$배

∴ 10배 + 2배 = 12배

19 옥내탱크저장소 펌프설비에 대한 다음 물음에 답하시오.

(1) 펌프실은 상층이 있는 경우 상층의 바닥을 내화구조로 하고, 상층이 없는 경우 지붕을 어떤 재료로 하여야 하는지 쓰시오.
(2) 펌프실의 출입구에는 설치하여야 하는 것은 무엇인지 쓰시오.
(3) 탱크전용실에 펌프설비를 설치하는 경우에는 견고한 기초 위에 고정한 다음 그 주위에는 불연재료로 된 턱을 몇 m 이상의 높이로 설치하여야 하는지 쓰시오.
(4) 바닥은 위험물이 스며들지 아니하는 재료로 적당히 경사지게 하여 그 최저부에는 무엇을 설치하여야 하는지 쓰시오.

정답

(1) 불연재료
(2) 60분+방화문 또는 60분방화문
(3) 0.2 m 이상
(4) 집유설비

[해설]

옥내저장탱크의 펌프설비

1. 탱크전용실 외의 장소에 설치하는 경우
    - 펌프실의 벽·기둥·바닥 및 보 : 내화구조
    - 상층(상층이 있는 경우)의 바닥 : 내화구조
      지붕(상층이 없는 경우) : 불연재료. 천장을 설치하지 아니할 것
    - 펌프실에는 창을 설치하지 아니할 것. 다만 제6류 위험물의 탱크전용실에 있어서는 60분+방화문 · 60분방화문 또는 30분방화문이 있는 창을 설치할 수 있다.
    - 펌프실의 출입구 : 60분+방화문 또는 60분방화문. 다만 제6류 위험물의 탱크전용실에 있어서는 30분방화문을 설치할 수 있다.
    - 펌프실의 환기 및 배출의 설비에는 방화상 유효한 댐퍼 등을 설치할 것
    - 펌프실의 바닥의 주위에는 높이 0.2 m 이상의 턱을 만들고, 바닥은 콘크리트 등 위험물이 스며들지 아니하는 재료로 적당히 경사지게 하여 그 최저부에는 집유설비를 설치할 것

2. 탱크전용실에 설치하는 경우
    - 견고한 기초 위에 고정한 다음 그 주위에는 불연재료로 된 턱을 0.2 m 이상의 높이로 설치하는 등 누설된 위험물이 유출되거나 유입되지 아니하도록 하는 조치를 할 것

20 알코올류가 산화·환원되는 과정이다. 다음 물음에 답하시오

> 메틸알코올 ↔ 폼알데하이드 ↔ (①)
> 에틸알코올 ↔ (②) ↔ 아세트산

(1) ①의 물질명과 화학식

(2) ②의 물질명과 화학식

(3) ①, ② 중 지정수량이 작은 물질의 연소반응식

정답

(1) 폼산, $HCOOH$

(2) 아세트알데하이드, CH_3CHO

(3) $CH_3CHO + 2.5O_2 \rightarrow 2CO_2 + 2H_2O$

[해설]

메틸알코올(메탄올, CH_3OH)

- 산화과정

  CH_3OH(메탄올) $\xrightarrow{산화}$ $HCHO$(폼알데하이드) $\xrightarrow{산화}$ $HCOOH$(폼산)

- 연소반응식 : $CH_3OH + 1.5O_2 \rightarrow CO_2 + 2H_2O$
- 폼산($HCOOH$, 제2석유류 수용성)의 지정수량 : 2000 L

에틸알코올(에탄올, C_2H_5OH)

- 산화과정

  C_2H_5OH(에탄올) $\xrightarrow{산화}$ CH_3CHO(아세트알데하이드) $\xrightarrow{산화}$ CH_3COOH(아세트산)

- 연소반응식 : $C_2H_5OH + 3O_2 \rightarrow 2CO_2 + 3H_2O$
- 아세트알데하이드(CH_3CHO, 특수인화물)의 지정수량 : 50 L
- 아세트알데하이드의 연소반응식 : $CH_3CHO + 2.5O_2 \rightarrow 2CO_2 + 2H_2O$

2020 1, 2회

01 제4류 위험물에 대한 설명이다. 빈칸을 채우시오.

(1) "특수인화물"이라 함은 1기압에서 발화점 (①)℃ 이하인 것 또는 인화점이 영하 (②)℃도 이하이고 비점이 (③)℃ 이하인 것을 말한다.

(2) "제1석유류"라 함은 1기압에서 인화점이 (④)℃ 미만인 것을 말한다.

(3) "제2석유류"라 함은 1기압에서 인화점이 (⑤)℃ 이상 (⑥)℃ 미만인 것을 말한다.

(4) "제3석유류"라 함은 1기압에서 인화점이 (⑦)℃ 이상 (⑧)℃ 미만인 것을 말한다.

(5) "제4석유류"라 함은 1기압에서 인화점이 (⑨)℃ 이상 (⑩)℃ 미만인 것을 말한다.

정답

① 100 ② 20 ③ 40 ④ 21 ⑤ 21
⑥ 70 ⑦ 70 ⑧ 200 ⑨ 200 ⑩ 250

[해설]

제4류 위험물 분류

(1) 특수인화물 : 1기압에서 발화점 100℃ 이하인 것 또는 인화점이 영하 20℃ 이하이고, 비점이 40℃ 이하인 것
(2) 제1석유류 : 1기압에서 인화점이 21℃ 미만인 것
(3) 제2석유류 : 1기압에서 인화점이 21℃ 이상 70℃ 미만인 것
(4) 제3석유류 : 1기압에서 인화점이 70℃ 이상 200℃ 미만인 것
(5) 제4석유류 : 1기압에서 인화점이 200℃ 이상 250℃ 미만인 것

02 인화점 측정방법의 종류를 3가지 쓰시오.

정답

태그 밀폐식, 신속평형법, 클리브랜드 개방컵

[해설]
인화점 측정 장치
태그 밀폐식, 신속평형법, 클리브랜드 개방컵

03 나트륨 연소 시의 불꽃색상과 연소반응식을 쓰시오.

정답

노란색, $4Na + O_2 \rightarrow 2Na_2O$

[해설]
나트륨(Na) 연소
- 불꽃색상 : 노란색
- 연소반응식 : $4Na + O_2 \rightarrow 2Na_2O$

04 크실렌의 구조이성질체 3가지의 구조식을 쓰시오.

정답

O-크실렌, M-크실렌, P-크실렌

[해설]
크실렌[$C_6H_4(CH_3)_2$] 구조이성질체

O - 크실렌　　　M - 크실렌　　　P - 크실렌

05 나트륨과 물과의 반응식을 쓰시오.

정답

$Na + H_2O \rightarrow NaOH + 0.5H_2$

[해설]
나트륨(Na)과 물 반응
$Na + H_2O \rightarrow NaOH + 0.5H_2$

06 다음 위험물의 저장방법을 쓰시오.

(1) 황린
(2) 나트륨
(3) 이황화탄소

정답

위험물 보호액
(1) 황린(제3류, 자연발화성 물질) : pH 9의 약알칼리성 물속에 저장
(2) 나트륨(제3류, 금수성 물질) : 등유, 경유, 유동파라핀 속에 저장
(3) 이황화탄소(제4류, 특수인화물) : 물속에 저장

07 다음 각 위험물의 운반용기 주의사항을 모두 쓰시오.

(1) 제1류 무기과산화물

(2) 제3류 자연발화성 물질

(3) 제5류 위험물

> 정답

(1) 화기·충격주의, 물기엄금, 가연물접촉주의
(2) 화기엄금, 공기접촉엄금
(3) 화기엄금, 충격주의

[해설]
위험물별 운반용기 주의사항
(1) 무기과산화물 : 화기·충격주의, 물기엄금, 가연물접촉주의
(2) 자연발화성 물질 : 화기엄금, 공기접촉엄금
(3) 제5류 위험물 : 화기엄금, 충격주의

08 다음 위험물이 물과 반응할 때 반응식을 쓰시오.

(1) 수소화알루미늄리튬

(2) 수소화칼슘

(3) 수소화칼륨

> 정답

(1) $LiAlH_4 + 4H_2O \rightarrow LiOH + Al(OH)_3 + 4H_2$
(2) $CaH_2 + 2H_2O \rightarrow Ca(OH)_2 + 2H_2$
(3) $KH + H_2O \rightarrow KOH + H_2$

[해설]
제3류 위험물별 물과 반응
(1) 수소화알루미늄리튬(LiAlH$_4$)과 물 반응 : LiAlH$_4$ + 4H$_2$O → LiOH + Al(OH)$_3$ + 4H$_2$
(2) 수소화칼슘(CaH$_2$)과 물 반응 : CaH$_2$ + 2H$_2$O → Ca(OH)$_2$ + 2H$_2$
(3) 수소화칼륨(KH)과 물 반응 : KH + H$_2$O → KOH + H$_2$

09 다음 위험물의 반응식을 모두 쓰시오.

(1) 알루미늄의 연소반응식
(2) 알루미늄과 물과의 반응
(3) 알루미늄과 염산과의 반응

정답

(1) 2Al + 1.5O$_2$ → Al$_2$O$_3$
(2) Al + 3H$_2$O → Al(OH)$_3$ + 1.5H$_2$
(3) Al + 3HCl → AlCl$_3$ + 1.5H$_2$

[해설]
알루미늄(Al) 반응식
- 연소반응식 : 2Al + 1.5O$_2$ → Al$_2$O$_3$
- 물과의 반응 : Al + 3H$_2$O → Al(OH)$_3$ + 1.5H$_2$
- 염산과의 반응 : Al + 3HCl → AlCl$_3$ + 1.5H$_2$

10 이황화탄소 100 kg 완전연소 시 발생하는 이산화황의 부피 (m³)를 구하시오. (단, 온도 30 ℃, 압력은 800 mmHg이다)

> **정답**
>
> 62.31 m³
>
> **[해설]**
> 이산화황 부피 계산
> - 완전연소반응식 : $CS_2 + 3O_2 \rightarrow CO_2 + 2SO_2$
> - 이황화탄소 몰 수 = 100 kg/(12 + 32×2) = 1.32 kmol
>   이산화황 몰 수 : 이황화탄소와 1 : 2 비율이므로 2.64 kmol 생성
> - 이상기체방정식을 이용
>
> $$V = \frac{nRT}{P} = \frac{2.64 \times 0.082 \frac{atm \, m^3}{kmol \, K} \times (30+273)K}{800 \times \frac{1\,atm}{760\,mmHg}} = 62.31 \text{ m}^3$$

11 다음 물질의 반응식을 쓰시오.

(1) 오황화인과 물과의 반응식

(2) (1)의 반응에서 생성되는 기체의 연소반응식

> **정답**
>
> (1) $P_2S_5 + 8H_2O \rightarrow 5H_2S + 2H_3PO_4$
>
> (2) $H_2S + 1.5O_2 \rightarrow SO_2 + H_2O$
>
> **[해설]**
> 오황화인과 물 반응
> (1) $P_2S_5 + 8H_2O \rightarrow 5H_2S$(황화수소) $+ 2H_3PO_4$
> (2) 황화수소의 연소반응식 : $H_2S + 1.5O_2 \rightarrow SO_2 + H_2O$

12 제4류 위험물의 동식물유류에 대한 내용이다. 다음 물음에 답하시오.

(1) 아이오딘값의 정의를 쓰시오.

(2) 동식물유류를 아이오딘값에 따라 분류하고 아이오딘값의 범위를 쓰시오.

정답

(1) 유지 100 g에 부가되는 아이오딘의 g 수
(2) 건성유 : 아이오딘값 130 이상, 반건성유 : 아이오딘값 100 ~ 130, 불건성유 : 아이오딘값 100 이하

[해설]
동식물유류의 아이오딘값
(1) 아이오딘값 : 유지 100 g에 녹는 아이오딘의 g 수
(2) 아이오딘값에 따른 동식물유류

구분	건성유	반건성유	불건성유
아이오딘값	130 이상	100~130	100 이하
위험도 (불포화도)	크다	중간	작다
종류	동유·해바라기씨유·아마인유·들기름·정어리기름	채종유·참기름·목화씨기름	야자유·올리브유·피마자유·동백유

13 다음 기준에 따라 설치된 옥내소화전설비의 수원의 양을 구하시오.

(1) 옥내소화전이 최대로 설치된 층의 개수가 4개일 경우
(2) 옥내소화전이 최대로 설치된 층의 개수가 6개일 경우

정답

(1) 31.2 m³
(2) 39 m³

[해설]
옥내소화전설비 수원량 계산

구분	옥내소화전설비
수원량	가장 많이 설치된 층 소화전 수(최대 5개)×7.8 m³ (260 L/min×30 min)

(1) $7.8 \text{ m}^3 \times 4 = 31.2 \text{ m}^3$
(2) $7.8 \text{ m}^3 \times 5$(최대 5개) $= 39 \text{ m}^3$

14 위험물안전관리법령 기준에서 위험물안전관리자 선임 등에 대한 설명이다. 다음 물음에 답하시오.

(1) 위험물관리자 선임 권한
(2) 위험물안전관리자가 해임될 경우 선임 기한
(3) 위험물안전관리자가 퇴직할 경우 선임 기한
(4) 안전관리자 선임 후 신고 기한
(5) 안전관리자 부재 시 대리자의 직무 대행 기간

정답

(1) 제조소등의 관계인
(2) 해임 날부터 30일 이내 선임
(3) 퇴직 날부터 30일 이내 선임
(4) 선임 후 14일 이내에 신고
(5) 30일을 초과할 수 없음

[해설]
위험물안전관리자 선임 기준
(1) 위험물관리자 선임 권한 : 제조소등의 관계인
(2) 위험물안전관리자가 해임될 경우 선임 기한 : 해임 날부터 30일 이내 선임
(3) 위험물안전관리자가 퇴직할 경우 선임 기한 : 퇴직 날부터 30일 이내 선임
(4) 안전관리자 선임 후 신고 기한 : 선임 후 14일 이내에 소방본부장·소방서방에게 신고
(5) 안전관리자 부재 시 대리자의 직무 대행 기간 : 30일을 초과할 수 없음

15 과산화수소와 하이드라진의 폭발반응식을 쓰고 과산화수소가 위험물이 되기 위한 조건을 쓰시오.

(1) 반응식

(2) 위험물이 되기 위한 조건

> **정답**
>
> (1) $2H_2O_2 + N_2H_4 \rightarrow 4H_2O + N_2$ (2) 농도 36 wt% 이상
>
> [해설]
> 과산화수소(H_2O_2)와 하이드라진(N_2H_4) 반응
> (1) 반응식 : $2H_2O_2 + N_2H_4 \rightarrow 4H_2O + N_2$
> (2) 과산화수소 위험물 조건 : 농도 36 wt% 이상일 때 제6류 위험물이다.

16 다음 보기는 제5류 위험물이다. 다음 물음에 답하시오.

[보기]
디아이드로벤젠, 나이드로글리세린, 트라이나이드로톨루엔,
트라이나이트로페놀, 벤조일퍼옥사이드

(1) 질산에스터류에 해당하는 위험물의 명칭을 쓰시오.

(2) 상온에서 액체인 위험물의 폭발분해반응식을 쓰시오.

> **정답**
>
> (1) 나이트로글리세린
> (2) $4C_3H_5(ONO_2)_3 \rightarrow 12CO_2 + 10H_2O + 6N_2 + O_2$

[해설]

제5류 위험물 분류와 반응식

(1) 보기 중 질산에스터류 : 나이트로글리세린

품명	물질명	상태
질산에스터	질산메틸	액체
	질산에틸	액체
	나이트로글라이콜	액체
	<u>나이트로글리세린</u>	<u>액체</u>
	나이트로셀룰로오스	고체
	셀룰로오스	고체

- 다이나이트로벤젠, 트라이나이트로톨루엔, 트라이나이트로페놀 : 제5류 위험물 중 나이트로화합물
- 벤조일퍼옥사이드 : 제5류 위험물 중 유기과산화물

(2) 상온에서 액체 : 나이트로글리세린[$C_3H_5(ONO_2)_3$]

분해반응식 : $4C_3H_5(ONO_2)_3 \rightarrow 12CO_2 + 10H_2O + 6N_2 + O_2$

17 위험물의 저장 및 취급 공통기준이다. 빈칸 안에 알맞은 말을 채우시오.

(1) 제조소 등에서 규정에 의한 신고와 관련되는 품명 외의 위험물 또는 이러한 허가 및 신고와 관련되는 수량 또는 (①)의 배수를 초과하는 위험물을 저장 또는 취급하지 아니하여야 한다.

(2) 위험물을 저장 또는 취급하는 건축물 그 밖의 공작물 또는 설비는 당해 위험물의 성질에 따라 차광 또는 (②)를 실시하여야 한다.

(3) 위험물은 온도계, 습도계, 압력계 그 밖의 계기를 감시하여 당해 위험물의 성질에 맞는 적정한 온도, 습도 또는 (③)을 유지하도록 저장 또는 취급하여야 한다.

(4) 위험물을 저장 또는 취급하는 경우에는 위험물의 (④), 이물의 혼입 등에 의하여 당해 위험물의 위험성이 증대되지 아니하도록 필요한 조치를 강구하여야 한다.

정답

① 지정수량 ② 환기 ③ 압력 ④ 변질

[해설]
위험물 저장 및 취급 공통기준
① 지정수량 ② 환기 ③ 압력 ④ 변질

18 분자량이 58, 인화점이 -37 ℃인 무색투명한 제4류 위험물에 대하여 물음에 답하시오.

(1) 시성식(분자식)

(2) 지정수량

(3) 옥외저장탱크에 저장 시 연소성 혼합기체의 생성에 의한 폭발을 방지하기 위해 취하는 저장방법을 한 가지 쓰시오.

정답

(1) CH_3CHOCH_2

(2) 50 L

(3) 불활성 가스에 봉입하여 보관

[해설]
산화프로필렌(특수인화물)
- 인화점 : -37 ℃
- 분자식 : CH_3CHOCH_2
- 지정수량 : 50 L
- 저장방법 : 불활성 가스에 봉입하여 보관

TIP 아세톤도 분자량이 58이지만 인화점이 -11 ℃이므로 구분

19 염소산칼륨 1 kg 완전분해 시 발생되는 산소의 부피 (m³)를 구하시오. (단, 표준상태이며 칼륨원자량 39, 염소원자량 35.5이다)

> **정답**
>
> 0.27 m³
>
> [해설]
> 염소산칼륨($KClO_3$) 분해 시 산소부피 계산
> - 반응식 : $2KClO_3 \rightarrow 2KCl + 3O_2$
> - 염소산칼륨 몰 수 = 1,000 g / (39 + 35.5 + 16 × 3) = 8.16 mol
> - 산소 몰 수 : 염소산칼륨과 2 : 3 비율이므로 8.16 × 3/2 = 12.24 mol 발생
> - 산소 부피 = 12.24 mol × 22.4 L/mol = 274.18 L = 0.27 m³

20 제조소등의 완공검사 신청시기에 대한 질문이다. 제조소등별 신청시기를 쓰시오.

(1) 이동탱크저장소의 경우

(2) 지하탱크가 있는 제조소등의 경우

(3) 이송취급소의 경우(지하·하천 등에 매설하는 경우는 제외한다)

(4) 제조소등의 완공검사를 실시한 결과 기술기준에 적합하다고 인정되는 경우 시·도지사는 무엇을 교부해야 하는지 쓰시오.

> **정답**
>
> (1) 이동저장탱크를 완공하고 상치장소를 확보한 후
> (2) 지하탱크를 매설하기 전
> (3) 이송배관 공사의 전체 또는 일부가 완료한 후
> (4) 완공검사합격확인증

[해설]
제조소등의 완공검사
1. 신청 시기
    - 이동탱크저장소 : 이동저장탱크를 완공하고 상치장소를 확보한 후
    - 지하탱크가 있는 제조소등 : 지하탱크를 매설하기 전
    - 이송취급소 : 이송배관 공사의 전체 또는 일부가 완료한 후(지하·하천 등에 매설하는 경우는 이송배관을 매설하기 전)
    - 전체 공사가 완료된 후에는 완공검사를 실시하기 곤란한 경우
        ㉠ 위험물설비 또는 배관설비가 완료되어 기밀시험 또는 내압시험을 실시하는 시기
        ㉡ 배관을 지하에 설치하는 경우에는 시·도지사, 소방서장 또는 기술원이 지정하는 부분을 매몰하기 직전
        ㉢ 기술원이 지정하는 부분의 비파괴시험을 실시하는 시기
    - 위의 경우를 제외한 제조소등 : 제조소등의 공사를 완료한 후
2. 제조소등의 완공검사를 실시한 결과 기술기준에 적합하다고 인정되는 경우 : 시·도지사는 완공검사합격확인증을 교부하여야 한다.

2020 4회

01 제4류 위험물인 아세트알데하이드에 대하여 다음 물음에 답하시오.

(1) 압력탱크가 아닌 옥외저장탱크에 저장할 경우 온도
(2) 아세트알데하이드의 연소범위가 4.1 ~ 57 %일 경우 위험도
(3) 아세트알데하이드가 공기 중에서 산화 시 생성되는 물질의 명칭

정답

① 15 ℃ 이하 ② 12.90 ③ 아세트산

[해설]

아세트알데하이드(CH_3CHO)

- 옥내 · 외저장탱크 또는 지하저장탱크 중 압력탱크 외의 탱크에 저장 시 온도
  산화프로필렌 · 다이에틸에터 : 30 ℃ 이하
  아세트알데하이드 : <u>15 ℃ 이하</u>
- 옥내 · 외저장탱크 또는 지하저장탱크 중 압력탱크에 저장 시 온도
  아세트알데하이드 · 다이에틸에터 등 : 40 ℃ 이하
- 아세트알데하이드 · 다이에틸에터 등 이동저장탱크에 저장 시 온도
  보냉장치가 있는 경우 : 비점 이하
  보냉장치가 없는 경우 : 40 ℃ 이하
- 위험도 = $\dfrac{\text{상한계} - \text{하한계}}{\text{하한계}}$ = $\dfrac{57 - 4.1}{4.1}$ = 12.90
- 산화과정 : 아세트알데하이드는 산화하여 아세트산이 된다.
  C_2H_5OH(에탄올) → CH_3CHO(아세트알데하이드) → <u>CH_3COOH(아세트산)</u>

02 염소산칼륨이 담긴 용기에 적린을 넣고 충격을 가하니 폭발하였다. 다음 물음에 답하시오.

(1) 적린과 염소산칼륨의 반응식을 쓰시오.

(2) 위 반응에서 생성되는 기체가 물과 반응하여 생성되는 물질의 명칭을 쓰시오.

정답

(1) $5KClO_3 + 6P \rightarrow 5KCl + 3P_2O_5$ (2) 인산

[해설]
적린과 염소산칼륨 반응
- 반응식 : $5KClO_3 + 6P \rightarrow 5KCl + 3P_2O_5$(오산화인)
- 오산화인과 물 반응 : $P_2O_5 + 3H_2O \rightarrow 2H_3PO_4$(인산)
  반응 시 H_3PO_4(인산) 생성

03 다음은 제5류 위험물의 품명이다. 보기에서 위험물의 상태를 고체와 액체로 나눠 구분하시오.

[보기]
질산에틸, 질산메틸, 나이트로글리세린, 나이트로글라이콜, 나이트로셀룰로오스

정답

고체 : 나이트로셀룰로오스
액체 : 질산에틸, 질산메틸, 나이트로글리세린, 나이트로글라이콜

[해설]
제5류 위험물 종류

품명	물질명	상태	지정수량
질산에스터류	• 질산메틸 • 질산에틸	액체 액체	종 판단 필요
	• 나이트로글라이콜 • 나이트로글리세린 • 나이트로셀룰로오스	액체 액체 고체	10 kg
	• 셀룰로오스	고체	100 kg

2020년 4회

04 제1종 판매취급소의 배합실 기준에 대한 설명이다. ( ) 안에 알맞은 답을 쓰시오.

- 바닥면적은 (①) m² 이상 (②) m² 이하로 할 것
- (③) 또는 (④)로 된 벽으로 구획할 것
- 바닥은 위험물이 침투하지 아니하는 구조로 하여 적당한 경사를 두고 (⑤)를 할 것
- 출입구에는 수시로 열 수 있는 자동폐쇄식의 (⑥)을 설치할 것
- 출입구 문턱의 높이는 바닥면으로부터 (⑦) m 이상으로 할 것

정답

① 6　　② 15　　③ 내화구조　　④ 불연재료　　⑤ 집유설비
⑥ 60분+방화문 또는 60분방화문　　⑦ 0.1 m

[해설]
제1종 판매취급소 배합실 기준
- 바닥면적 : <u>6 m² 이상 15 m² 이하</u> 면적으로 적당한 경사를 두고 집유설비를 할 것
- 벽 : 내화구조 또는 불연재료로 된 벽으로 구획할 것
- 출입구의 방화문 : 수시로 열 수 있는 자동폐쇄식의 60분+방화문 또는 60분방화문을 설치할 것
- 출입구 문턱 높이 : 바닥면으로부터 0.1 m 이상

05 다음은 인화점 측정시험에 대한 설명이다. ( ) 안에 알맞은 답을 쓰시오.

(1) (①) 인화점측정기
- 시험장소는 1기압, 무풍의 장소로 할 것
- 시료컵을 설정온도까지 가열 또는 냉각하여 시험물품(설정온도가 상온보다 낮은 온도인 경우에는 설정온도까지 냉각한 것) 2 mL를 시료컵에 넣고 즉시 뚜껑 및 개폐기를 닫을 것

(2) (②) 인화점측정기
- 시험장소는 1기압, 무풍의 장소로 할 것
- 시료컵에 시험물품 50 cm³을 넣고 시험물품의 표면의 기포를 제거한 후 뚜껑을 덮을 것

(3) (③) 인화점측정기
- 시험장소는 1기압, 무풍의 장소로 할 것
- 시료컵의 표선까지 시험물품을 채우고 시험물품 표면의 기포를 제거한 후 뚜껑을 덮을 것

정답

① 신속평형법   ② 태그 밀폐식   ③ 클리브랜드 개방컵

[해설]
인화점 측정시험
1. 신속평형법 인화점 측정기에 의한 인화점 측정시험
   - 시험장소는 1기압, 무풍의 장소로 할 것
   - 시료컵을 설정온도까지 가열 또는 냉각하여 시험물품(설정온도가 상온보다 낮은 온도인 경우에는 설정온도까지 냉각한 것) 2 mL를 시료컵에 넣고 즉시 뚜껑 및 개폐기를 닫을 것
2. 태그 밀폐식 인화점 측정기에 의한 인화점 측정시험
   - 시험장소는 1기압, 무풍의 장소로 할 것
   - 시료컵에 시험물품 50 cm³을 넣고 시험물품의 표면의 기포를 제거한 후 뚜껑을 덮을 것
3. 클리브랜드 개방컵 인화점 측정기에 의한 인화점 측정시험
   - 시험장소는 1기압, 무풍의 장소로 할 것
   - 시료컵의 표선까지 시험물품을 채우고 시험물품 표면의 기포를 제거한 후 뚜껑을 덮을 것

06 벤젠 16 g이 증기로 될 경우 70 ℃, 1 atm 상태에서 부피는 몇 L가 되겠는가?

정답

5.77 L

[해설]
벤젠기체 부피 계산
- $PV = nRT = \dfrac{w}{M}RT$, $V = \dfrac{wRT}{PM}$

- 벤젠(C_6H_6) 분자량 M = 78 g/mol
  - 압력 P = 1 atm
  - 질량 w = 16 g
  - 절대온도 T = 70 + 273 = 343 K
  - 이상기체상수 R = 0.082 atm·L/mol·K
- $V = \dfrac{16 \times 0.082 \times 343}{1 \times 78} = 5.77\,L$

07 탄화칼슘 32 g이 물과 반응해 생성되는 기체가 완전연소하기 위해 필요한 산소 부피(L)를 계산하시오. (단, 표준상태라고 가정한다)

정답

28 L

[해설]

산소부피 계산

1. 탄화칼슘(CaC_2)과 물 반응식 : $CaC_2 + 2H_2O \rightarrow Ca(OH)_2 + C_2H_2$(아세틸렌)
2. 아세틸렌 가스 완전연소반응식 : $2C_2H_2 + 5O_2 \rightarrow 4CO_2 + 2H_2O$
3. 산소부피 계산
   - 탄화칼슘 몰 수 = 32 g/(40 + 2 × 12) = 0.5 mol
   - 아세틸렌 몰 수 : 탄화칼슘과 1 : 1 비율이므로 0.5 mol
   - 아세틸렌과 산소는 2 : 5 비율로 반응하므로 0.5 × 5/2 = 1.25 mol
   - 산소부피(표준상태) = 1.25 mol × 22.4 L/mol = 28 L

08 다음 보기 중 불활성 가스 소화설비에 적응성이 있는 위험물을 모두 고르시오.

[보기]
(1) 제1류 위험물 중 알칼리금속의 과산화물　　(2) 제2류 위험물 중 인화성 고체
(3) 제3류 위험물 중 금수성 물질　　　　　　　(4) 제4류 위험물
(5) 제5류 위험물　　　　　　　　　　　　　　(6) 제6류 위험물

정답

제2류 위험물 중 인화성 고체, 제4류 위험물

[해설]
불활성 가스 소화설비 적응성
- 불활성 가스 소화설비 : 질식소화
- 위험물별 소화방법

분류	소화방법
제1류 위험물(알칼리금속의 과산화물 제외)	냉각소화
제2류 위험물(철분·금속분·마그네슘, 인화성 고체 제외)	냉각소화
제2류 중 인화성 고체	냉각소화, 질식소화 모두 가능
제3류(금수성 물질 제외)	냉각소화
제4류 위험물	질식소화
제5류 위험물	냉각소화
제6류 위험물	냉각소화
알칼리금속의 과산화물(제1류)	탄산수소염류·건조사·팽창질석·팽창진주암
철분·금속분·마그네슘(제2류)	
금수성 물질(제3류)	

09 제4류 위험물 중 물이나 알코올에 잘 녹고 분자량이 27, 비점이 26 ℃, 무색을 띠는 맹독성 기체에 대한 물음에 답하시오.

(1) 화학식 (2) 증기비중

정답

(1) HCN (2) 0.93

[해설]
사이안화수소(제4류 위험물 중 수용성)
- 수용성으로 무색을 띠는 맹독성 기체
- 화학식 : HCN
- 증기비중 = 27/29 = 0.93

10 다음 제3류 위험물과 물과의 반응식을 쓰시오.

(1) 트라이메틸알루미늄

(2) 트라이에틸알루미늄

> **정답**
>
> (1) $(CH_3)_3Al + 3H_2O \rightarrow Al(OH)_3 + 3CH_4$
> (2) $(C_2H_5)_3Al + 3H_2O \rightarrow Al(OH)_3 + 3C_2H_6$
>
> [해설]
> 제3류 위험물과 물 반응
> - 트라이메틸알루미늄[$(CH_3)_3Al$]
> $(CH_3)_3Al + 3H_2O \rightarrow Al(OH)_3 + 3CH_4$
> - 트라이에틸알루미늄[$(C_2H_5)_3Al$]
> $(C_2H_5)_3Al + 3H_2O \rightarrow Al(OH)_3 + 3C_2H_6$

11 제5류 위험물인 피크르산의 구조식과 품명, 지정수량을 쓰시오.

(1) 구조식

(2) 품명

(3) 폭발성 및 가열분해성 판정결과 2종일 때 해당 위험물의 지정수량

> **정답**
>
> (1) 구조식 : 2,4,6-트라이나이트로페놀 구조 (OH기, NO_2기 3개가 벤젠고리에 결합)
>
> (2) 나이트로화합물
> (3) 100 kg

[해설]
피크르산(트라이나이트로페놀)
- 분자식 : $C_6H_2OH(NO_2)_3$
- 품명 : 나이트로화합물
- 지정수량 : 100 kg

| 구조식 | 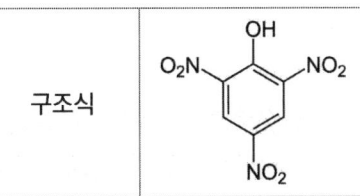 |

---

12 옥외탱크저장소의 방유제에 대한 설명이다. 보기를 참고하여 다음 물음에 답하시오.

[보기]
옥외탱크저장소의 옥외저장탱크 2기 사이에 둑이 하나 설치되어 있다.
㈀ 내용적 5천만 L에 휘발유 3천만 L 저장탱크
㈁ 내용적 1억 2천만 L에 경유 8천만 L 저장탱크

(1) 옥외저장탱크 ㈀의 최대저장량은 몇 m^3인가?
(2) 옥외탱크저장소 방유제의 최소용량은 몇 m^3인가? (공간용적은 10 %로 한다)
(3) 탱크 사이에 있는 공작물의 명칭은?

정답
(1) 47,500 m^3 (2) 118,800 m^3 (3) 간막이 둑

[해설]
옥외탱크저장소의 방유제
(1) 옥외저장탱크 최대저장량 : 탱크용량 = 내용적 - 공간용적
- 공간용적 : 5 ~ 10 %이므로 5 %일 때 최대용량
- 옥외저장탱크 ㈀ 최대용량 = 50,000,000 × 0.95 = 47,500,000 L = <u>47,500 m^3</u>

(2) 옥외탱크저장소 방유제 용량 : 최대탱크용량의 110 %
- 최대탱크는 (L), 최대탱크용량 = 120,000,000 × 0.9 (공간용적 10 %) = 108,000,000 L
- 방유제 용량 = 108,000,000 × 1.1 (110 %) = 118,800,000 L = <u>118,800 m^3</u>

(3) 용량이 1,000 L 이상인 옥외저장탱크 주위에 설치하는 방유제에는 <u>간막이 둑</u>을 설치

13 위험물 운반에 관한 기준에서 다음 표에 혼재 가능한 위험물은 ○, 혼재 불가능한 위험물은 ×로 표시하시오. (단, 지정수량이 1/10을 초과하는 위험물에 적용하는 경우이다)

구분	제1류	제2류	제3류	제4류	제5류	제6류
제1류		×	×	( )	×	( )
제2류	( )		×	( )	○	( )
제3류	( )	×		( )	×	( )
제4류	( )	○	○		○	( )
제5류	( )	○	×	( )		( )
제6류	( )	×	×	( )	×	

정답

구분	제1류	제2류	제3류	제4류	제5류	제6류
제1류		×	×	×	×	○
제2류	×		×	○	○	×
제3류	×	×		○	×	×
제4류	×	○	○		○	×
제5류	×	○	×	○		×
제6류	○	×	×	×	×	

[해설]
운반 시 혼재 가능 위험물

위험물 종류			혼재 여부
1↓	6		혼재 가능
2↓	5↑	4	혼재 가능
3→	4↑		혼재 가능

TIP 1 2 3 4 5 6을 화살표 방향으로 적고 가운데에 4를 적어서 같은 줄이 혼재 가능 위험물

14 위험물안전관리법령에 따른 위험물의 저장 및 취급기준이다. 다음 물음의 빈칸을 채우시오.

(1) 제(①)류 위험물은 불티, 불꽃, 고온체와 접근이나 과열, 충격 또는 마찰을 피해야 한다.
(2) 제(②)류 위험물은 가연물과의 접촉·혼합이나 분해를 촉진하는 물품과 접근 또는 과열을 피해야 한다.
(3) 제(③)류 위험물은 불티, 불꽃, 고온체와 접근 또는 과열을 피하고, 함부로 증기를 발생시키지 않아야 한다.

정답

① 5   ② 6   ③ 4

[해설]
위험물 저장 및 취급 공통기준
- 제4류 위험물 : 불티·불꽃·고온체와의 접근 또는 과열을 피하고, 함부로 증기를 발생시키지 아니하여야 한다.
- 제5류 위험물 : 불티·불꽃·고온체와의 접근이나 과열·충격 또는 마찰을 피하여야 한다.
- 제6류 위험물 : 가연물과의 접촉·혼합이나 분해를 촉진하는 물품과의 접근 또는 과열을 피하여야 한다.

15 위험물안전관리법령에서 정한 옥내저장소이다. 다음 보기를 참고하여 물음에 답하시오.

> [보기]
> - 저장소의 외벽은 내화구조이다.
> - 연면적은 150 m²이다.
> - 저장소에는 에탄올 1,000 L, 등유 1,500 L, 동식물유류 20,000 L, 특수인화물 500 L를 저장한다.

(1) 옥내저장소의 소요단위를 계산하시오.

(2) [보기]에서 위험물의 소요단위는 얼마인지 구하시오.

정답

(1) 1 소요단위   (2) 1.6 소요단위

[해설]

소요단위 계산

(1) 옥내저장소 소요단위 계산

구분	내화구조	비내화구조
제조소·취급소	연면적 100 m²	연면적 50 m²
저장소	연면적 150 m²	연면적 75 m²
위험물	지정수량 10배	

옥내저장소 연면적 150 m²이므로 <u>1 소요단위</u>

(2) 위험물 소요단위 계산
- 총 지정수량 배수
  = 1,000 L / 400 L + 1,500 L / 1,000 L + 20,000 L / 10,000 L + 500 L / 50 L = 16
- 총 소요단위 = 16 / 10 = <u>1.6 소요단위</u>

16 다음 보기에서 제4류 위험물 중 비수용성인 위험물을 고르시오. (단, 없으면 '없다'라고 표시)

[보기]
① 이황화탄소　　　　　　　② 아세톤
③ 아세트알데하이드　　　　④ 에틸렌글라이콜
⑤ 클로로벤젠　　　　　　　⑥ 스티렌

정답

①, ⑤, ⑥

[해설]
제4류 위험물 수용성 여부
① 이황화탄소 : 특수인화물 중 비수용성
② 아세톤 : 제1석유류 중 수용성
③ 아세트알데하이드 : 특수인화물 중 수용성
④ 에틸렌글라이콜 : 제3석유류 중 수용성
⑤ 클로로벤젠 : 제2석유류 중 비수용성
⑥ 스티렌 : 제2석유류 중 비수용성

17 다음 제1류 위험물의 열분해반응식을 쓰시오.

(1) 아염소산칼륨

(2) 염소산칼륨

(3) 과염소산칼륨

정답

(1) $KClO_2 \rightarrow KCl + O_2$
(2) $KClO_3 \rightarrow KCl + 1.5O_2$
(3) $KClO_4 \rightarrow KCl + 2O_2$

[해설]
제1류 위험물 열분해반응식
(1) 아염소산칼륨($KClO_2$) 열분해반응식 : $KClO_2 \rightarrow KCl + O_2$
(2) 염소산칼륨($KClO_3$) 열분해반응식 : $2KClO_3 \rightarrow 2KCl + 3O_2$
(3) 과염소산칼륨($KClO_4$) 열분해반응식 : $KClO_4 \rightarrow KCl + 2O_2$

18 자체소방대에 관한 내용이다. 물음에 답하시오.

(1) 아래 [보기] 중 자체소방대 설치 대상으로 맞는 것을 찾아 번호를 쓰시오.

―――――[보기]―――――
① 염소산염류 250톤을 취급하는 제조소
② 염소산염류 250톤을 취급하는 일반취급소
③ 특수인화물 250 kL를 취급하는 제조소
④ 특수인화물 250 kL를 취급하는 충전하는 일반취급소

(2) 자체소방대의 화학소방자동차가 1대일 경우 자체소방대원의 인원을 몇 명 이상인가?

(3) 다음 [보기] 중 자체소방대에 대한 설비의 기준으로 틀린 것을 고르시오.

―――――[보기]―――――
① 다른 사업소 등과 상호협정을 체결 한 경우 그 모든 사업소를 하나의 사업소로 본다.
② 10만 L 이상의 포수용액을 방사할 수 있는 양의 소화약제를 비치할 것
③ 포수용액 방사 차는 자체 소방차 대수의 2/3 이상이어야 하고, 포수용액의 방사능력은 매분 3,000 L 이상일 것
④ 포수용액 방사 차에는 소화약액탱크 및 소화약액혼합장치를 비치할 것

(4) 자체소방대를 두지 아니하고 제조소 등의 허가를 받은 관계인의 벌칙은?

> 정답

(1) ③ (2) 5명 (3) ③ (4) 1년 이하의 징역 또는 1,000만 원 이하의 벌금

[해설]
자체소방대 기준
(1) 자체소방대 설치 기준 : 제4류 위험물을 지정수량 3,000배 이상 취급하는 제조소 및 일반취급소
  - 염소산염류 : 제1류 위험물로 자체소방대가 필요 없다.
    - 특수인화물 : 지정수량 50 L
  - 일반취급소 중 자체소방대 설치 제외대상
    - 보일러, 버너 그 밖에 유사한 장치로 위험물을 소비하는 일반취급소
    - 이동저장탱크 그 밖에 유사한 것에 위험물을 주입하는 일반취급소(충전하는 일반취급소)
    - 용기에 위험물을 옮겨 담는 일반취급소
    - 유압장치, 윤활유순환장치 그 밖에 이와 유사한 장치로 위험물을 취급하는 일반취급소
    - [광산안전법]의 적용을 받는 일반취급소
  - 특수인화물 지정수량 배수 = 250,000 L / 50 L = 5,000배수
  - ①, ②, ④를 제외한 ③에 자체소방대 설치

(2) 화학소방자동차 대수별 자체소방대원 수

사업소 구분(제4류 위험물 지정수량)	화학소방자동차	자체소방대원
3천 배 이상 12만 배 미만	1대	5명
12만 배 이상 24만 배 미만	2대	10명
24만 배 이상 48만 배 미만	3대	15명
48만 배 이상	4대	20명

(3) 자체소방대 설비기준
  - 2 이상의 사업소가 상호응원 협정을 체결하고 있는 경우 해당 사업소를 하나의 사업소로 본다.
  - 포수용액 방사차의 포수용액 방수량은 매 분 2,000 L 이상일 것
  - 포수용액 방사차는 10만 L 이상의 포수용액을 방사할 수 있는 소화약제를 비치할 것
  - 포수용액 방사차에는 소화약액탱크 및 소화약액혼합장치를 비치할 것

(4) 자체소방대를 두지 아니하고 제조소 등의 허가를 받은 관계인
  : 1년 이하의 징역 또는 1,000만 원 이하의 벌금

19 농도가 36 wt% 이상인 경우 위험물로 본다. 이 위험물에 대하여 물음에 답하시오.

(1) 이 물질의 분해 반응식을 쓰시오.

(2) 이 위험물의 위험등급을 쓰시오.

(3) 이 물질을 운반하는 경우 운반용기 외부에 표시하여야 할 주의사항을 쓰시오.

정답

(1) $2H_2O_2 \rightarrow 2H_2O + O_2$
(2) 위험등급 I
(3) 가연물접촉주의

[해설]

과산화수소(제6류 위험물)

품명	물질명	위험물이 되는 조건
과염소산	과염소산	모두 위험물
과산화수소	과산화수소	농도 36 중량% 이상
질산	질산	비중 1.49 이상

(1) 과산화수소(H_2O_2) 분해반응식
  $2H_2O_2 \rightarrow 2H_2O + O_2$
(2) 과산화수소 위험등급 : 위험등급 I
(3) 과산화수소 운반용기에 표시하여야 할 주의사항 : 가연물접촉주의

20 다음 제1류 위험물의 품명, 지정수량을 쓰시오.

(1) KIO_3

(2) $AgNO_3$

(3) $KMnO_4$

정답

(1) 아이오딘산염류, 300 kg
(2) 질산염류, 300 kg
(3) 과망가니즈산염류, 1,000 kg

[해설]
제1류 위험물 품명과 지정수량
(1) KIO_3(아이오딘산칼륨)
  • 품명 : 아이오딘산염류
  • 지정수량 : 300 kg
(2) $AgNO_3$(질산은)
  • 품명 : 질산염류
  • 지정수량 : 300 kg
(3) $KMnO_4$(과망가니즈산칼륨)
  • 품명 : 과망가니즈산염류
  • 지정수량 : 1,000 kg

2020 5회

01 다음 제3류 위험물 품명과 지정수량 표를 채우시오.

품명	지정수량
칼륨	①
나트륨	②
알킬리튬	③
④	10 kg
⑤	20 kg
알칼리금속 및 알칼리토금속	⑥
유기금속과산화물	⑦

정답

① 10 kg   ② 10 kg   ③ 10 kg   ④ 알킬알루미늄
⑤ 황린   ⑥ 50 kg   ⑦ 50 kg

[해설]
제3류 위험물 지정수량

품명	지정수량
칼륨	10 kg
나트륨	10 kg
알킬리튬	10 kg
알킬알루미늄	10 kg
황린	20 kg
알칼리금속 및 알칼리토금속	50 kg
유기금속과산화물	50 kg

02 다음은 옥외탱크저장소의 방유제에 관한 사항이다. ( ) 안에 알맞은 답을 쓰시오. (단, 방유제 내의 전 탱크용량이 20만 L 이하이고, 위험물의 인화점이 70 ℃ 이상 200 ℃ 미만인 것)

- 높이 : (①) 이상 (②) 이하
- 방유제 내 면적 : (③) m^2 이하
- 방유제 내 옥외저장탱크 최대 수 : (④)기

정답

① 0.5 m   ② 3 m   ③ 80,000   ④ 20기

[해설]
옥외탱크저장소의 방유제 구조 기준
1. 방유제의 높이 : 0.5 m 이상 3 m 이하
2. 계단 : 높이 1 m 이상의 방유제에는 50 m 간격으로 방유제의 안과 밖에 설치
3. 방유제 내 면적 : 80,000 m^2 이하
4. 방유제 내 탱크의 기수
   - 10기 이하
   - 20기 이하로 할 경우 : 방유제 내의 전 탱크용량이 20만 L 이하이고, 위험물의 인화점이 70 ℃ 이상 200 ℃ 미만인 것
   - 기수에 제한을 두지 않을 경우 : 인화점 200 ℃ 이상인 것

03 다음 보기에 제4류 위험물 중 인화점이 낮은 것부터 순서대로 나열하시오.

―――[보기]―――
다이에틸에터, 이황화탄소, 산화프로필렌, 아세톤

정답

다이에틸에터, 산화프로필렌, 이황화탄소, 아세톤

[해설]

제4류 위험물 인화점

- 다이에틸에터 : -45 ℃
- 이황화탄소 : -30 ℃
- 산화프로필렌 : -37 ℃
- 아세톤 : -18 ℃

04 다음 위험물의 품명과 지정수량을 적으시오.

(1) HCN

(2) N_2H_4

(3) $C_3H_5(OH)_3$

(4) $C_2H_4(OH)_2$

(5) CH_3COOH

정답

(1) 제1석유류, 400 L
(2) 제2석유류, 2,000 L
(3) 제3석유류, 4,000 L
(4) 제3석유류, 4,000 L
(5) 제2석유류, 2,000 L

[해설]

위험물 품명과 지정수량

위험물	품명	지정수량
(1) HCN(사이안화수소)	제1석유류(수용성)	400 L
(2) N_2H_4(하이드라진)	제2석유류(수용성)	2,000 L
(3) $C_3H_5(OH)_3$(글리세롤)	제3석유류(수용성)	4,000 L
(4) $C_2H_4(OH)_2$(에틸렌글라이콜)	제3석유류(수용성)	4,000 L
(5) CH_3COOH(아세트산)	제2석유류(수용성)	2,000 L

05 옥내소화전설비에서 압력수조를 이용한 가압송수장치를 사용할 때 압력의 ( )을 채우시오.

$$P = (①) + (②) + (③) + (④)$$

정답

① 소방용 호스의 마찰손실압
② 배관의 마찰손실압
③ 낙차의 환산압
④ 0.35 MPa
(순서는 무관하다)

[해설]
옥내소화전설비 압력수조를 이용한 가압송수장치 압력
P = 소방용 호스의 마찰손실압 + 배관의 마찰손실압 + 낙차의 환산압 + 0.35 MPa

06 다음 보기 중 나트륨 화재 시 적응성 있는 소화방법을 모두 고르시오.

[보기]
포소화설비, 인산염류 분말소화약제, 건조사, 팽창질석, 이산화탄소 소화설비

정답

건조사, 팽창질석

[해설]
나트륨 화재 적응성 있는 소화설비
탄산수소염류 · 건조사 · 팽창질석 · 팽창진주암으로 소화 가능

07 [보기] 중 제2류 위험물에 관한 특징으로 옳은 번호를 고르시오.

[보기]
(1) 황화인, 적린, 황은 위험등급Ⅱ이다.
(2) 고형알코올은 지정수량이 1,000 kg이고, 품명은 알코올류이다.
(3) 대부분 물에 녹는다.
(4) 비중이 1보다 작다.
(5) 지정수량은 100 kg, 500 kg, 1,000 kg이 있다.
(6) 제조소 게시판의 주의사항은 화기엄금과 화기주의 중 한 개를 표기한다.

정답

(1), (5), (6)

[해설]
제2류 위험물 특징
(1) 황화인, 적린, 황은 위험등급Ⅱ이다.
(2) 고형알코올은 지정수량이 1,000 kg이고, 품명은 <u>인화성 고체</u>이다.
(3) 대부분 물에 <u>안 녹는다</u>.
(4) 비중이 <u>1보다 크다</u>.
(5) 지정수량은 100 kg, 500 kg, 1,000 kg이 있다.
(6) 제조소 게시판의 주의사항은 화기엄금과 화기주의 중 한 개를 표기한다.

08 다음은 단층건물 옥내탱크저장소 제1석유류를 보관하는 옥내저장탱크 기준이다. (   )을 채우시오.

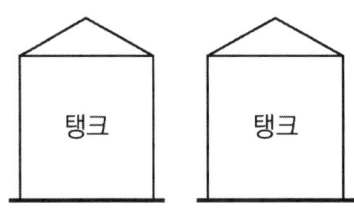

- 두 옥내저장탱크 사이 간격 : (①)
- 옥내저장탱크와 벽면 사이 간격 : (②)
- 탱크 두 개 용량 합계의 최대량 : (③)

정답

① 0.5 m 이상   ② 0.5 m 이상   ③ 20,000 L

[해설]

옥내저장탱크 구조와 용량 기준

1. 옥내저장탱크의 두께 : 3.2 mm 이상의 강철판
2. 옥내저장탱크와 탱크전용실 벽과의 사이 간격 : 0.5 m 이상
3. 옥내저장탱크 상호 간의 간격 : 0.5 m 이상
4. 옥내저장탱크 용량 합계(단층 건물) : 지정수량 40배 이하 (단, 제4석유류 및 동식물유 외의 제4류 위험물은 20,000 L 초과 시 최대 20,000 L까지 저장)

09 다음 보기 중 옥내저장소에서 위험물을 1 m 이상 간격을 두었을 때 저장 가능한 위험물을 골라 적으시오.

[보기]

과산화나트륨, 염소산칼륨, 과염소산칼륨, 아세트산, 아세톤, 질산

(1) 질산메틸

(2) 황린

(3) 인화성 고체

정답

(1) 염소산칼륨, 과염소산칼륨
(2) 염소산칼륨, 과염소산칼륨, 과산화나트륨
(3) 아세트산, 아세톤

[해설]
옥내·외저장소 1 m 이상 간격을 두었을 때 저장 가능한 위험물

제1류 위험물(알칼리금속의 과산화물 제외)	제5류 위험물
제1류 위험물	• 제3류 위험물 중 자연발화성 물질 • 제6류 위험물
제2류 위험물 중 인화성 고체	제4류 위험물
제3류 위험물 중 알킬알루미늄·알킬리튬	제4류 위험물
제4류 위험물	제5류 위험물 중 유기과산화물

(1) 질산메틸(제5류 중 질산에스터)
   알칼리금속의 과산화물이 아닌 제1류 위험물(염소산칼륨, 과염소산칼륨)
(2) 황린(제3류 중 자연발화성 물질)
   알칼리금속의 과산화물이 아닌 제1류 위험물(염소산칼륨, 과염소산칼륨, 과산화나트륨)
(3) 인화성 고체(제2류) : 제4류 위험물(아세트산, 아세톤)

10 다음 위험물의 운반용기 수납률을 적으시오.

(1) 질산칼륨

(2) 질산

(3) 과염소산

(4) 알킬알루미늄

(5) 알킬리튬

정답

(1) 95 % 이하   (2) 98 % 이하   (3) 98 % 이하   (4) 90 % 이하   (5) 90 % 이하

[해설]
운반용기 수납률
• 액체위험물 : 내용적 98 % 이하의 수납률로 수납
• 고체위험물 : 내용적 95 % 이하의 수납률로 수납
• 제3류 위험물 중 알킬알루미늄 등 : 내용적 90% 이하의 수납률로 수납

• 각 위험물의 상태
  (1) 질산칼륨 : 제1류 위험물로 고체
  (2) 질산 : 제6류 위험물로 액체
  (3) 과염소산 : 제6류 위험물로 액체
  (4) 알킬알루미늄 : 제3류 위험물 중 알킬알루미늄 등
  (5) 알킬리튬 : 제3류 위험물 중 알킬알루미늄 등

11 주유취급소 중 고정주유설비 및 고정급유설비 설치 기준을 적으시오.

(1) 도로경계선에서 고정주유설비의 중심선 기점까지의 거리
(2) 도로경계선에서 고정급유설비의 중심선 기점까지의 거리
(3) 부지경계선에서 고정주유설비의 중심선 기점까지의 거리
(4) 부지경계선에서 고정급유설비의 중심선 기점까지의 거리
(5) 개구부가 없는 벽의 고정주유설비의 중심선 기점까지의 거리

정답

(1) 4 m 이상
(2) 4 m 이상
(3) 2 m 이상
(4) 1 m 이상
(5) 1 m 이상

[해설]
고정주유설비 및 고정급유설비 설치 기준

구분	도로경계선	부지경계선	개구부 없는 벽
고정주유설비 중심선 기준	4 m 이상	2 m 이상	1 m 이상
고정급유설비 중심선 기준	4 m 이상	1 m 이상	1 m 이상

12 다음 물질이 충분한 물과 반응할 때 생성되는 기체의 몰 수는 얼마인지 구하시오. (단, Na 원자량 23, K 원자량 39이다)

(1) 과산화나트륨 78 g
- 계산과정 :
- 답 :

(2) 수소화칼륨 40 g
- 계산과정 :
- 답 :

> **정답**

(1) 과산화나트륨 78 g
- 계산과정
  ① $Na_2O_2 + H_2O \rightarrow 2NaOH + 0.5O_2$
  ② Na_2O_2 분자량 = 23 × 2 + 16 × 2 = 78 g/mol ⇒ 과산화나트륨 78 g = 1 mol
  ③ 1 mol Na_2O_2 소모해 <u>0.5 mol O_2 생성</u>
- 답 : 0.5 mol

(2) 수소화칼륨(KH) 40 g
- 계산과정
  ① $KH + H_2O \rightarrow KOH + H_2$
  ② KH 분자량 = 39 + 1 = 40 g/mol ⇒ 과산화나트륨 40 g = 1 mol
  ③ 1 mol KH 소모해 <u>1 mol H_2 생성</u>
- 답 : 1 mol

13 인화칼슘에 대한 아래 물음에 답하시오.

(1) 위험물류

(2) 지정수량

(3) 물과의 반응식

(4) 물과 반응 후 발생하는 유해가스

> **정답**
>
> (1) 제3류 위험물
> (2) 300 kg
> (3) $Ca_3P_2 + 6H_2O \rightarrow 3Ca(OH)_2 + 2PH_3$
> (4) PH_3(포스핀)

[해설]
인화칼슘(Ca_2P_3)
- 위험물류 : 제3류 위험물
- 지정수량 : 300 kg
- 물과의 반응식 : $Ca_3P_2 + 6H_2O \rightarrow 3Ca(OH)_2 + 2PH_3$
- 반응 후 유해가스 PH_3(포스핀) 발생

14 다음 물질의 운반용기 외부에 표시하는 주의사항을 모두 적으시오.

(1) 질산칼륨
(2) 철분
(3) 황린
(4) 아닐린
(5) 질산

> **정답**
>
> (1) 화기·충격주의, 가연물접촉주의
> (2) 물기엄금, 화기주의
> (3) 화기엄금, 공기접촉엄금
> (4) 화기엄금
> (5) 가연물접촉주의

[해설]
운반용기 외부 표시 주의사항
(1) 질산칼륨(제1류 위험물 중 질산염류) : 화기·충격주의, 가연물접촉주의
(2) 철분(제2류 위험물 중 철분) : 물기엄금, 화기주의
(3) 황린(제3류 위험물 중 자연발화성 물질) : 화기엄금, 공기접촉엄금
(4) 아닐린(제4류 위험물 중 제3석유류) : 화기엄금
(5) 질산(제6류 위험물 중 질산) : 가연물접촉주의

15 위험등급 II에 해당하는 품명을 두 가지씩 쓰시오.

(1) 제1류 위험물

(2) 제2류 위험물

(3) 제3류 위험물

(4) 제4류 위험물

정답

(1) 브로민산염류, 질산염류
(2) 황화인, 적린
(3) 알칼리금속 및 알칼리토금속, 유기금속화합물
(4) 제1석유류, 알코올류

[해설]
위험등급 II에 해당하는 품명

유별	제1류 위험물	제2류 위험물	제3류 위험물	제4류 위험물
위험등급 II	브로민산염류 질산염류 아이오딘산염류	황화인 적린 황	알칼리금속 및 알칼리토금속 유기금속화합물	제1석유류 알코올류

16 제1류 위험물 중 ANFO 화약의 원료로 쓰이는 물질에 대한 물음에 답하시오.

(1) 화학식

(2) 열분해식

정답

(1) NH_4NO_3

(2) $NH_4NO_3 \rightarrow N_2 + 2H_2O + 0.5O_2$

[해설]
질산암모늄(제1류 위험물)
- ANFO : 질산암모늄 94 %와 경질유 6 %를 혼합시켜 만든 폭약
- 질산암모늄 화학식 : NH_4NO_3
- 질산암모늄 열분해식 : $NH_4NO_3 \rightarrow N_2 + 2H_2O + 0.5O_2$

17 다음 제2류 위험물의 위험물 기준에서 빈칸을 쓰시오.

- 황은 순도가 (①) 중량퍼센트 이상인 것을 말한다. 이 경우 순도측정에 있어서 불순물은 활석 등 불연성 물질로 한다.
- 철분이라 함은 철의 분말로서 (②) 마이크로미터의 표준체를 통과하는 것이 (③) 중량퍼센트 미만인 것은 제외한다.
- 금속분이라 함은 알칼리금속, 알칼리토류금속, 철 및 마그네슘 외의 금속의 분말을 말하고, 구리분, 니켈분 및 (④) 마이크로미터의 체를 통과하는 것이 (⑤) 중량퍼센트 미만인 것은 제외한다.

정답

(1) 60
(2) 53
(3) 50
(4) 150
(5) 50

[해설]
제2류 위험물 기준
- 황 : 순도 60 중량% 이상
- 철분 : 철 분말로 53 μm 표준체 통과하는 50 중량% 이상
- 금속분 : 금속 분말로 150 μm 표준체 통과하는 50 중량% 이상
- 마그네슘 : 직경 2 mm 이상이거나 2 mm 체를 통과하지 못하는 덩어리 제외

18 이황화탄소에 대하여 다음 물음에 답하시오.

(1) 품명

(2) 연소반응식

(3) 수조에 보관할 때 수조의 두께

정답

(1) 특수인화물
(2) $CS_2 + 3O_2 \rightarrow CO_2 + 2SO_2$
(3) 0.2 m 이상

[해설]
이황화탄소(CS_2)
- 품명 : 특수인화물
- 연소반응식 : $CS_2 + 3O_2 \rightarrow CO_2 + 2SO_2$
- 이황화탄소를 저장하는 옥외저장탱크는 벽 및 바닥 두께 0.2 m 이상인 철근콘크리트 수조에 넣어 보관한다.

19 에틸알코올에 대하여 다음 물음에 답하시오.

(1) 완전연소반응식

(2) 칼륨과 반응할 때 발생되는 기체

(3) 에틸알코올의 구조이성질체로서 다이메틸에터의 시성식

정답

(1) $C_2H_5OH + 3O_2 \rightarrow 2CO_2 + 3H_2O$

(2) $2C_2H_5OH + 2K \rightarrow 2C_2H_5OK + H_2$

(3) CH_3OCH_3

[해설]

에틸알코올(C_2H_5OH) 반응

- 완전연소반응식 : $C_2H_5OH + 3O_2 \rightarrow 2CO_2 + 3H_2O$
- 칼륨과 반응 : $2C_2H_5OH + 2K \rightarrow 2C_2H_5OK + H_2$
- 다이메틸에터 시성식 : CH_3OCH_3

20 다음 제4류 위험물의 지정수량 배수의 총합을 구하시오.

- 이황화탄소 200 L
- 아세톤 400 L
- 아세트산 4,000 L
- 에틸렌글라이콜 12,000 L
- 실린더유 24,000 L

정답

14배수

[해설]

제4류 위험물 지정수량 배수 계산

- 지정수량
  (1) 이황화탄소(특수인화물) : 50 L
  (2) 아세톤(제1석유류, 수용성) : 400 L
  (3) 아세트산(제2석유류, 수용성) : 2,000 L
  (4) 에틸렌글라이콜(제3석유류, 수용성) : 4,000 L
  (5) 실린더유(제4석유류) : 6,000 L
- 지정수량 총 배수 계산
  총 배수 = 200 / 50 + 400 / 400 + 4,000 / 2,000 + 12,000 / 4,000 + 24,000 / 6,000
  = 4 + 1 + 2 + 3 + 4 = 14

2019 1회

01 제4류 위험물로, 흡입하였을 때 시신경을 마비시키며 인화점 11 ℃이고, 발화점 464 ℃인 위험물에 대하여 다음 물음에 답하시오.

(1) 명칭을 쓰시오.

(2) 지정수량을 쓰시오.

(3) 연소반응식

정답

(1) 메탄올   (2) 400 L   (3) $CH_3OH + 1.5O_2 \rightarrow CO_2 + 2H_2O$

[해설]
메탄올(CH_3OH, 제4류 위험물)
- 인화점 11 ℃, 발화점 464 ℃으로 흡입 시 시신경 마비를 일으키는 유독성 액체
- 지정수량 : 400 L
- 연소반응식 : $CH_3OH + 1.5O_2 \rightarrow CO_2 + 2H_2O$

02 다음의 장소로부터 옥내탱크저장소의 밸브 없는 통기관 선단까지의 거리는 몇 m 이상으로 하여야 하는지 쓰시오.

(1) 건축물의 창·출입구 등의 개구부로부터 거리

(2) 지면으로부터 높이

(3) 인화점이 40 ℃ 미만인 위험물 탱크에 설치 시 부지경계선으로부터 이격거리

정답

(1) 1 m 이상
(2) 4 m 이상
(3) 1.5 m 이상

[해설]
옥내탱크저장소 밸브 없는 통기관 설치기준
- 통기관 선단까지 거리
  창·출입구 등의 개구부 : <u>1 m 이상</u>
  지면으로부터 높이 : <u>4 m 이상</u>
  인화점 40 ℃ 미만인 위험물 탱크의 통기관과 부지경계선 이격거리 : <u>1.5 m 이상</u>
- 직경 30 mm 이상일 것
- 선단은 수평면보다 45° 이상 구부려 빗물 등의 침투를 막는 구조로 할 것

03 할로겐화합물소화설비의 방사압력을 쓰시오.

(1) 할론 2402
(2) 할론 1211

[정답]
(1) 0.1 MPa
(2) 0.2 MPa

[해설]
할로겐화합물소화설비 방사압력

종류	방사압(MPa)	방사량(1분 기준)
Halon 2402	0.1	45 kg 이상
Halon 1211	0.2	40 kg 이상
Halon 1301	0.9	35 kg 이상

04 제4류 위험물을 옥외탱크저장소에 저장하고자 할 때 보유공지를 완성하시오.

지정수량 배수	공지너비
500배 이하	(①) m 이상
500 ~ 1,000배	(②) m 이상
1,000 ~ 2,000배	(③) m 이상
2,000 ~ 3,000배	(④) m 이상
3,000 ~ 4,000배	(⑤) m 이상

정답

① 3 ② 5 ③ 9 ④ 12 ⑤ 15

[해설]

옥외탱크저장소 보유공지

지정수량 배수	공지의 너비
500배 이하	3 m 이상
500 ~ 1,000배	5 m 이상
1,000 ~ 2,000배	9 m 이상
2,000 ~ 3,000배	12 m 이상
3,000 ~ 4,000배	15 m 이상
4,000배 초과	• 탱크 지름과 높이 중 큰 것 이상 • 최소 15 m 이상, 최대 30 m 이하

※ 지정수량 배수 표기방법 : ~초과 ~이하

05 제3류 위험물인 황린에 대한 물음에 답하시오.

(1) 지정수량

(2) 위험등급

(3) 연소반응식

정답

(1) 20 kg　(2) I　(3) $P_4 + 5O_2 \rightarrow 2P_2O_5$

[해설]

황린(P_4, 제3류 위험물 중 자연발화성 물질)

위험등급	품명	소화방법	지정수량
I	황린	냉각소화	20 kg

황린 연소반응식 : $P_4 + 5O_2 \rightarrow 2P_2O_5$

06 다음 위험물을 옥외저장탱크·옥내저장탱크 또는 지하저장탱크 중 압력탱크 외의 탱크에 저장하는 경우 저장온도는 몇 ℃ 이하로 유지하여야 하는지 쓰시오.

(1) 다이에틸에터

(2) 아세트알데하이드

(3) 산화프로필렌

정답

(1) 30 ℃ 이하　(2) 15 ℃ 이하　(3) 30 ℃ 이하

[해설]

탱크 저장온도

- 옥내·외저장탱크 또는 지하저장탱크 중 압력탱크 외의 탱크에 저장 시 온도
  산화프로필렌·다이에틸에터 : 30 ℃ 이하
  아세트알데하이드 : 15 ℃ 이하
- 옥내·외저장탱크 또는 지하저장탱크 중 압력탱크에 저장 시 온도
  아세트알데하이드·다이에틸에터 등 : 40 ℃ 이하
- 아세트알데하이드·다이에틸에터 등 이동저장탱크에 저장 시 온도
  보냉장치가 있는 경우 : 비점 이하
  보냉장치가 없는 경우 : 40 ℃ 이하

07 에틸렌과 산소를 염화구리($CuCl_2$)의 촉매하에서 반응하여 생성되는 물질로서 인화점이 −38 ℃, 연소범위 4.1 ~ 57 %인 특수인화물에 대하여 다음 물음에 답하시오.

(1) 시성식을 쓰시오.

(2) 증기비중을 계산하시오.

> **정답**
>
> (1) CH_3CHO (2) 1.52
>
> **[해설]**
>
> 아세트알데하이드(CH_3CHO, 제4류 위험물 중 특수인화물)
>
> • 인화점 : −38 ℃
> • 연소범위 : 4.1 ~ 57 %
> • $CuCl_2$ 촉매하에 에틸렌과 산소를 반응시켜 생성
>
> $$C_2H_4 + 0.5O_2 \xrightarrow{CuCl_2} CH_3CHO$$
>
> • 증기비중 = (12×2 + 1×4 + 16×1) / 29 = 1.52

08 트라이나이트로톨루엔에 대하여 다음 각 물음에 답하시오.

(1) 구조식을 쓰시오.

(2) 이 물질의 생성과정을 설명하시오.

> **정답**
>
> (1)
>
> $$\underset{NO_2}{\underset{|}{}} \begin{array}{c} CH_3 \\ | \\ \diagdown \diagup \\ | \\ NO_2 \end{array} NO_2$$
>
> (2) 톨루엔($C_6H_5CH_3$)을 질산·황산과 반응시켜 나이트로화 생성

[해설]
트라이나이트로톨루엔(제5류 위험물)
- 분자식(시성식) : $C_6H_2CH_3(NO_2)_3$
- 생성과정 : 톨루엔($C_6H_5CH_3$)을 질산·황산과 반응시켜 나이트로화 생성

| 구조식 | 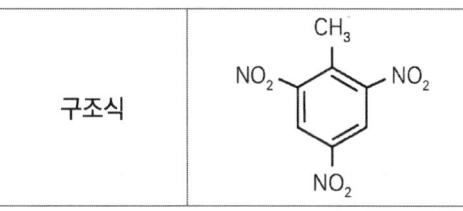 |

09 질산암모늄 800 g이 완전 열분해하는 경우 생성되는 모든 기체의 부피 (L)를 계산하시오. (단, 표준상태이다)

정답

784 L

[해설]
질산암모늄(NH_4NO_3) 열분해 시 기체부피
- $NH_4NO_3 \rightarrow N_2 + 2H_2O + 0.5O_2$
- 질산암모늄 몰 수 = 800 g/(14×2 + 1×4 + 16×3) = 10 mol
  질산암모늄과 생성기체는 1 : 3.5 비율이므로 기체 35 mol 생성
- 생성기체 부피(표준상태) = 35 mol × 22.4 L / mol = 784 L

10 위험물안전관리법령상 제6류 위험물과 운반 시 혼재 가능한 위험물의 유별을 쓰시오.

정답

제1류 위험물

[해설]

운반 시 혼재 가능한 위험물류

위험물 종류			혼재 여부
1↓	6		혼재 가능
2↓	5↑	4	혼재 가능
3→	4↑		혼재 가능

TIP 1 2 3 4 5 6을 화살표 방향으로 적고, 가운데에 4를 적어서 같은 줄이 혼재 가능 위험물

11 제2류 위험물 중 황화인의 종류 3가지를 화학식으로 쓰시오.

정답

P_4S_3, P_2S_5, P_4S_7

[해설]
황화인 종류(제2류 위험물)
삼황화인(P_4S_3), 오황화인(P_2S_5), 칠황화인(P_4S_7)

12 황 100 kg, 철분 500 kg, 질산염류 600 kg의 지정수량 배수의 합을 계산하시오.

정답

4배수

[해설]
지정수량 배수 계산
- 지정수량
  (1) 황(제2류 위험물) : 100 kg
  (2) 철분(제2류 위험물) : 500 kg
  (3) 질산염류(제1류 위험물) : 300 kg
- 지정수량 배수 = 100 kg/100 + 500 kg/500 + 600 kg/300 = 4배수

13 제3류 위험물인 인화알루미늄이 물과 반응할 때 다음 물음에 답하시오.

(1) 반응식

(2) 반응 후 생성되는 기체

정답

(1) $AlP + 3H_2O \rightarrow Al(OH)_3 + PH_3$
(2) 포스핀

[해설]

인화알루미늄(AlP)과 물 반응
- $AlP + 3H_2O \rightarrow Al(OH)_3 + PH_3$
- 유독성 가스 PH_3(포스핀) 생성

14 제3류 위험물인 탄화칼슘에 대한 물음에 답하시오.

(1) 위험등급

(2) 위험물제조소 외부표시

(3) 물과의 반응식

정답

(1) Ⅲ   (2) 물기엄금   (3) $CaC_2 + 2H_2O \rightarrow Ca(OH)_2 + C_2H_2$

[해설]

탄화칼슘(CaC_2, 제3류 위험물)

위험등급	품명	소화방법	지정수량	운반용기 외부 표시	제조소등 표시
Ⅲ	금소수소화물 금속인화물 칼슘탄화물 알루미늄탄화물	질식소화	300 kg	물기엄금	물기엄금

- 물과의 반응식 : $CaC_2 + 2H_2O \rightarrow Ca(OH)_2 + C_2H_2$

15 제4류 위험물의 정의에 대한 내용이다. 빈칸에 알맞은 답을 쓰시오.

(1) 제3석유류는 중유, 크레오소트유 그 밖에 1기압에서 인화점이 (①)℃ 이상 (②)℃ 미만인 것

(2) 제4석유류는 기어유, 실린더유 그 밖에 1기압에서 인화점이 (③)℃ 이상 (④)℃ 미만인 것

정답

① 70   ② 200   ③ 200   ④ 250

[해설]
제4류 위험물 정의

구분	기준
특수인화물	발화점 100℃ 이하 or 인화점 -20℃ 이하이고, 비점 40℃ 이하
제1석유류	1기압 기준 인화점 21℃ 미만
알코올류	탄소 수 1~3개의 포화 1가 알코올
제2석유류	1기압 기준 인화점 21 ~ 70℃
제3석유류	1기압 기준 인화점 70 ~ 200℃
제4석유류	1기압 기준 인화점 200 ~ 250℃
동식물유	동물이나 식물에서 추출한 것으로 인화점 250℃ 미만

16 과산화나트륨 1 kg이 물과 반응할 때 생성된 기체의 체적은 350℃, 1기압에서 몇 L가 되는가? (단, Na의 원자량은 23이다)

정답

327.67 L

[해설]
과산화나트륨(Na_2O_2)과 물 반응 시 기체 부피
- $Na_2O_2 + H_2O \rightarrow 2NaOH + 0.5O_2$
- 과산화나트륨 분자량 = 23×2 + 16×2 = 78 g/mol
  과산화나트륨 몰 수 = 1,000 g / 78 = 12.82 mol
  생성된 산소 몰 수 = 12.82 / 2 = 6.41 mol(과산화나트륨과 1 : 0.5 비율)
- 산소부피 계산 = 6.41 mol × 22.4 L(표준상태) × (350 + 273) / (0 + 273) = 327.67 L

TIP 기체 부피는 온도와 비례하며, 표준상태 (0 ℃, 1기압)에 대해 온도를 보정해준다

17 제1류 위험물에 대하여 다음 물음에 답하시오.

(1) 과망가니즈산칼륨과 묽은 황산 반응 시 산소를 제외한 생성물질 3가지를 화학식으로 쓰시오.
(2) 다이크로뮴산칼륨의 열분해반응식

[정답]

(1) K_2SO_4, $MnSO_4$, H_2O
(2) $2KCr_2O_7 \rightarrow 2KCrO_4 + Cr_2O_3 + 0.5O_2$

[해설]
제1류 위험물
(1) 과망가니즈산칼륨($KMnO_4$)과 묽은 황산(H_2SO_4) 반응
   $2KMnO_4 + 6H_2SO_4 \rightarrow 2K_2SO_4 + 4MnSO_4 + 6H_2O + 5O_2$
(2) 다이크로뮴산칼륨(KCr_2O_7) 열분해
   $2KCr_2O_7 \rightarrow 2KCrO_4 + Cr_2O_3 + 0.5O_2$

18 벤젠을 저장하는 옥내저장소의 바닥면적은 몇 m² 이하로 하는지 쓰시오.

정답

1,000 m² 이하

[해설]
옥내저장소 바닥면적 기준

바닥면적	저장하는 위험물
1,000 m² 이하	• 제1류 위험물 중 아염소산염류, 염소산염류, 과염소산염류, 무기과산화물 그 밖에 지정수량이 50 kg인 위험물 • 제3류 위험물 중 칼륨, 나트륨, 알킬알루미늄, 알킬리튬 그 밖에 지정수량이 10 kg인 위험물 및 황린 • 제4류 위험물 중 특수인화물, 제1석유류 및 알코올류 • 제5류 위험물 중 유기과산화물, 질산에스터류 그 밖에 지정수량이 10 kg인 위험물 • 제6류 위험물
2,000 m² 이하	그 외의 위험물
1,500 m² 이하	위의 위험물을 내화구조의 격벽으로 완전히 구획된 실에 각각 저장하는 창고

TIP 1,000 m² 이하 기준은 위험등급 I 인 물질을 저장할 때이다.
(제4류 위험물 중 위험등급 II 인 제1석유류, 알코올류만 따로 암기)

• 벤젠은 제1석유류이므로 바닥면적 1,000 m² 이하

19 고정주유설비 등의 주유관 선단에서 분당 최대 토출량에 대한 물음에 답하시오.

(1) 휘발유의 최대 토출량

(2) 경유의 최대 토출량

(3) 등유의 최대 토출량

[정답]

(1) 분당 50 L 이하
(2) 분당 180 L 이하
(3) 분당 80 L 이하

[해설]
고정주유설비 등의 주유관 선단에서 최대 토출량
- 제1석유류(휘발유) : 분당 50 L 이하
- 경유 : 분당 180 L 이하
- 등유 : 분당 80 L 이하

20 옥내저장소 연면적이 450 m²이고, 외벽이 내화구조인 저장소의 소요단위를 계산하여 쓰시오.

[정답]

3 소요단위

[해설]
소요단위 계산

구분	내화구조	비내화구조
제조소 · 취급소	연면적 100 m²	연면적 50 m²
저장소	연면적 150 m²	연면적 75 m²
위험물	지정수량 10배	

- 소요단위 = 450 m² / 150 m² = 3 소요단위

2019 2회

01 질산암모늄이 1몰이 분해할 때 반응식과 생성되는 물의 부피는 몇 L인가? (단, 온도와 압력은 300 ℃이고 0.9 atm이다)

> **정답**
>
> 104.41 L
>
> **[해설]**
> 질산암모늄(NH_4NO_3) 열분해
> - $NH_4NO_3 \rightarrow N_2 + 2H_2O + 0.5O_2$
> - 질산암모늄과 물은 1 : 2비율이므로 H_2O 2 mol 생성
> - 물 부피 계산(이상기체상태방정식 이용)
>
> $$V = \frac{nRT}{P} = \frac{2 \times 0.082 \frac{atm\,L}{mol\,K} \times (300+273)K}{0.9 atm} = 104.41\,L$$

02 주유취급소의 주유공지 크기에 대한 물음에 답하시오.

(1) 주유공지의 너비
(2) 주유공지의 길이

> **정답**
>
> (1) 15 m 이상   (2) 6 m 이상
>
> **[해설]**
> 주유취급소의 주유공지
> (1) 주유공지의 너비 : 15 m 이상
> (2) 주유공지의 길이 : 6 m 이상

03 황린 20 kg이 완전 연소할 때 필요한 이론공기량 (m³)을 구하시오. (단, 표준상태이고 공기 중의 산소는 21 %이다)

정답

86.02 m³

[해설]

연소 시 이론 공기량

- 황린(P_4) 분자량 = 31×4 = 124 g/mol
- 황린 몰 수 = 20,000 g / 124 = 161.29 mol
- 황린 연소반응식 : $P_4 + 5O_2 \rightarrow 2P_2O_5$
- 필요 산소 몰 수 : 황린과 1 : 5 비율이므로 161.29×5 = 806.45 mol
- 필요 이론공기량(표준상태) = 806.45×100/21×22.4 L/mol = 86,021 L = 86.02 m³

04 위험물안전관리법령상 운반 시 제4류 위험물과 혼재할 수 없는 위험물의 유별을 모두 쓰시오. (단, 지정수량 1/10 이상인 경우이다)

정답

제1류 위험물, 제6류 위험물

[해설]

운반 시 혼재 가능한 위험물류

위험물 종류			혼재 여부
1↓	6		혼재 가능
2↓	5↑	4	혼재 가능
3→	4↑		혼재 가능

TIP 1 2 3 4 5 6을 화살표 방향으로 적고 가운데에 4를 적어서 같은 줄이 혼재 가능 위험물

05 위험물안전관리법령상 불활성 가스 소화설비에 적응성이 있는 위험물을 모두 쓰시오.

정답

제2류 위험물 중 인화성 고체, 제4류 위험물

[해설]

불활성 가스 소화설비 적응성
- 불활성 가스 소화설비 : 질식소화
- 위험물별 소화방법

분류	소화방법
제1류 위험물(알칼리금속의 과산화물 제외)	냉각소화
제2류 위험물(철분·금속분·마그네슘, 인화성 고체 제외)	냉각소화
제2류 중 인화성 고체	냉각소화, 질식소화 모두 가능
제3류(금수성 물질 제외)	냉각소화
제4류 위험물	질식소화
제5류 위험물	냉각소화
제6류 위험물	냉각소화
알칼리금속의 과산화물(제1류)	탄산수소염류·건조사·팽창질석·팽창진주암
철분·금속분·마그네슘(제2류)	
금수성 물질(제3류)	

06 이동저장탱크의 주입설비에 대하여 다음 물음에 답하시오.

주입설비에는 위험물이 샐 우려가 없고 화재예방상 안전한 구조이고, 그 선단에 (①)를 유효하게 제거할 수 있는 장치를 설치하고 주입설비의 길이는 (②) m 이내로 하며 분당 토출량은 (③) L 이하로 한다.

정답

① 정전기 ② 50 ③ 200

[해설]

이동저장탱크 주입설비

주입설비에는 위험물이 샐 우려가 없고 화재예방상 안전한 구조이고, 그 선단에 정전기를 유효하게 제거할 수 있는 장치를 설치하고 주입설비의 길이는 50 m 이내로 하며 분당 토출량은 200 L 이하로 한다.

07 제4류 위험물인 에틸알코올에 대하여 다음 물음에 답하시오.

(1) 화학식

(2) 지정수량

(3) 에틸알코올에 황산을 촉매로 탈수축합반응으로 생성되는 것을 화학식으로 쓰시오.

정답

(1) C_2H_5OH
(2) 400 L
(3) $C_2H_5OC_2H_5$

[해설]

에틸알코올(에탄올)

(1) 화학식 : C_2H_5OH
(2) 지정수량 : 400 L
(3) 에틸알코올에 황산을 촉매로 탈수축합반응으로 생성되는 것을 화학식으로 쓰시오.
    $2C_2H_5OH \rightarrow C_2H_5OC_2H_5 + H_2O$

08 다음 제4류 위험물의 지정수량을 쓰시오.

(1) 아세톤

(2) 다이에틸에터

(3) 경유

(4) 중유

정답

(1) 400 L (2) 50 L (3) 1,000 L (4) 2,000 L

[해설]
제4류 위험물 지정수량

종류	위험등급	품명		지정수량
제4류 위험물	I	특수인화물		50 L
	II	제1석유류	비수용성	200 L
			수용성	400 L
		알코올류		400 L
	III	제2석유류	비수용성	1,000 L
			수용성	2,000 L
		제3석유류	비수용성	2,000 L
			수용성	4,000 L
		제4석유류		6,000 L
		동식물류		10,000 L

(1) 아세톤(제1석유류 중 수용성) 지정수량 : 400 L
(2) 다이에틸에터(특수인화물) 지정수량 : 50 L
(3) 경유(제2석유류, 비수용성) 지정수량 : 1,000 L
(4) 중유(제3석유류, 비수용성) 지정수량 : 2,000 L

09 다음 위험물 중 운반 시 혼재 가능한 것끼리 나열하시오.

휘발유, 과염소산, 탄화칼슘, 유기과산화물, 황, 질산염류

정답
- 질산염류, 과염소산
- 황, 휘발유, 유기과산화물
- 탄화칼슘, 휘발유

[해설]
운반 시 혼재 가능한 위험물

위험물 종류			혼재 여부
1↓	6		혼재 가능
2↓	5↑	4	혼재 가능
3→	4↑		혼재 가능

TIP 1 2 3 4 5 6을 화살표 방향으로 적고, 가운데에 4를 적어서 같은 줄이 혼재 가능 위험물

- 위험물 분류
  휘발유(제4류), 과염소산(제6류), 탄화칼슘(제3류), 유기과산화물(제5류), 황(제2류), 질산염류(제1류)
- 운반 시 혼재 가능 위험물
  질산염류(제1류) + 과염소산(제6류)
  황(제2류) + 휘발유(제4류) + 유기과산화물(제5류)
  탄화칼슘(제3류) + 휘발유(제4류)

10 위험물안전관리법령상 제4류 위험물 중 위험등급 II에 해당하는 품명을 쓰시오.

정답
제1석유류, 알코올류

[해설]
제4류 위험물 위험등급

종류	위험등급	품명	
제4류 위험물	I	특수인화물	
	II	제1석유류	비수용성
			수용성
		알코올류	
	III	제2석유류	비수용성
			수용성
		제3석유류	비수용성
			수용성
		제4석유류	
		동식물류	

- 4류 위험물 중 위험등급 II : 제1석유류, 알코올류

11 다음 위험물의 유별과 지정수량을 적으시오.

항목＼종류	칼륨	질산염류	과염소산
유별			
지정수량			

정답

항목＼종류	칼륨	질산염류	과염소산
유별	제3류 위험물	제1류 위험물	제6류 위험물
지정수량	10 kg	300 kg	300 kg

[해설]
제4류 위험물 위험등급

항목 \ 종류	칼륨	질산염류	과염소산
유별	제3류 위험물	제1류 위험물	제6류 위험물
지정수량	10 kg	300 kg	300 kg

12 고인화점 위험물의 정의를 쓰시오.

[정답]
인화점이 100 ℃ 이상인 제4류 위험물

[해설]
고인화점 위험물
인화점이 100 ℃ 이상인 제4류 위험물

13 위험물을 옥내저장소에 저장하는 경우 다음의 규정에 의한 높이를 초과하여 드럼용기를 겹쳐 쌓지 아니하여야 한다. 다음 물음에 답을 쓰시오.

(1) 기계에 의하여 하역하는 구조로 된 용기만을 겹쳐 쌓는 경우
(2) 제4류 위험물 중 제3석유류를 수납하는 용기만을 겹쳐 쌓는 경우
(3) 제4류 위험물 중 동식물유류를 수납하는 용기만을 겹쳐 쌓는 경우

[정답]
(1) 6 m 이하   (2) 4 m 이하   (3) 4 m 이하

[해설]
옥내저장소 저장 시 높이
- 기계로 하역하는 구조 : 6 m 이하
- 제4류(3·4석유류, 동식물유) : 4 m 이하
- 그 외의 위험물 : 3 m 이하
- 용기를 선반에 저장하는 경우 : 제한 없음

14 다음 트라이에틸알루미늄의 반응에 대한 물음에 답하시오.

(1) 연소 반응식

(2) 물과의 반응식

(3) 염소와의 반응식

정답

(1) $2(C_2H_5)_3Al + 21O_2 \rightarrow Al_2O_3 + 12CO_2 + 15H_2O$

(2) $(C_2H_5)_3Al + 3H_2O \rightarrow Al(OH)_3 + 3C_2H_6$

(3) $(C_2H_5)_3Al + 3Cl_2 \rightarrow AlCl_3 + 3C_2H_5Cl$

[해설]
트라이에틸알루미늄[$(C_2H_5)_3Al$]

(1) $2(C_2H_5)_3Al + 21O_2 \rightarrow Al_2O_3 + 12CO_2 + 15H_2O$

(2) $(C_2H_5)_3Al + 3H_2O \rightarrow Al(OH)_3 + 3C_2H_6$

(3) $(C_2H_5)_3Al + 3Cl_2 \rightarrow AlCl_3 + 3C_2H_5Cl$

15 화학소방자동차 4대와 사다리차 1대를 보유하고 있는 위험물제조소에 대하여 다음 물음에 답하시오.

(1) 저장, 취급하는 위험물 지정수량은 최저 몇 배인가?

(2) 자체소방대원의 수는 몇 명 이상이어야 하는가?

정답

(1) 48만 배   (2) 20명

[해설]
제조소와 일반취급소의 화학소방자동차 및 자체소방대인원

사업소 구분(제4류 위험물 지정수량)	화학소방자동차	자체소방대원
3천 배 이상 12만 배 미만	1대	5명
12만 배 이상 24만 배 미만	2대	10명
24만 배 이상 48만 배 미만	3대	15명
48만 배 이상	4대	20명

16 옥내저장창고는 지면에서 처마까지의 높이가 6 m 미만인 단층건물로 하여야 하는데, 제2류 및 제4류 위험물만을 저장하는 창고로서 처마높이를 20 m 이하로 할 수 있는 조건을 3가지 쓰시오.

정답

① 벽·기둥·바닥·보를 내화구조로 할 것
② 출입구를 60분+방화문 또는 60분방화문으로 할 것
③ 피뢰침을 설치할 것. 다만 주위상황이 안전상 지장이 없는 경우에는 그러하지 아니하다.

[해설]
옥내저장소의 저장창고 처마높이 20 m 이하로 할 수 있는 조건
제2류와 제4류 위험물만을 저장하고 다음 기준에 적합한 경우 처마높이 20 m 이하로 할 수 있다.
• 벽·기둥·바닥·보를 내화구조로 할 것
• 출입구를 60분+방화문 또는 60분방화문으로 할 것
• 피뢰침을 설치할 것. 다만 주위상황이 안전상 지장이 없는 경우에는 그러하지 아니하다.

17 인화성 액체를 저장하는 옥외탱크저장소의 탱크 높이는 20 m이고 지름이 15 m일 때 방유제와 탱크 옆판 사이의 간격을 몇 m인지 쓰시오.

> **정답**
>
> 10 m
>
> [해설]
> 옥외탱크저장소 방유제와 탱크 옆면과의 거리
> - 윗면 지름이 15 m 미만인 경우 : 탱크 높이의 1/3 이상
> - 윗면 지름이 15 m 이상인 경우 : 탱크 높이의 1/2 이상
> - 윗면 지름이 15 m이고 탱크 높이가 20 m 이므로 방유제와 탱크 옆판 사이 거리는
>   20×1/2 = 10 m이다.

18 제1종 판매취급소는 저장 또는 취급하는 위험물 수량이 지정수량의 몇 배 이하인 판매취급소인지 적으시오.

> **정답**
>
> 20배 이하
>
> [해설]
> 판매취급소 저장 또는 취급하는 위험물 수량
> - 1종 판매취급소 : 지정수량 20배 이하
> - 2종 판매취급소 : 지정수량 40배 이하

19 소화난이도등급 I 에 해당하는 옥외탱크저장소에 인화점 70 ℃ 이상의 제4류 위험물을 저장하는 경우 이 옥외저장탱크에 설치하여야 하는 소화설비를 쓰시오.

> **정답**
>
> 물분무소화설비 또는 고정식 포소화설비

[해설]
소화난이도등급 I 옥외탱크저장소에 설치하는 소화설비
- 황만을 취급하는 것 : 물분무소화설비
- 인화점 70 ℃ 이상의 제4류 위험물만을 저장·취급하는 것
  : 물분무소화설비 또는 고정식 포소화설비
- 그 밖의 것 : 고정식 포소화설비(포소화설비 적응성이 없는 경우 분말소화설비)

20 탱크 공간용적에 대한 설명 중 빈칸을 채우시오.

(1) 탱크의 공간용적은 탱크 내용적의 100분의 (①) 이상 100분의 (②) 이하로 한다.

(2) 소화약제 방출구를 탱크 안의 윗부분에 설치한 탱크의 공간용적은 해당 소화설비의 소화약제 방출구 아래의 (③) m 이상 (④) m 미만의 사이의 면으로부터 윗부분의 용적을 공간용적으로 한다.

(3) 암반탱크의 공간용적은 해당 탱크 내에 용출하는 (⑤)일 간의 지하수의 양에 상당하는 용적과 그 탱크 내용적의 (⑥)분의 1의 용적 중에서 보다 큰 용적을 공간용적으로 한다.

[정답]

① 5   ② 10   ③ 0.3   ④ 1   ⑤ 7   ⑥ 100

[해설]
탱크 공간용적 기준
- 탱크의 공간용적은 탱크 내용적의 100분의 5 이상 100분의 10 이하로 한다.
- 소화약제 방출구를 탱크 안의 윗부분에 설치한 탱크의 공간용적은 해당 소화설비의 소화약제 방출구 아래의 0.3 m 이상 1 m 미만의 사이의 면으로부터 윗부분의 용적을 공간용적으로 한다.
- 암반탱크의 공간용적은 해당 탱크 내에 용출하는 7일 간의 지하수의 양에 상당하는 용적과 그 탱크 내용적의 100분의 1의 용적 중에서 보다 큰 용적을 공간용적으로 한다.

2019 4회

01 제1류 위험물인 과산화나트륨에 대한 물음에 답하시오.

(1) 물과의 반응식

(2) 이산화탄소와의 반응식

정답

(1) $Na_2O_2 + H_2O \rightarrow 2NaOH + 0.5O_2$

(2) $Na_2O_2 + CO_2 \rightarrow Na_2CO_3 + 0.5O_2$

[해설]

과산화나트륨(Na_2O_2) 반응식

(1) 물과의 반응 : $Na_2O_2 + H_2O \rightarrow 2NaOH + 0.5O_2$

(2) 이산화탄소와 반응 : $Na_2O_2 + CO_2 \rightarrow Na_2CO_3 + 0.5O_2$

02 다음 보기에서 운반 시 방수성 덮개와 차광성 덮개를 모두 하여야 하는 위험물의 품명을 모두 쓰시오.

[보기]

유기과산화물, 질산, 알칼리금속의 과산화물, 염소산염류

정답

알칼리금속의 과산화물

[해설]
운반 시 피복(덮개) 기준

차광성 피복을 사용해야 하는 위험물	방수성 피복을 사용해야 하는 위험물
• 제1류 위험물 • 제3류 위험물 중 자연발화성 물질 • 제4류 위험물 중 특수인화물 • 제5류 위험물 • 제6류 위험물	• 제1류 위험물 중 알칼리금속의 과산화물 • 제2류 위험물 중 철분·금속분·마그네슘 • 제3류 위험물 중 금수성 물질

• 차광성 피복을 사용해야 하는 위험물 : 유기과산화물, 질산, 알칼리금속의 과산화물, 염소산염류
• 방수성 피복을 사용해야 하는 위험물 : 알칼리금속의 과산화물

03 다음 물질의 연소형태를 쓰시오.

(1) 코크스, 금속분

(2) 에탄올, 다이에틸에터

(3) TNT, 피크르산

정답

(1) 표면연소   (2) 증발연소   (3) 자기연소

[해설]
연소형태
• 고체 연소형태

표면연소	목탄(숯)·코크스·금속분
분해연소	목재·종이·석탄·플라스틱
자기연소	제5류 위험물
증발연소	황·나프탈렌·양초(파라핀)

2019년 4회

- 액체 연소형태(제4류 위험물)

증발연소	특수인화물·제1석유류·알코올류·제2석유류
분해연소	제3석유류·제4석유류·동식물유

(1) 코크스, 금속분 : 표면연소
(2) 에탄올(알코올류), 다이에틸에터(특수인화물) : 증발연소
(3) TNT, 피크르산(제5류 위험물) : 자기연소

04 다음 위험물 옥내저장소의 바닥면적은 몇 m² 이하인지 쓰시오.

(1) 염소산염류
(2) 제2석유류

정답

(1) 1,000 m² 이하   (2) 2,000 m² 이하

[해설]

옥내저장소 바닥면적 기준

바닥면적	저장하는 위험물
1,000 m² 이하	• 제1류 위험물 중 아염소산염류, 염소산염류, 과염소산염류, 무기과산화물 그 밖에 지정수량이 50 kg인 위험물 • 제3류 위험물 중 칼륨, 나트륨, 알킬알루미늄, 알킬리튬 그 밖에 지정수량이 10 kg인 위험물 및 황린 • 제4류 위험물 중 특수인화물, 제1석유류 및 알코올류 • 제5류 위험물 중 유기과산화물, 질산에스터류 그 밖에 지정수량이 10 kg인 위험물 • 제6류 위험물
2,000 m² 이하	위 1,000 m² 이하를 제외한 위험물
1,500 m² 이하	위의 위험물을 내화구조의 격벽으로 완전히 구획된 실에 각각 저장하는 창고

(1) 염소산염류(지정수량 50 kg) : 1,000 m² 이하
(2) 제2석유류 : 2,000 m² 이하

TIP 1,000 m² 이하 기준은 위험등급Ⅰ인 물질을 저장할 때이다.
(제4류 위험물 중 위험등급Ⅱ인 제1석유류, 알코올류만 따로 암기)

05 다음 위험물을 옥내저장탱크의 압력탱크 외의 저장탱크에 저장하는 경우 저장온도를 쓰시오.

(1) 산화프로필렌 및 다이에틸에터
(2) 아세트알데하이드

정답

(1) 30 ℃ 이하 (2) 15 ℃ 이하

[해설]
탱크 저장온도
- 옥내·외저장탱크 또는 지하저장탱크 중 압력탱크 외의 탱크에 저장 시 온도
  산화프로필렌·다이에틸에터 : 30 ℃ 이하
  아세트알데하이드 : 15 ℃ 이하
- 옥내·외저장탱크 또는 지하저장탱크 중 압력탱크에 저장 시 온도
  아세트알데하이드·다이에틸에터 등 : 40 ℃ 이하
- 아세트알데하이드·다이에틸에터 등 이동저장탱크에 저장 시 온도
  보냉장치가 있는 경우 : 비점 이하
  보냉장치가 없는 경우 : 40 ℃ 이하

06 톨루엔의 증기비중을 계산하시오.

정답

3.17

[해설]
톨루엔($C_6H_5CH_3$) 증기비중 계산
- 톨루엔 분자량 = 12×7 + 1×8 = 92
- 증기비중 = $\dfrac{\text{기체 분자량}}{29\,(\text{공기분자량})} = \dfrac{92}{29} = 3.17$

07 다음은 산화성 액체의 시험방법 및 판정기준이다. 다음 빈칸 안에 알맞은 말을 쓰시오.

산화성 액체의 시험방법에서는 (①), (②) 90 % 수용액 및 시험물품을 사용하여 온도 20 ℃, 습도 50 %, 1기압의 실내에서 시험 방법에 의하여 실시한다. 다만 배기를 행하는 경우에는 바람의 흐름과 평행하게 측정한 풍속이 0.5 m/s 이하이어야 한다.

정답

① 목분 ② 질산

[해설]
산화성 액체(제6류 위험물) 시험방법
산화성 액체의 시험방법에서는 <u>목분</u>, <u>질산</u> 90 % 수용액 및 시험물품을 사용하여 온도 20 ℃, 습도 50%, 1기압의 실내에서 시험 방법에 의하여 실시한다. 다만 배기를 행하는 경우에는 바람의 흐름과 평행하게 측정한 풍속이 0.5 m/s 이하이어야 한다.

08 제3종 분말소화약제가 분해반응식에 대한 물음에 답하시오.

(1) 오르토인산을 생성하는 분해반응식
(2) 메타인산을 생성하는 분해반응식

정답

(1) $NH_4H_2PO_4 \rightarrow NH_3 + H_3PO_4$
(2) $NH_4H_2PO_4 \rightarrow HPO_3 + NH_3 + H_2O$

[해설]
제3종 분말소화약제 분해반응식
• 오르토인산 생성 : $NH_4H_2PO_4 \rightarrow NH_3 + H_3PO_4$(오르토인산)
• 메타인산 생성 : $NH_4H_2PO_4 \rightarrow HPO_3$(메타인산) $+ NH_3 + H_2O$

09 제3류 위험물 중 지정수량이 50 kg인 품명을 모두 쓰시오.

[정답]

알칼리금속(칼륨, 나트륨 제외) 및 알칼리토금속
유기금속화합물(알킬리튬, 알킬알루미늄 제외)

[해설]
제3류 위험물 지정수량

종류	위험등급	품명	지정수량
제3류 위험물	I	칼륨 / 나트륨 / 알킬리튬 / 알킬알루미늄	10 kg
		황린	20 kg
	II	알칼리금속(칼륨, 나트륨 제외) / 알칼리토금속 / 유기금속화합물	50 kg
	III	금속수소화물 / 금속인화물 / 칼슘탄화물 / 알루미늄탄화물	300 kg

10 주유취급소에 설치하는 "주유 중 엔진정지" 게시판의 바탕색과 문자색을 쓰시오.

[정답]

황색바탕, 흑색문자

[해설]
주유취급소 표지 및 게시판 색상기준

구분	색상	게시판 크기
"위험물 주유취급소" 표지	백색바탕 흑색문자	한 변 길이 0.3 m 이상, 다른 한 변 길이 0.6 m 이상인 직사각형
"주유 중 엔진정지" 게시판	황색바탕 흑색문자	

2019년 4회

11 트라이에틸알루미늄 228 g이 물과 반응할 때 반응식과 이때 발생하는 가연성 가스의 부피는 표준상태에서 몇 L인지 계산하시오.

> **정답**
>
> 134.4 L
>
> [해설]
> 트라이에틸알루미늄[$(C_2H_5)_3Al$] 과 물 반응 시 가스 부피
> - 트라이에틸알루미늄 분자량 = $(12 \times 2 + 1 \times 5) \times 3 + 27 = 114$ g/mol
>   트라이에틸알루미늄 몰 수 = 228 g / 114 = 2 mol
> - 물과 반응식 : $(C_2H_5)_3Al + 3H_2O \rightarrow Al(OH)_3 + 3C_2H_6$(에테인가스)
> - 에테인가스 몰 수 : 트라이에틸알루미늄과 1 : 3 비율이므로 $2 \times 3 = 6$ mol
>   에테인가스 부피 = 6 mol × 22.4 L/mol = 134.4 L

12 다음 위험물 중 인화점이 낮은 것부터 높은 순으로 번호를 나열하시오.

① 초산에틸

② 메탄올

③ 에틸렌글라이콜

④ 나이트로벤젠

> **정답**
>
> ①, ②, ④, ③
>
> [해설]
> 제4류 위험물 인화점
> ① 초산에틸(제1석유류) : -4 ℃
> ② 메탄올(알코올류) : 11 ℃
> ③ 에틸렌글라이콜(제3석유류) : 111 ℃
> ④ 나이트로벤젠(제3석유류) : 88 ℃

13 분자량이 227이고, 폭약의 원료로 사용되며 햇빛에 다갈색으로 변하며 물에는 녹지 않고 벤젠과 아세톤에는 녹는 물질에 대하여 다음 물음에 답하시오.

(1) 화학식

(2) 폭발성 및 가열분해성 판정결과 1종일 때 해당 위험물의 지정수량

(3) 제조방법

정답

(1) $C_6H_2CH_3(NO_2)_3$

(2) 10 kg

(3) 톨루엔에 질산과 황산을 넣어 나이트로화시키면 트라이나이트로톨루엔이 된다.

[해설]

트라이나이트로톨루엔(TNT, 제5류 위험물)

- 화학식 : $C_6H_2CH_3(NO_2)_3$
- 분자량 $= 12 \times 7 + 1 \times 5 + 14 \times 3 + 16 \times 6 = 227$
- 대표적인 폭약의 원료
- 지정수량 : 10 kg
- 톨루엔 ($C_6H_5CH_3$)에 질산과 황산을 반응시킬 때 반응식

$$C_6H_5CH_3 + 3HNO_3 \xrightarrow{H_2SO_4} C_6H_2CH_3(NO_2)_3 + 3H_2O$$

- 톨루엔에 질산과 황산을 넣어 나이트로화시키면 트라이나이트로톨루엔이 된다.

14 제5류 위험물의 제조소등에 표시해야 하는 사항에 대해 다음 물음에 답하시오.

(1) 주의사항

(2) 바탕색상과 글자색상

정답

(1) 주의사항 : 화기엄금

(2) 바탕색상과 글자색상 : 적색바탕과 백색글자

[해설]
제5류 위험물 주의사항 표지

위험물 종류	주의사항 내용	색상
• 제2류 위험물 중 인화성 고체 • 제3류 위험물 중 자연발화성 물질 • 제4류 위험물 • 제5류 위험물	화기엄금	적색바탕, 백색문자

15 소화난이도 I 에 해당하는 위험물제조소에 대해 다음 물음에 답하시오.

(1) 연면적

(2) 지정수량

(3) 아세톤을 취급하는 설비의 지반면으로부터 높이

정답

(1) 1,000 m² 이상 (2) 100배 이상 (3) 6 m 이상

[해설]
위험물제조소 및 일반취급소 소화난이도 I
- 연면적 : 1,000 m² 이상인 것
- 지정수량 : 100배 이상인 것(고인화점 인화물만을 100 ℃ 미만의 온도에서 취급하는 것 및 화약류 위험물을 취급하는 것은 제외)
- 취급높이 : 지반면으로부터 6 m 이상의 높이에 위험물취급설비가 있는 것(고인화점 인화물만을 100 ℃ 미만의 온도에서 취급하는 것 제외)
- 일반취급소로 사용되는 부분 외의 부분을 갖는 건축물에 설치된 것

16 주유취급소의 기준 중 바닥에 필요한 설비 3가지를 쓰시오.

정답
- 배수구
- 집유설비
- 유분리장치

17 이동저장탱크에 대해 다음 물음에 답하시오.

(1) 이동저장탱크에 16,000 L의 위험물을 저장할 때 칸막이의 수
(2) 하나의 구획당 방파판 최소 개수

정답

(1) 3개   (2) 2개

[해설]
이동저장탱크 칸막이와 방파판
- 이동저장탱크 칸막이
  용량 : 하나당 4,000 L 이하
  두께 : 3.2 mm 이상의 강철판
- 이동저장탱크 방파판 : 칸막이 구획 부분이 2,000 L 미만이면 설치하지 않을 수 있다.
  개수 : 하나의 구획부분에 2개 이상
  두께 : 1.6 mm 이상 강철판
  면적의 합 : 구획부분의 최대 수직단면적의 50% 이상
- 칸막이와 방파판은 출렁임 방지 기능
  (1) 16,000 L이므로 4개로 구획, 즉 칸막이 3개 필요
  (2) 하나의 구획당 2개 이상이므로 최소 2개

18 옥내탱크저장소의 전용실을 단층건물 외의 건축물 중 지하 또는 1층에 보관해야 하는 제2류 위험물의 품명을 모두 쓰시오.

정답

황화인·적린·덩어리 황

[해설]

옥내저장탱크에 저장할 수 있는 위험물 종류
1. 탱크전용실을 단층 건축물에 설치한 옥내저장탱크 : 모든 위험물
2. 탱크전용실을 단층 건물 외의 건축물에 설치한 옥내저장탱크
   - 1층 또는 지하층
     제2류 위험물 중 황화인·적린·덩어리 황
     제3류 위험물 중 황린
     제6류 위험물 중 질산
   - 건축물의 모든 층
     제4류 위험물 중 인화점이 38℃ 이상인 것

19 작업장과 제4류 위험물을 취급하는 제조소 사이에 방화상 유효한 격벽을 설치한 때에는 제조소에 공지를 두지 아니할 수 있다. 이 격벽 기준에 대해 다음 물음에 답하시오.

(1) 방화상 유효한 격벽은 어떤 구조로 해야 하는가?
(2) 방화상 유효한 격벽의 양단 및 상단이 외벽과 지붕으로부터 얼마 이상 돌출돼야 하는가?

정답

(1) 내화구조   (2) 50 cm

[해설]

제조소 격벽(방화벽) 기준
- 작업장이 제조소와 인접한 장소에 있고 공지를 두면 작업에 지장을 초래하는 경우 보유공지를 확보하지 않고 방화벽을 설치하는 것으로 대체할 수 있다.
- 방화벽은 내화구조로 할 것(단, 제6류 위험물 제조소라면 불연재료도 가능)

- 방화벽에 설치하는 출입구 및 창에는 자동폐쇄식의 60분+방화문 또는 60분방화문을 설치할 것
- 방화벽의 양단 및 상단의 외벽 또는 지붕으로부터 <u>50 cm 이상 돌출할 것</u>

20 옥외저장소에 다음의 위험물을 저장하고자 할 때 보유공지를 계산하시오.

(1) 메탄올 4,000 L를 저장할 경우
(2) 과산화수소 30,000 kg을 저장하는 경우

[정답]

(1) 3 m 이상   (2) 4 m 이상

[해설]

옥외저장소 보유공지

위험물의 최대수량	공지너비
지정수량의 10배 이하	3 m 이상
지정수량이 10 ~ 20배 이하	5 m 이상
지정수량의 20 ~ 50배 이하	9 m 이상
지정수량의 50 ~ 200배 이하	12 m 이상
지정수량의 200배 초과	15 m 이상

제4류 위험물 중 제4석유류와 제6류 위험물 : 위의 표에 의한 보유공지의 1/3으로 할 수 있다.

(1) 메탄올(제4류 위험물 중 알코올류) 지정수량 : 400 L
  4,000 L이므로 지정수량 10배로 공지너비 <u>3 m 이상</u>
(2) 과산화수소(제6류 위험물) 지정수량 : 300 kg
  30,000 kg이므로 지정수량 100배로 공지너비 12 m 이상이지만 제6류 위험물이므로 1/3을 곱한 <u>4 m 이상</u>으로 할 수 있다.

2018 1회

01 휘발유 4,000 L, 경유 15,000 L를 저장하는 2개의 지하저장탱크 사이의 거리는 몇 m 이상으로 해야 하는지 쓰시오.

정답

0.5 m

[해설]

지하저장탱크 탱크 간 거리
- 지하저장탱크를 2 이상 인접해 설치하는 경우에는 그 상호 간에 1 m(당해 2 이상의 지하저장탱크의 용량합계가 지정수량 100배 이하인 때에는 0.5 m) 이상의 간격을 유지해야 한다.
- 지정수량
  휘발유(제1석유류) : 200 L
  경유(제2석유류) : 1,000 L
- 지정수량 배수 = 4,000 L / 200 + 15,000 L / 1,000 = 35배수(100배 이하)

02 다음 물질이 물과 반응할 때 반응식을 쓰시오.

(1) 과산화칼륨

(2) 마그네슘

(3) 나트륨

정답

(1) $K_2O_2 + H_2O \rightarrow 2KOH + 0.5O_2$
(2) $Mg + 2H_2O \rightarrow Mg(OH)_2 + H_2$
(3) $Na + H_2O \rightarrow NaOH + 0.5H_2$

[해설]

위험물별 물과 반응

- 과산화칼륨(K_2O_2, 제1류) : $K_2O_2 + H_2O \rightarrow 2KOH + 0.5O_2$
- 마그네슘(Mg, 제2류) : $Mg + 2H_2O \rightarrow Mg(OH)_2 + H_2$
- 나트륨(Na, 제3류) : $Na + H_2O \rightarrow NaOH + 0.5H_2$

03 운반 시 제3류 위험물과 혼재 가능한 유별을 쓰시오. (단, 수납된 위험물은 지정수량의 10분의 1을 초과하는 양이다)

정답

제4류 위험물

[해설]

운반 시 혼재 가능 위험물

위험물 종류			혼재 여부
1↓	6		혼재 가능
2↓	5↑	4	혼재 가능
3→	4↑		혼재 가능

TIP 1 2 3 4 5 6을 화살표 방향으로 적고 가운데에 4를 적어서 같은 줄이 혼재 가능 위험물

04 다음 분말 소화약제 중 하나인 $NaHCO_3$ 온도에 따른 열분해반응식을 쓰시오.

(1) 270 ℃

(2) 850 ℃

정답

(1) $2NaHCO_3 \rightarrow Na_2CO_3 + CO_2 + H_2O$
(2) $2NaHCO_3 \rightarrow Na_2O + 2CO_2 + H_2O$

[해설]
분말소화약제 열분해반응식
- 제1종 분말소화약제($NaHCO_3$)
  1차 분해반응식(270 ℃) : $2NaHCO_3 \rightarrow Na_2CO_3 + CO_2 + H_2O$
  2차 분해반응식(850 ℃) : $2NaHCO_3 \rightarrow Na_2O + 2CO_2 + H_2O$
- 제2종 분말소화약제($KHCO_3$)
  1차 분해반응식(190 ℃) : $2KHCO_3 \rightarrow K_2CO_3 + CO_2 + H_2O$
  2차 분해반응식(590 ℃) : $2KHCO_3 \rightarrow K_2O + 2CO_2 + H_2O$
- 제3종 분말소화약제($NH_4H_2PO_4$)
  1차 분해반응식(190 ℃) : $NH_4H_2PO_4 \rightarrow NH_3 + H_3PO_4$(오쏘인산)
  2차 분해반응식(215 ℃) : $2H_3PO_4 \rightarrow H_2O + H_4P_2O_7$(피로인산)
  3차 분해반응식(300 ℃) : $H_4P_2O_7 \rightarrow H_2O + 2HPO_3$(메타인산)

05 제3종 분말 소화약제에 대한 다음 물음에 답하시오.

(1) 화학식

(2) 착색

(3) 적응화재 종류

정답

(1) $NH_4H_2PO_4$ (2) 담홍색   (3) A, B, C 급

[해설]
제3종 분말소화약제

분말소화약제 종류	주성분	적응화재	분말색
제1종	탄산수소나트륨($NaHCO_3$)	BC	백색
제2종	탄산수소칼륨($KHCO_3$)	BC	담회색
제3종	인산암모늄($NH_4H_2PO_4$)	ABC	담홍색
제4종	탄산수소칼륨 + 요소 $KHCO_3 + (NH_2)_2CO$	BC	회색

06 제4류 위험물인 아세트알데하이드에 대하여 다음 물음에 답하시오.

(1) 시성식

(2) 산화 시 생성되는 물질의 화학식

(3) 증기비중

정답

(1) CH_3CHO (2) CH_3COOH (3) 1.52

[해설]

아세트알데하이드(제4류)

- 분자식(시성식) : CH_3CHO
- 산화과정

  C_2H_5OH(에탄올) $\xrightarrow{산화}$ CH_3CHO(아세트알데하이드) $\xrightarrow{산화}$ CH_3COOH(아세트산)

- 증기비중 = 분자량/29 = $(12 \times 2 + 1 \times 4 + 16 \times 1) / 29 = 1.52$

07 다음 탱크의 내용적은 얼마인지 계산하시오.

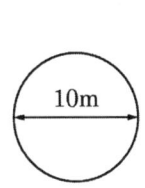
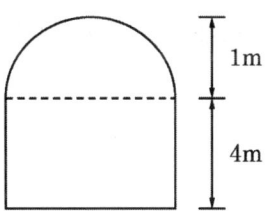

정답

314.16 m³

[해설]

탱크의 내용적

내용적 V = 윗면적 × 높이 = $\pi r^2 \times L = \pi \times 5^2 \times 4 = 314.16 \, m^3$

TIP 종으로 설치된 원통형 탱크는 윗부분 높이를 고려하지 않는다.

08 다음 보기 중 위험물에 해당하지 않는 것을 모두 쓰시오. (단, 없으면 "없음"이라고 쓰시오)

[보기]
질산구아니딘, 구리분, 황산, 과아이오딘산, 금속아자이드화합물

정답

구리분, 황산

[해설]
위험물 분류
- 질산구아니딘 : 제5류 위험물
- 구리분 : 위험물 해당 안됨
- 황산 : 위험물 해당 안됨
- 과아이오딘산 : 제1류 위험물
- 금속아자이드화합물 : 제5류 위험물

TIP 금속분 : 알칼리금속·알칼리토금속·철·마그네슘·구리분·니켈분·150 μm 체를 통과하는 것이 50 wt% 미만인 것을 제외한 모든 금속 분말

09 제4류 위험물인 에탄올에 대한 아래 물음에 답하시오.

(1) 지정수량

(2) 연소반응식

정답

(1) 400 L

(2) $C_2H_5OH + 3O_2 \rightarrow 2CO_2 + 3H_2O$

[해설]
에탄올(C_2H_5OH, 제4류 위험물)
- 지정수량 : 400 L
- 연소반응식 : $C_2H_5OH + 3O_2 \rightarrow 2CO_2 + 3H_2O$

10 제3류 위험물인 탄화칼슘에 대한 아래 물음에 답하시오.

(1) 물과의 반응식

(2) 물과 반응 시 생성된 기체의 분자식

정답

(1) $CaC_2 + 2H_2O \rightarrow Ca(OH)_2 + C_2H_2$

(2) C_2H_2

[해설]

탄화칼슘(CaC_2, 제3류 위험물)

- 물과의 반응식 : $CaC_2 + 2H_2O \rightarrow Ca(OH)_2 + C_2H_2$
- 가연성 가스인 C_2H_2(아세틸렌) 발생

11 옥외저장탱크 (특정·준특정 옥외저장탱크 제외)의 두께는 몇 mm 이상의 강철판으로 하는지 쓰시오.

정답

3.2 mm

[해설]

옥외저장탱크 두께

일반옥외저장탱크(특정·준특정 옥외저장탱크 제외)의 두께 : 3.2 mm 이상의 강철판

12 과산화나트륨의 운반용기에 표시하는 주의사항을 모두 쓰시오.

정답

화기·충격주의, 가연물접촉주의, 물기엄금

[해설]
과산화나트륨(제1류) 운반용기의 외부표시 주의사항

종류	위험등급	품명	운반용기 외부 표시	제조소등 표시
제1류 위험물	I	아염소산염류 염소산염류 과염소산염류	화기·충격주의 가연물접촉주의	필요 없음
		무기과산화물		
		무기과산화물 중 알칼리금속의 과산화물	화기·충격주의 가연물접촉주의 물기엄금	물기엄금
	II	브로민산염류 질산염류 아이오딘산염류	화기·충격주의 가연물접촉주의	필요 없음
	III	과망가니즈산염류 다이크로뮴산염류		

13 다음 물질의 지정수량을 쓰시오.

(1) 다이크로뮴산칼륨

(2) 수소화나트륨

(3) 나이트로글리세린(폭발성 및 가열분해성 판정결과 1종)

정답

(1) 1,000 kg   (2) 300 kg   (3) 10 kg

[해설]
위험물 지정수량

(1) 다이크로뮴산칼륨(다이크로뮴산칼륨, 제1류 위험물 중 다이크로뮴산염류) : 1,000 kg
(2) 수소화나트륨(제3류 위험물 중 수소화염류) : 300 kg
(3) 나이트로글리세린(제5류 위험물 중 질산에스터류) : 10 kg

14 무색이고 단맛이 있는 3가 알코올로 분자량이 92이며, 비중이 1.26인 제3석유류에 대해 물음에 답하시오.

(1) 명칭
(2) 구조식

> 정답

(1) 글리세롤
(2)
```
    H   H   H
    |   |   |
H — C — C — C — H
    |   |   |
    OH  OH  OH
```

[해설]
글리세롤[$C_3H_5(OH)_3$]
- 3가 알코올(-OH 기가 3개)이며, 비중은 1.26이다.
- 무색이며 단맛이 난다.

| 구조식 | ```   H   H   H
    | | |
H — C — C — C — H
    | | |
    OH OH OH``` |
|---|---|

15 탄화칼슘 32 g이 물과 반응해 생성되는 기체가 완전연소하기 위해 필요한 산소 부피(L)를 계산하시오. (단, 표준상태라고 가정한다)

> 정답

28 L

[해설]
산소부피 계산
1. 탄화칼슘(CaC_2)과 물 반응
   $CaC_2 + 2H_2O \rightarrow Ca(OH)_2 + C_2H_2$(아세틸렌)

2. 아세틸렌 가스 완전연소
   $2C_2H_2 + 5O_2 \rightarrow 4CO_2 + 2H_2O$
3. 산소부피 계산
   - 탄화칼슘 몰 수 = 32 g/(40 + 2×12) = 0.5 mol
   - 아세틸렌 몰 수 : 탄화칼슘과 1 : 1 비율이므로 0.5 mol
   - 아세틸렌 연소에서 산소와 2 : 5 비율로 반응하므로 0.5×5/2 = 1.25 mol
   - 산소부피(표준상태) = 1.25 mol × 22.4 L/mol = 28 L

16 다음 보기에서 명칭과 화학식의 연결 중 잘못된 것을 찾아 기호를 적고 화학식을 바르게 고쳐 쓰시오.

[보기]
㉠ 다이에틸에터 - CH_3OCH_3　　㉡ 톨루엔 - C_6H_5OH
㉢ 에틸알코올 - C_2H_5OH　　㉣ 나이트로글리세린 - $C_3H_5(ONO_3)_3$

정답

㉠ 다이에틸에터 - $C_2H_5OC_2H_5$
㉡ 톨루엔 - $C_6H_5CH_3$
㉣ 나이트로글리세린 - $C_3H_5(ONO_2)_3$

[해설]
위험물의 화학식
㉠ 다이에틸에터 - $C_2H_5OC_2H_5$
㉡ 톨루엔 - $C_6H_5CH_3$
㉢ 에틸알코올 - C_2H_5OH
㉣ 나이트로글리세린 - $C_3H_5(ONO_2)_3$

17 다음 제6류 위험물에 대한 물음에 답하시오.

(1) 과염소산의 열분해반응식

(2) 이산화망간 촉매하에 과산화수소 열분해반응식

> **정답**
>
> (1) $HClO_4 \rightarrow HCl + 2O_2$
>
> (2) $H_2O_2 \xrightarrow{MnO_2} H_2O + 0.5O_2$
>
> **[해설]**
> 제6류 위험물 열분해반응식
> (1) 과염소산($HClO_4$)의 열분해반응식 : $HClO_4 \rightarrow HCl + 2O_2$
> (2) 이산화망간(MnO_2) 촉매하에 과산화수소(H_2O_2) 열분해반응식
>
> $\quad H_2O_2 \xrightarrow{MnO_2} H_2O + 0.5O_2$

18 제2류 위험물 중 다음 지정수량에 따른 품명을 모두 쓰시오.

(1) 지정수량 100 kg

(2) 지정수량 500 kg

(3) 지정수량 1,000 kg

> **정답**
>
> (1) 황화인, 적린, 황
> (2) 철분, 마그네슘, 금속분
> (3) 인화성 고체

[해설]
제2류 위험물 지정수량 구분

종류	위험등급	품명	지정수량
제2류 위험물	II	황화인 적린 황	100 kg
	III	철분 마그네슘 금속분	500 kg
		인화성 고체	1,000 kg

19 주유취급소에 대한 다음 물음에 답하시오.

(1) 주유취급소의 기준 중 바닥에 필요한 설비 3가지를 쓰시오.
(2) 고정주유설비의 중심선부터 도로경계선까지 거리
(3) 고정주유설비의 중심선부터 개구부가 없는 벽까지 거리

> 정답

(1) 배수구, 집유설비, 유분리장치 (2) 4 m 이상 (3) 1 m 이상

[해설]
주유취급소 기준
- 주유취급소 바닥에 필요한 설비 : 배수구, 집유설비, 유분리장치
- 고정주유설비 및 고정급유설비 설치기준

구분	도로경계선	부지경계선	개구부 없는 벽
고정주유설비 중심선 기준	4 m 이상	2 m 이상	1 m 이상
고정급유설비 중심선 기준	4 m 이상	1 m 이상	1 m 이상

20 다음은 운반용기 수납률에 대한 정의이다. 빈칸에 알맞은 답을 쓰시오.

⑴ 고체 위험물은 운반용기 내용적의 (①) % 이하의 수납률로 수납할 것

⑵ 액체 위험물은 운반용기 내용적의 (②) % 이하의 수납률로 수납하되, (③) ℃에서 누설되지 않도록 충분한 공간용적을 유지할 것

⑶ 제3류 위험물 중 알킬알루미늄 등은 운반용기 내용적의 (④) % 이하의 수납률로 하되, (⑤) ℃에서 5 % 이상의 공간용적을 유지할 것

정답

① 95 ② 98 ③ 55 ④ 90 ⑤ 50

[해설]

주유취급소 기준
- 액체위험물 : 내용적 98 % 이하의 수납률로 수납하되 55 ℃에서 누설되지 않도록 한다.
- 고체위험물 : 내용적 95 % 이하의 수납률로 수납
- 제3류 위험물 중 알킬알루미늄 등 : 내용적 90 % 이하의 수납률로 수납하되, 50 ℃에서 5 % 이상의 공간용적 유지

2018 2회

01 다음은 위험물의 유별 저장 및 취급 공통기준이다. 빈칸 안에 알맞은 단어를 쓰시오.

⑴ 제1류 위험물은 (①)과의 접촉·혼합이나 분해를 촉진하는 물품과의 접근 또는, 과열, 충격, 마찰 등을 피하는 한편, 알칼리금속의 과산화물 및 이를 함유한 것에 있어서는 (②)과의 접촉을 피해야 한다.

⑵ 제3류 위험물 중 자연발화성 물질에 있어서는 불티, 불꽃, 고온체와의 접근, 과열 또는 (③)와의 접촉을 피하고 금수성 물질에 있어서는 (④)과의 접촉을 피해야 한다.

⑶ 제6류 위험물 (⑤)과의 접촉·혼합이나 (⑥)를 촉진하는 물품과의 접근 또는 과열을 피해야 한다.

> **정답**
>
> ① 가연물   ② 물   ③ 공기   ④ 물   ⑤ 가연물   ⑥ 분해
>
> **[해설]**
> 위험물 유별 저장·취급의 공통기준
> - 제1류 위험물 : 가연물과의 접촉·혼합이나 분해를 촉진하는 물품과의 접근 또는 과열·충격·마찰 등을 피한다.
> - 제1류 위험물 중 알칼리금속의 과산화물 : 물과의 접촉을 피하여야 한다.
> - 제3류 위험물 중 자연발화성 물품 : 불티·불꽃 또는 고온체와의 접근·과열 또는 공기와의 접촉을 피한다.
> - 제3류 위험물 중 금수성 물품 : 물과의 접촉을 피한다.
> - 제6류 위험물 : 가연물과의 접촉·혼합이나 분해를 촉진하는 물품과의 접근 또는 과열을 피한다.

02 다음 원통형 탱크의 내용적을 L로 구하시오. (단, 공간용적은 5 %이다)

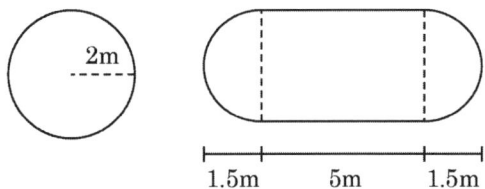

정답

71,628.1 L

[해설]

원통형 탱크 내용적

- 내용적 $V = $ 윗면적 $\times$ 높이 환산값 $= \pi r^2 \times (l + \dfrac{l_1 + l_2}{3})$

  $= \pi \times 2^2 \times (5 + \dfrac{1.5 + 1.5}{3})$

  $= 75.398 \, m^3 = 75,398 \, L$

- 공간용적 5 % 고려한 내용적 $= 75,398 \times 0.95 = 71,628.1 \, L$

03 제4류 위험물인 이황화탄소에 대하여 다음 물음에 답하시오.

(1) 연소 시 생성물질을 쓰시오.

(2) 연소 시 불꽃 반응색을 쓰시오.

정답

(1) 이산화탄소, 이산화황   (2) 푸른색

[해설]

이황화탄소(제4류 위험물)

- 연소반응식 : $CS_2 + 3O_2 \rightarrow CO_2 + 2SO_2$
  CO_2(이산화탄소)와 SO_2(이산화황) 생성
- 황 연소 시 푸른 불꽃을 낸다.

04 다음의 동식물유를 아이오딘값의 범위를 쓰시오.

(1) 건성유

(2) 반건성유

(3) 불건성유

정답

(1) 아이오딘값 130 이상
(2) 아이오딘값 100 ~ 130
(3) 아이오딘값 100 이하

[해설]

동식물유류 아이오딘값 범위

종류	건성유	반건성유	불건성유
아이오딘값	130 이상	100 ~ 130	100 이하
위험도(불포화도)	크다	중간	작다
종류	동유·해바라기씨유·아마인유·들기름·정어리기름	채종유·참기름·목화씨기름	야자유·올리브유·피마자유·동백유

05 다음 보기의 제1류 위험물을 분해온도가 낮은 순으로 나열하시오.

[보기]
염소산바륨, 과염소산암모늄, 과산화바륨

정답

과염소산암모늄, 염소산바륨, 과산화바륨

[해설]
제1류 위험물 분해온도
- 염소산바륨 : 400 ℃
- 과염소산암모늄 : 130 ℃
- 과산화바륨 : 840 ℃

06 다음 위험물 운반용기의 수납률을 쓰시오.

(1) 염소산암모늄

(2) 톨루엔

(3) 트라이에틸알루미늄

정답

(1) 95 % 이하 (2) 98 % 이하 (3) 90 % 이하

[해설]
운반용기의 수납률
- 액체위험물 : 내용적 98 % 이하의 수납률로 수납하되 55 ℃에서 누설되지 않도록 한다
- 고체위험물 : 내용적 95 % 이하의 수납률로 수납
- 제3류 위험물 중 알킬알루미늄 등 : 내용적 90 % 이하의 수납률로 수납하되, 50 ℃에서 5% 이상의 공간용적 유지

07 인화알루미늄 580 g을 표준상태에서 물과 반응시킨다. 다음 물음에 답하시오.

(1) 인화알루미늄과 물 반응식

(2) 생성되는 독성 기체의 부피(L)

정답

(1) AlP + 3H$_2$O → Al(OH)$_3$ + PH$_3$

(2) 224 L

[해설]

인화알루미늄(AlP)과 물 반응

- AlP + 3H$_2$O → Al(OH)$_3$ + PH$_3$
- 유독성 기체 PH$_3$(포스핀) 생성
- 인화알루미늄 몰 수 = 580 g/(27 + 31) = 10 mol
- 포스핀 몰 수 : 인화알루미늄과 1 : 1 비율이므로 10 mol
  포스핀 부피 = 10 mol × 22.4 L/mol = 224 L

---

08 주유취급소의 "주유 중 엔진정지" 게시판에 대해 다음 물음에 답하시오.

(1) 바탕과 문자의 색상

(2) 게시판의 크기

정답

(1) 황색바탕, 흑색문자

(2) 한 변 길이 0.3 m 이상, 다른 한 변 길이 0.6 m 이상 직사각형

[해설]

주유취급소 게시판 기준

구분	색상	게시판 크기
"위험물 주유취급소" 표지	백색바탕 흑색문자	한 변 길이 0.3 m 이상, 다른 한 변 길이 0.6 m 이상인 직사각형
"주유 중 엔진정지" 게시판	황색바탕 흑색문자	

09 불활성 가스 소화설비의 구성성분을 쓰시오.

(1) IG - 55

(2) IG - 541

정답

(1) N_2 50 % + Ar 50 %
(2) N_2 52 % + Ar 40 % + CO_2 8 %

[해설]
불활성 가스 소화약제

약제명	구성 원소
IG - 100	N_2 100 %
IG - 55	N_2 50 % + Ar 50 %
IG - 541	N_2 52 % + Ar 40 % + CO_2 8 %

10 다음 위험물을 운반하고자 할 때 혼재 가능한 유별들을 쓰시오.

(1) 제2류 위험물

(2) 제3류 위험물

(3) 제4류 위험물

정답

(1) 제4, 5류 위험물
(2) 제4류 위험물
(3) 제2, 3, 5류 위험물

[해설]
운반 시 혼재 가능 위험물

위험물 종류			혼재 여부
1↓	6		혼재 가능
2↓	5↑	4	혼재 가능
3→	4↑		혼재 가능

TIP 1 2 3 4 5 6을 화살표 방향으로 적고, 가운데에 4를 적어서 같은 줄이 혼재 가능 위험물

11 제1류 위험물 중 알칼리금속의 과산화물의 주의사항에 대한 물음에 답하시오.

(1) 운반용기에 표시하는 주의사항
(2) 제조소등에 표시하는 주의사항

정답

(1) 화기·충격주의, 가연물접촉주의, 물기엄금
(2) 물기엄금

[해설]
알칼리금속의 과산화물 주의사항

품명	운반용기 외부 표시	제조소등 표시
무기과산화물 중 알칼리금속의 과산화물	화기·충격주의 가연물접촉주의 물기엄금	물기엄금

12 제3류 위험물인 나트륨에 대해 다음 물음에 답하시오.

(1) 지정수량
(2) 보호액
(3) 나트륨과 물의 반응식

정답

(1) 10 kg
(2) 등유, 경유, 유동파라핀 속에 저장
(3) $Na + H_2O \rightarrow NaOH + 0.5H_2$

[해설]
나트륨(제3류 위험물)
- 지정수량 : 10 kg
- 보호액 : 등유, 경유, 유동파라핀 속에 저장
- 물과의 반응식 : $Na + H_2O \rightarrow NaOH + 0.5H_2$

13 고정주유설비에 직접 접속하는 주유취급소의 취급탱크용량에 대하여 각 물음에 답하시오.

(1) 고속도로 외의 주유취급소
(2) 고속도로의 주유취급소

정답

(1) 50,000 L 이하   (2) 60,000 L 이하

[해설]
주유취급소 탱크용량
- 고정주유설비, 고정급유설비와 직접 접속한 탱크 : 50,000 L 이하
- 고속도로에 있는 고정주유설비, 고정급유설비와 직접 접속한 탱크 : 60,000 L 이하
- 보일러 탱크 : 10,000 L 이하
- 폐유, 윤활유 탱크 : 모두 합해 2,000 L 이하

14 제2류 위험물이 되기 위한 조건을 쓰시오.

(1) 황
(2) 철분
(3) 금속분
(4) 마그네슘

정답

⑴ 순도 60 중량% 이상

⑵ 철 분말로 53 μm 표준체 통과하는 50 중량% 이상

⑶ 금속 분말로 150 μm 표준체 통과하는 50 중량% 이상

⑷ 직경 2 mm 이상이거나 2 mm 체를 통과하지 못하는 덩어리 제외

[해설]

제2류 위험물이 되기 위한 조건

- 황 : 순도 60 중량% 이상
- 철분 : 철 분말로 53 μm 표준체 통과하는 50 중량% 이상
- 금속분 : 금속 분말로 150 μm 표준체 통과하는 50 중량% 이상
- 마그네슘 : 직경 2 mm 이상이거나 2 mm 체를 통과하지 못하는 덩어리 제외

15 톨루엔 400 L, 아세톤 1,200 L, 등유 2,000 L를 같은 옥내저장소에 저장할 때 지정수량 배수를 구하시오.

정답

7배수

[해설]

지정수량 배수 계산

- 지정수량

  톨루엔(제1석유류 비수용성) : 200 L

  아세톤(제1석유류 수용성) : 400 L

  등유(제2석유류 비수용성) : 1,000 L

- 지정수량 배수 = 400 L/200 + 1,200 L/400 + 2,000 L/1,000 = 7배수

16 제5류 위험물인 과산화벤조일에 대한 물음에 답하시오.

(1) 구조식

(2) 품명

(3) 폭발성 및 가열분해성 판정결과 2종일 때 해당 위험물의 지정수량

정답

(1)

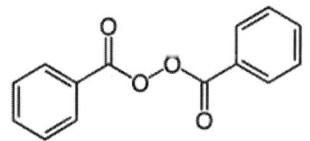

(2) 유기과산화물

(3) 100 kg

[해설]

과산화벤조일[벤조일퍼옥사이드, $(C_6H_5CO)_2O_2$]

구조식	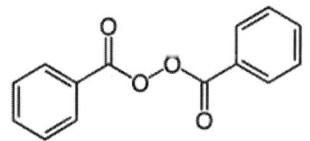

- 품명 : 제5류 위험물 중 유기과산화물
- 지정수량 : 100 kg

17 제4류 위험물은 제1석유류, 제2석유류, 제3석유류, 제4석유류로 분류한다. 다음 각 물음에 답하시오.

(1) 제1석유류에서 제4석유류로 분류하는 것은 무엇을 기준으로 하는가?

(2) 지정수량이 2,000 L인 석유류를 수용성, 비수용성을 포함하여 2가지를 쓰시오.

> [정답]
(1) 인화점   (2) 제2석유류 중 수용성, 제3석유류 중 비수용성

[해설]
제4류 위험물 구분
- 특수인화물을 제외한 제4류 위험물은 인화점에 따라 구분
- 제4류 위험물 분류

종류	위험등급	품명		지정수량
제4류 위험물	I	특수인화물		50 L
	II	제1석유류	비수용성	200 L
			수용성	400 L
		알코올류		400 L
	III	제2석유류	비수용성	1,000 L
			수용성	2,000 L
		제3석유류	비수용성	2,000 L
			수용성	4,000 L
		제4석유류		6,000 L
		동식물류		10,000 L

18 표준상태에서 인화칼슘 40 kg과 물이 반응하여 생성되는 유독성 기체의 부피는 몇 m³인가? (단, 칼슘의 원자량은 40, 인의 원자량은 31이다)

> [정답]
$9.84 \ m^3$

[해설]
인화칼슘(Ca_3P_2)과 물 반응
- $Ca_3P_2 + 6H_2O \rightarrow 3Ca(OH)_2 + 2PH_3$(포스핀)
- 인화칼슘 몰 수 = 40000 g / (40×3 + 31×2) = 219.78 mol
- 포스핀 몰 수 : 인화칼슘과 1 : 2 비율이므로 219.78 × 439.56 mol
  포스핀 부피 = 439.56 mol × 22.4 L/mol = 9,846.14 L = 9.84 m³

19 위험물을 옥내저장소에 저장하는 경우 다음의 규정에 의한 높이를 초과하여 드럼용기를 겹쳐 쌓지 아니하여야 한다. 다음 물음에 답을 쓰시오.

(1) 기계에 의하여 하역하는 구조로 된 용기만을 겹쳐 쌓는 경우
(2) 제4류 위험물 중 제3석유류를 수납하는 용기만을 겹쳐 쌓는 경우
(3) 제4류 위험물 중 동식물유류를 수납하는 용기만을 겹쳐 쌓는 경우

> **정답**
>
> (1) 6 m 이하
> (2) 4 m 이하
> (3) 4 m 이하
>
> [해설]
> 옥내저장소 저장 시 높이
> • 기계로 하역하는 구조 : 6 m 이하
> • 제4류(3·4석유류, 동식물유) : 4 m 이하
> • 그 외의 위험물 : 3 m 이하
> • 용기를 선반에 저장하는 경우 : 제한 없음

20 옥내탱크저장소의 전용실을 단층건물 외의 건축물 중 모든 층에 보관할 수 있는 위험물을 쓰시오.

> **정답**
>
> 제4류 위험물 중 인화점이 38 ℃ 이상인 것

[해설]
옥내저장탱크에 저장할 수 있는 위험물 종류
1. 탱크전용실을 단층 건축물에 설치한 옥내저장탱크 : 모든 위험물
2. 탱크전용실을 단층 건물 외의 건축물에 설치한 옥내저장탱크
    - 1층 또는 지하층
      제2류 위험물 중 황화인·적린·덩어리 황
      제3류 위험물 중 황린
      제6류 위험물 중 질산
    - 건축물의 모든 층
      제4류 위험물 중 인화점이 38℃ 이상인 것

21 제6류 위험물인 과염소산 증기비중을 계산하시오. (단, 염소의 원자량은 35.5이다)

정답

3.47

[해설]
과염소산($HClO_4$) 증기비중 계산
- 증기비중 = $\dfrac{\text{분자량}}{29\,(\text{공기분자량})}$
- 과염소산 분자량 = $1 \times 1 + 35.5 \times 1 + 16 \times 4 = 100.5$
- 과염소산 증기비중 = 100.5 / 29 = 3.47

2018 4회

01 다음 빈칸에 알맞은 답을 쓰시오.

> 위험물안전관리법령상 옥내저장소에 동일 품명의 위험물이라도 자연발화의 위험이 있는 위험물을 다량 저장하는 경우에는 지정수량 (①)배 이하마다 구분하여 (②) m 이상의 간격을 두어야 한다.

정답

① 10 ② 0.3

[해설]
옥내저장소에 자연발화성 물질 저장 시
위험물안전관리법령상 옥내저장소에 동일 품명의 위험물이라도 자연발화의 위험이 있는 위험물(황린)을 다량 저장하는 경우에는 지정수량 <u>10배</u> 이하마다 구분하여 <u>0.3 m</u> 이상의 간격을 두어야 한다.

02 제4류 위험물인 아세트산에 대한 물음에 답하시오.

(1) 품명

(2) 완전연소반응식

정답

(1) 제2석유류

(2) $CH_3COOH + 2O_2 \rightarrow 2CO_2 + 2H_2O$

[해설]
아세트산(CH_3COOH, 제4류 위험물)
(1) 품명 : 제4류 위험물 중 제2석유류 수용성
(2) 완전연소반응식 : $CH_3COOH + 2O_2 \rightarrow 2CO_2 + 2H_2O$

03 제3류 위험물인 트라이에틸알루미늄과 메탄올이 반응할 때 화학반응식을 쓰시오.

정답

$(C_2H_5)_3Al + 3CH_3OH \rightarrow (CH_3O)_3Al + 3C_2H_6$

[해설]
트라이에틸알루미늄[$(C_2H_5)_3Al$]과 메탄올(CH_3OH) 반응
$(C_2H_5)_3Al + 3CH_3OH \rightarrow (CH_3O)_3Al + 3C_2H_6$

04 옥외저장소에 옥외소화전설비가 설치되어 있다. 옥외소화전이 6개일 경우 수원의 양은 몇 m^3 이상이어야 하는지 계산하시오.

정답

54 m^3

[해설]
옥외소화전설비 수원량
수원량 = 가장 많이 설치된 층 소화전 수(최대 4개) × 13.5 m^3(450 L/min × 30 min)
= 4 × 13.5 = 54 m^3

05 제1류 위험물의 성질로서 옳은 것을 보기에서 모두 고르시오.

[보기]
무기화합물, 유기화합물, 산화제, 인화점이 0 ℃ 이하, 인화점이 0 ℃ 이상, 고체

정답

무기화합물, 산화제, 고체

[해설]
제1류 위험물(산화성 고체) 성질
- 대부분 무색 결정이거나 흰색 분말
- 산화성이 강한 고체로 열분해하거나 물과 만나 산소를 발생
- 조연성으로 직접 타지 않는 불연성 물질
- 탄소를 포함하지 않는 무기화합물

TIP 인화점과 관련된 위험물은 제4류 위험물

06 제2류 위험물인 삼황화인과 오황화인이 연소할 때 생성되는 공통물질을 쓰시오.

정답

SO_2, P_2O_5

[해설]
황화인 연소생성물
- 삼황화인 $P_4S_3 + 8O_2 \rightarrow 3SO_2 + 2P_2O_5$
- 오황화인 $P_2S_5 + 7.5O_2 \rightarrow 5SO_2 + P_2O_5$

07 위험물안전관리법령에 따른 불활성 가스 소화약제이다. 빈칸 안에 알맞은 답을 쓰시오.

(1) IG - 55 : (①) 50 %, (②) 50 %
(2) IG - 541 : (③) 52 %, (④) 40 %, (⑤) 8 %

정답

① N_2 ② Ar ③ N_2 ④ Ar ⑤ CO_2

[해설]
불활성 가스 소화약제

약제명	구성 원소
IG – 100	N_2 100 %
IG – 55	N_2 50 % + Ar 50 %
IG – 541	N_2 52 % + Ar 40 % + CO_2 8 %

08 옥내저장소에 다이에틸에터 2000 L 저장하고 있다. 소요단위를 계산하시오.

> 정답

4 소요단위

[해설]
소요단위 계산
- 다이에틸에터(특수인화물) 지정수량 : 50 L
- 1 소요단위 = 지정수량 × 10 = 500 L
- 총 소요단위 = 2,000 L / 500 = 4 소요단위

09 제5류 위험물 중 폭발성 및 가열분해성 판정결과 2종인 피크르산의 지정수량과 구조식을 쓰시오.

> 정답

- 구조식 :

  $$\underset{\underset{NO_2}{}}{O_2N}\!\!-\!\!\!\overset{OH}{\underset{}{\bigcirc}}\!\!\!-\!\!NO_2$$

- 지정수량 : 100 kg

[해설]

피크르산(트라이나이트로페놀)

- 분자식 : $C_6H_2OH(NO_2)_3$
- 품명 : 나이트로화합물
- 지정수량 : 100 kg

구조식	(OH기를 가진 벤젠고리에 O_2N, NO_2, NO_2 세 개의 나이트로기가 치환된 구조)

10 위험물안전관리법령상 다음 보기에서 위험물 등급을 분류하시오.

[보기]

칼륨, 나트륨, 알킬알루미늄, 알킬리튬, 알칼리금속, 알칼리토금속, 황린

정답

위험등급Ⅰ : 칼륨, 나트륨, 알킬알루미늄, 알킬리튬, 황린
위험등급Ⅱ : 알칼리금속, 알칼리토금속

[해설]

위험등급 분류

종류	위험등급	품명	소화방법	지정수량
제3류 위험물	Ⅰ	칼륨 나트륨 알킬리튬 알킬알루미늄	질식소화	10 kg
		황린	냉각소화	20 kg
	Ⅱ	알칼리금속 (칼륨, 나트륨 제외) 및 알칼리토금속 유기금속화합물	질식소화	50 kg

11 제4류 위험물인 아세톤에 대하여 다음 물음에 답하시오.

(1) 시성식

(2) 품명, 지정수량

(3) 증기비중

정답

(1) CH_3COCH_3
(2) 제1석유류, 400 L
(3) 2

[해설]
아세톤(제4류 위험물)
- CH_3COCH_3
- 품명 : 제1석유류(수용성)
- 지정수량 : 400 L
- 증기비중 = 분자량 / 29 = (12×3 + 1×6 + 16×1) / 29 = 2

12 다음 위험물을 지정수량 이상 운반할 때 혼재가 불가능한 위험물의 유별을 모두 쓰시오.

(1) 제1류 위험물

(2) 제2류 위험물

(3) 제3류 위험물

(4) 제4류 위험물

(5) 제5류 위험물

(6) 제6류 위험물

정답

(1) 제2, 3, 4, 5류
(2) 제1, 3, 6류
(3) 제1, 2, 5, 6류
(4) 제1, 6류
(5) 제1, 3, 6류
(6) 제2, 3, 4, 5류

[해설]
운반 시 혼재 가능 위험물

위험물 종류			혼재 여부
1↓	6		혼재 가능
2↓	5↑	4	혼재 가능
3→	4↑		혼재 가능

TIP 1 2 3 4 5 6을 화살표 방향으로 적고 가운데에 4를 적어서 같은 줄이 혼재 가능 위험물

13 소화난이도 등급 I 에 해당하는 제조소등을 보기에서 모두 고르시오.

[보기]

(1) 지하탱크저장소 (2) 면적이 1,000 m²인 제조소
(3) 처마높이가 6 m인 옥내저장소 (4) 제2종 판매취급소
(5) 간이탱크저장소 (6) 이동탱크저장소
(7) 이송취급소

정답

(2), (3), (7)

[해설]
소화난이도 등급 I 의 제조소등
1. 제조소 및 일반취급소
   - 연면적 : 1,000 m² 이상인 것
   - 지정수량 : 100배 이상인 것(고인화점 인화물만을 100 ℃ 미만의 온도에서 취급하는 것 및 화약류 위험물을 취급하는 것은 제외)
   - 취급높이 : 지반면으로부터 6 m 이상의 높이에 위험물취급설비가 있는 것(고인화점 인화물만을 100 ℃ 미만의 온도에서 취급하는 것 제외)
   - 일반취급소로 사용되는 부분 외의 부분을 갖는 건축물에 설치된 것
2. 옥내저장소
   - 연면적 : 150 m² 이상인 것
   - 지정수량 : 150배 이상인 것(고인화점 인화물만을 100 ℃ 미만의 온도에서 취급하는 것 및 화약류 위험물을 취급하는 것은 제외)
   - 취급높이 : 처마높이가 6 m 이상의 단층건물의 것
   - 옥내저장소로 사용되는 부분 외의 부분을 갖는 건축물에 설치된 것
3. 이송취급소 : 모든 대상

14
이황화탄소 5 kg이 완전연소하는 경우 발생되는 모든 기체의 부피는 몇 m³가 되겠는가? (단, 온도는 25 ℃, 압력은 1 atm이다)

정답

4.82 m³

[해설]
이황화탄소(CS_2) 완전연소 시 발생기체 부피
- 반응식 : $CS_2 + 3O_2 \rightarrow CO_2 + 2SO_2$
- 이황화탄소 몰수 = 5000 g / (12×1 + 32×2) = 65.79 mol
- 발생기체 몰수 : 이황화탄소 1몰당 기체 총 3몰 생성되므로 65.79×3 = 197.37 mol
- 발생기체 부피 $V = \dfrac{nRT}{P} = \dfrac{197.37 \times 0.082 \dfrac{atm\,L}{mol\,K} \times (25+273)K}{1\,atm} = 4,822\,L = 4.82\,m^3$

15 크실렌의 구조이성질체 3가지의 구조식을 쓰시오.

정답

O-크실렌, M-크실렌, P-크실렌 (구조식 생략)

[해설]
크실렌[$C_6H_4(CH_3)_2$] 구조이성질체

O-크실렌, M-크실렌, P-크실렌

16 다음 주유취급소에 따른 탱크용량을 쓰시오.

(1) 고속국도의 도로변에 설치하지 않은 고정주유설비에 직접 접속하는 전용탱크로서 (①) L 이하의 것으로 할 것
(2) 고속국도의 도로변에 설치된 주유취급소에 있어서는 탱크의 용량을 (②) L까지 할 수 있다.

정답

① 50,000   ② 60,000

[해설]
주유취급소 탱크용량
- 고정주유설비, 고정급유설비와 직접 접속한 탱크 : 50,000 L 이하
- 고속도로에 있는 고정주유설비, 고정급유설비와 직접 접속한 탱크 : 60,000 L 이하
- 보일러 탱크 : 10,000 L 이하
- 폐유, 윤활유 탱크 : 모두 합해 2,000 L 이하

17 다음 보기 중 옥내저장소에서 위험물을 1 m 이상 간격을 두었을 때 저장 가능한 위험물을 골라 적으시오.

[보기]
과산화나트륨, 염소산칼륨, 과염소산칼륨, 아세트산, 아세톤, 질산

(1) 질산메틸　　　　(2) 황린　　　　(3) 인화성 고체

정답

(1) 염소산칼륨, 과염소산칼륨
(2) 염소산칼륨, 과염소산칼륨, 과산화나트륨
(3) 아세트산, 아세톤

[해설]
옥내·외저장소 1 m 이상 간격을 두었을 때 저장 가능한 위험물

제1류 위험물(알칼리금속의 과산화물 제외)	제5류 위험물
제1류 위험물	• 제3류 위험물 중 자연발화성 물질 • 제6류 위험물
제2류 위험물 중 인화성 고체	제4류 위험물
제3류 위험물 중 알킬알루미늄·알킬리튬	제4류 위험물
제4류 위험물	제5류 위험물 중 유기과산화물

(1) 질산메틸(제5류 중 질산에스터)
　　알칼리금속의 과산화물이 아닌 제1류 위험물(염소산칼륨, 과염소산칼륨)
(2) 황린(제3류 중 자연발화성 물질)
　　알칼리금속의 과산화물이 아닌 제1류 위험물(염소산칼륨, 과염소산칼륨, 과산화나트륨)
(3) 인화성 고체(제2류) : 제4류 위험물(아세트산, 아세톤)

18 옥외저장탱크의 방유제에 대한 다음 물음에 답하시오.

(1) 하나의 방유제 안에 휘발유 8만 L를 저장하는 옥외저장탱크는 몇 개까지 설치할 수 있는가?
(2) 방유제의 높이의 범위는 얼마인가?
(3) 계단을 설치해야 하는 방유제의 높이는 최소 얼마 이상인가?

> [정답]
>
> (1) 10기   (2) 0.5 m 이상 3 m 이하   (3) 최소 1 m 이상
>
> [해설]
> 옥외탱크저장소의 방유제 구조 기준
> 1. 방유제의 높이 : 0.5 m 이상 3 m 이하
> 2. 계단 : 높이 1 m 이상의 방유제에는 50 m 간격으로 방유제의 안과 밖에 설치
> 3. 방유제 내 면적 : 80,000 m² 이하
> 4. 방유제 내 탱크의 기수
>   - 10기 이하
>   - 20기 이하로 할 경우 : 방유제 내의 전 탱크용량이 20만 L 이하이고, 위험물의 인화점이 70 ℃ 이상 200 ℃ 미만인 것
>   - 기수에 제한을 두지 않을 경우 : 인화점 200 ℃ 이상인 것
>   ※ 휘발유 : 제1석유류(인화점 21℃ 이하)이므로 10기 이하

19 탱크 공간용적에 대한 설명 중 빈칸을 채우시오.

(1) 탱크의 공간용적은 탱크 내용적의 100분의 (①) 이상 100분의 (②) 이하로 한다.
(2) 소화약제 방출구를 탱크 안의 윗부분에 설치한 탱크의 공간용적은 해당 소화설비의 소화약제 방출구 아래의 (③) m 이상 (④) m 미만의 사이의 면으로부터 윗부분의 용적을 공간용적으로 한다.
(3) 암반탱크의 공간용적은 해당 탱크 내에 용출하는 (⑤)일 간의 지하수의 양에 상당하는 용적과 그 탱크 내용적의 (⑥)분의 1의 용적 중에서 보다 큰 용적을 공간용적으로 한다.

정답

① 5　② 10　③ 0.3　④ 1　⑤ 7　⑥ 100

[해설]

탱크 공간용적 기준

- 탱크의 공간용적은 탱크 내용적의 100분의 5 이상 100분의 10 이하로 한다.
- 소화약제 방출구를 탱크 안의 윗부분에 설치한 탱크의 공간용적은 해당 소화설비의 소화약제 방출구 아래의 0.3 m 이상 1 m 미만의 사이의 면으로부터 윗부분의 용적을 공간용적으로 한다.
- 암반탱크의 공간용적은 해당 탱크 내에 용출하는 7일간의 지하수의 양에 상당하는 용적과 그 탱크 내용적의 100분의 1의 용적 중에서 보다 큰 용적을 공간용적으로 한다.

20 제3류 위험물 중 황린의 주의사항에 대한 물음에 답하시오.

(1) 운반용기에 표시하는 주의사항
(2) 제조소등에 표시하는 주의사항

정답

(1) 화기엄금, 공기접촉엄금　　(2) 화기엄금

[해설]

황린(제3류 위험물) 주의사항

품명	소화방법	지정수량	운반용기 외부 표시	제조소등 표시
황린	냉각소화	20 kg	화기엄금, 공기접촉엄금	화기엄금

2017 1회

01 제2류 위험물인 오황화인에 대하여 다음 물음에 답하시오.

(1) 연소반응식

(2) 연소 시 발생하는 기체 중 산성비의 원인이 되는 물질

정답

(1) $P_2S_5 + 7.5O_2 \rightarrow 5SO_2 + P_2O_5$ (2) 이산화황

[해설]
오황화인(P_2S_5) 연소반응
- $P_2S_5 + 7.5O_2 \rightarrow 5SO_2 + P_2O_5$
- SO_2(이산화황)은 빗물과 만나 H_2SO_3(아황산)이 되어 산성비 발생

02 제2종 분말소화약제의 190 ℃에서 열분해반응식을 쓰시오.

정답

$2KHCO_3 \rightarrow K_2CO_3 + CO_2 + H_2O$

[해설]
분말소화약제 열분해
- 제1종 분말소화약제
  1차 분해반응식(270 ℃) : $2NaHCO_3 \rightarrow Na_2CO_3 + CO_2 + H_2O$
  2차 분해반응식(850 ℃) : $2NaHCO_3 \rightarrow Na_2O + 2CO_2 + H_2O$
- 제2종 분말소화약제
  1차 분해반응식(190 ℃) : $2KHCO_3 \rightarrow K_2CO_3 + CO_2 + H_2O$
  2차 분해반응식(590 ℃) : $2KHCO_3 \rightarrow K_2O + 2CO_2 + H_2O$

- 제3종 분말소화약제
  1차 분해반응식(190 ℃) : $NH_4H_2PO_4 \rightarrow NH_3 + H_3PO_4$(오쏘인산)
  2차 분해반응식(215 ℃) : $2H_3PO_4 \rightarrow H_2O + H_4P_2O_7$(피로인산)
  3차 분해반응식(300 ℃) : $H_4P_2O_7 \rightarrow H_2O + 2HPO_3$(메타인산)

03 다음 위험물 운반용기의 외부에 표시하여야 하는 주의사항을 모두 쓰시오.

(1) 제1류 위험물 중 알칼리금속의 과산화물
(2) 제6류 위험물

정답

(1) 화기·충격주의, 가연물접촉주의, 물기엄금
(2) 가연물접촉주의

[해설]
위험물 운반용기 외부 표시

종류	위험등급	품명	운반용기 외부 표시
제1류 위험물	I	아염소산염류 염소산염류 과염소산염류	화기·충격주의 가연물접촉주의
		무기과산화물	
		무기과산화물 중 알칼리금속의 과산화물	화기·충격주의 가연물접촉주의, 물기엄금
	II	브로민산염류 질산염류 아이오딘산염류	화기·충격주의 가연물접촉주의
	III	과망가니즈산염류 다이크로뮴산염류	
제6류 위험물	I	과염소산 과산화수소 질산	가연물접촉주의

04 다음 보기에서 인화점이 낮은 것부터 순서대로 나열하시오.

───[보기]───
초산에틸, 메탄올, 에틸렌글라이콜, 나이트로벤젠

정답

초산에틸, 메탄올, 나이트로벤젠, 에틸렌글라이콜

[해설]
제4류 위험물 인화점
- 초산에틸(제1석유류) : -4 ℃
- 메탄올(알코올류) : 11 ℃
- 에틸렌글라이콜(제3석유류) : 111 ℃
- 나이트로벤젠(제3석유류) : 88 ℃

05 제5류 위험물 중 폭발성 및 가열분해성 판정결과 2종인 트라이나이트로페놀에 대한 물음에 답하시오.

(1) 구조식

(2) 지정수량

정답

(1)

$$\begin{array}{c} OH \\ O_2N \diagup \diagdown NO_2 \\ \\ NO_2 \end{array}$$

(2) 100 kg

[해설]
트라이나이트로페놀[$C_6H_2OH(NO_2)_3$]

- 구조식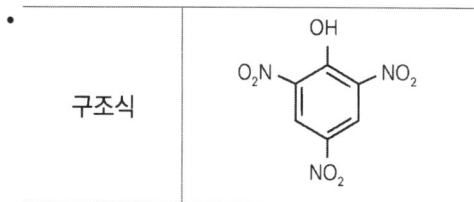

- 지정수량(나이트로화합물) : 100 kg

06 다음 종으로 설치된 원통형 탱크의 내용적(m^3)을 계산하시오.

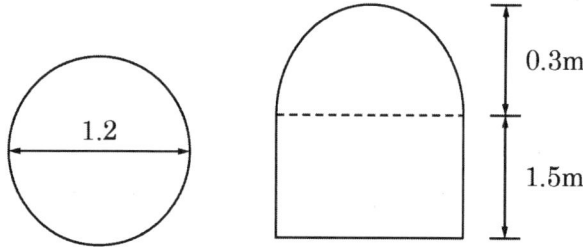

정답

1.70 m^3

[해설]
탱크의 내용적
내용적 V = 윗면적×높이 = $\pi r^2 \times L = \pi \times 0.6^2 \times 1.5 = 1.70 \, m^3$

TIP 종으로 설치된 원통형 탱크는 윗부분 높이를 고려하지 않는다.

07 위험물 옥외저장소에 저장할 수 있는 제4류 위험물의 품명을 모두 쓰시오.

정답

제1석유류(인화점 0 ℃ 이상인 것에 한함), 알코올류 제2·3·4석유류, 동식물유

[해설]
옥외저장소에 저장 가능한 위험물
- 제2류 위험물 중 황, 인화성 고체(인화점 0 ℃ 이상인 것에 한함)
- 제4류 위험물 중 제1석유류(인화점 0 ℃ 이상인 것에 한함), 알코올류 제2·3·4석유류, 동식물유
- 제6류 위험물

08 위험물제조소 등에 설치하는 옥내소화전설비에 대하여 다음 물음에 답하시오.

(1) 분당 방수량
(2) 방수압력

정답

(1) 260 L/min 이상
(2) 350 kPa 이상

[해설]
옥내소화전설비 기준

구분	옥내소화전설비
수원량	가장 많이 설치된 층 소화전 수(최대 5개) × 7.8 m³(260 L/min × 30 min)
방수압	350 kPa 이상
방수량	260 L/min 이상
호스 접결구까지 수평거리	25 m 이하
비상전원	45분 이상

09

위험물 옥내저장소에 다음 위험물이 저장되어 있다. 이 저장소의 지정수량 배수를 계산하시오. (단, 계산식을 쓰시오)

[보기]
(1) 메틸에틸케톤 1,000 L   (2) 메틸알코올 1,000 L   (3) 클로로벤젠 1,500 L

정답

9배수

[해설]

제4류 위험물 지정수량 배수 계산
- 지정수량
  메틸에틸케톤(제1석유류 비수용성) : 200 L
  메틸알코올(알코올류) : 400 L
  클로로벤젠(제2석유류 비수용성) : 1,000 L
- 지정수량 배수 = 1,000 L / 200 + 1,000 L / 400 + 1,500 L / 1,000 = 9배수

10

다음 [보기]에서 제2류 위험물의 품명을 고르고, 각각의 지정수량을 쓰시오.

[보기]
황린, 적린, 아세톤, 황화인, 마그네슘, 황, 칼슘

정답

적린(지정수량 100 kg)
황화인(지정수량 100 kg)
황(지정수량 100 kg)
마그네슘(지정수량 500 kg)

[해설]
제2류 위험물 구분

종류	위험등급	품명	지정수량
제2류 위험물	II	황화인 적린 황	100 kg
	III	철분 마그네슘 금속분	500 kg
		인화성 고체	1,000 kg

11 제1류 위험물인 과산화나트륨에 대하여 다음 물음에 답하시오.

(1) 열분해 시 생성물질을 화학식으로 쓰시오.

(2) 이산화탄소와의 반응식을 쓰시오.

정답

(1) Na_2O, O_2
(2) $Na_2O_2 + CO_2 \rightarrow Na_2CO_3 + 0.5O_2$

[해설]
과산화나트륨(Na_2O_2, 제1류)
(1) 열분해반응식 : $Na_2O_2 \rightarrow Na_2O + 0.5O_2$
(2) 이산화탄소와의 반응식 : $Na_2O_2 + CO_2 \rightarrow Na_2CO_3 + 0.5O_2$

12 다음은 위험물의 이동저장탱크에 관한 사항이다. 빈칸 안에 알맞은 답을 쓰시오.

> 위험물을 저장, 취급하는 이동탱크는 두께 (①) mm 이상의 강철판 또는 이와 동등 이상의 강도·내식성 및 내열성이 있다고 인정하여 소방청장이 정하여 고시하는 재료 및 구조로 위험물이 새지 아니하게 제작하고, 압력탱크에 있어서는 최대상용압력의 (②)배의 압력으로, 압력탱크 외의 탱크에 있어서는 (③) kPa의 압력으로 각각 (④)분간 행하는 수압시험에서 새거나 변형되지 아니하여야 한다.

정답

① 3.2   ② 1.5   ③ 70   ④ 10

[해설]

이동저장탱크 구조
- 탱크(맨홀 및 주입관의 뚜껑을 포함)는 두께 3.2 mm 이상의 강철판 또는 이와 동등 이상의 강도·내식성 및 내열성이 있는 재료 및 구조로 할 것
- 압력탱크(최대상용압력이 46.7 kPa 이상인 탱크) 외의 탱크는 70 kPa 압력으로, 압력탱크는 최대상용압력의 1.5배의 압력으로 각각 10분간의 수압시험을 실시해 변형되지 아니할 것. 이 경우 수압시험은 용접부에 대한 비파괴시험과 기밀시험으로 대신할 수 있다.

13 제3류 위험물인 탄화칼슘에 대하여 다음 각 물음에 답하시오.

(1) 물과 반응할 때 반응식

(2) 물과 반응하여 생성되는 기체 명칭

(3) 물과 반응하여 생성되는 기체의 연소범위

(4) 생성된 기체의 연소반응식

정답

(1) $CaC_2 + 2H_2O \rightarrow Ca(OH)_2 + C_2H_2$

(2) 아세틸렌

(3) 2.5 ~ 81 %

(4) $C_2H_2 + 2.5O_2 \rightarrow 2CO_2 + H_2O$

[해설]
탄화칼슘(CaC_2, 제3류) 반응식
(1) 물과 반응식 : $CaC_2 + 2H_2O \rightarrow Ca(OH)_2 + C_2H_2$
(2) 가연성 기체 C_2H_2(아세틸렌) 발생
(3) 아세틸렌 연소범위 : 2.5 ~ 81 %
(4) 아세틸렌 연소반응식 : $C_2H_2 + 2.5O_2 \rightarrow 2CO_2 + H_2O$

14 농도가 36 wt% 이상인 경우 위험물로 본다. 이 위험물에 대하여 물음에 답하시오.

(1) 이 물질의 분해 반응식을 쓰시오.

(2) 이 위험물의 위험등급을 쓰시오.

(3) 이 물질을 운반하는 경우 운반용기 외부에 표시하여야 할 주의사항을 쓰시오.

정답

(1) $2H_2O_2 \rightarrow 2H_2O + O_2$
(2) 위험등급 I
(3) 가연물접촉주의

[해설]
과산화수소(제6류 위험물)

품명	물질명	위험물이 되는 조건
과염소산	과염소산	모두 위험물
과산화수소	과산화수소	농도 36 중량% 이상
질산	질산	비중 1.49 이상

(1) 과산화수소(H_2O_2) 분해반응식
　　$2H_2O_2 \rightarrow 2H_2O + O_2$
(2) 과산화수소 위험등급 : 위험등급 I
(3) 과산화수소 운반용기에 표시하여야 할 주의사항 : 가연물접촉주의

15 이황화탄소(CS_2)에 대하여 다음 물음에 답하시오.

(1) 위험물안전관리법령상 위험물의 품명과 지정수량을 쓰시오.
- 품명 :
- 지정수량 :

(2) 표준상태에서 이황화탄소 1 mol이 완전연소할 때 필요한 이론공기량(L)을 구하시오.

정답

(1) 품명 : 특수인화물, 지정수량 : 50 L   (2) 320 L

[해설]
이황화탄소(CS_2)
- 품명 : 특수인화물
- 지정수량 : 50 L
- 완전연소반응식 : $CS_2 + 3O_2 \rightarrow CO_2 + 2SO_2$
- 이황화탄소 1 mol 반응 시 산소량 : 산소와 1 : 3 비율이므로 산소 3 mol 필요
- 이론공기량(L) = 3 mol × 100/21(공기 중 산소 21 %) × 22.4 L/mol = 320 L

16 주유취급소에 설치하는 "주유 중 엔진정지" 게시판의 바탕색과 문자색을 쓰시오.

정답

황색바탕, 흑색문자

[해설]
주유취급소 표지 및 게시판 색상기준

구분	색상	게시판 크기
"위험물 주유취급소" 표지	백색바탕 흑색문자	한 변 길이 0.3 m 이상, 다른 한 변 길이 0.6 m 이상인 직사각형
"주유 중 엔진정지" 게시판	황색바탕 흑색문자	

17 옥내탱크저장소의 전용실을 단층건물 외의 건축물 중 모든 층에 보관할 수 있는 위험물을 쓰시오.

> **정답**
>
> 제4류 위험물 중 인화점이 38 ℃ 이상인 것
>
> [해설]
> 옥내저장탱크에 저장할 수 있는 위험물 종류
> 1. 탱크전용실을 단층 건축물에 설치한 옥내저장탱크 : 모든 위험물
> 2. 탱크전용실을 단층 건물 외의 건축물에 설치한 옥내저장탱크
>   - 1층 또는 지하층
>   제2류 위험물 중 황화인·적린·덩어리 황
>   제3류 위험물 중 황린
>   제6류 위험물 중 질산
>   - 건축물의 모든 층
>   제4류 위험물 중 인화점이 38 ℃ 이상인 것

18 작업장과 제4류 위험물을 취급하는 제조소 사이에 방화상 유효한 격벽을 설치한 때에는 제조소에 공지를 두지 아니할 수 있다. 이 격벽 기준에 대해 다음 물음에 답하시오.

(1) 방화상 유효한 격벽은 어떤 구조로 해야 하는가?

(2) 방화상 유효한 격벽의 양단 및 상단이 외벽과 지붕으로부터 얼마 이상 돌출돼야 하는가?

> **정답**
>
> (1) 내화구조
> (2) 50 cm

[해설]
제조소 격벽(방화벽) 기준
1. 작업장이 제조소와 인접한 장소에 있고 공지를 두면 작업에 지장을 초래하는 경우 보유공지를 확보하지 않고 방화벽을 설치하는 것으로 대체할 수 있다.
2. 방화벽은 <u>내화구조로 할 것</u>(단, 제6류 위험물 제조소라면 불연재료도 가능)
3. 방화벽에 설치하는 출입구 및 창에는 자동폐쇄식의 60분+방화문 또는 60분방화문을 설치할 것
4. 방화벽의 양단 및 상단의 외벽 또는 지붕으로부터 <u>50 cm</u> 이상 돌출할 것

19 제4류 위험물의 동식물유류에 대한 내용이다. 다음 물음에 답하시오.

(1) 아이오딘값의 정의를 쓰시오.
(2) 동식물유류를 아이오딘값에 따라 분류하고, 아이오딘값의 범위를 쓰시오.

정답

(1) 유지 100 g에 부가되는 아이오딘의 g 수
(2) 건성유 : 아이오딘값 130 이상
   반건성유 : 아이오딘값 100 ~ 130
   불건성유 : 아이오딘값 100 이하

[해설]
동식물유류의 아이오딘값
(1) 아이오딘값 : 유지 100 g에 녹는 아이오딘의 g 수
(2) 아이오딘값에 따른 동식물유류

분류	건성유	반건성유	불건성유
아이오딘값	130 이상	100 ~ 130	100 이하
위험도(불포화도)	크다	중간	작다
종류	동유·해바라기씨유·아마인유·들기름·정어리기름	채종유·참기름·목화씨기름	야자유·올리브유·피마자유·동백유

20 위험물 운반에 관한 기준에서 다음 표에 혼재 가능한 위험물은 ○, 혼재 불가능한 위험물은 ×로 표시하시오. (단, 지정수량이 1/10을 초과하는 위험물에 적응하는 경우이다)

구분	제1류	제2류	제3류	제4류	제5류	제6류
제1류		×	×	( )	×	( )
제2류	( )		×	( )	○	( )
제3류	( )	×		( )	×	( )
제4류	( )	○	○		○	( )
제5류	( )	○	×	( )		( )
제6류	( )	×	×	( )	×	

정답

구분	제1류	제2류	제3류	제4류	제5류	제6류
제1류		×	×	×	×	○
제2류	×		×	○	○	×
제3류	×	×		○	×	×
제4류	×	○	○		○	×
제5류	×	○	×	○		×
제6류	○	×	×	×	×	

[해설]

운반 시 혼재 가능 위험물

위험물 종류			혼재 여부
1↓	6		혼재 가능
2↓	5↑	4	혼재 가능
3→	4↑		혼재 가능

TIP 1 2 3 4 5 6을 화살표 방향으로 적고, 가운데에 4를 적어서 같은 줄이 혼재 가능 위험물

2017 2회

01 다음 [보기]에서 제2석유류에 대한 설명으로 맞는 것을 모두 고르시오.

[보기]
(1) 등유, 경유이다.
(2) 산화제이다.
(3) 1기압에서 인화점이 70 ℃ 이상 200 ℃ 미만인 것을 말한다.
(4) 대부분 물에 잘 녹는다.
(5) 도료류, 그 밖의 물품은 가연성 액체량이 40 wt% 이하이면서 인화점이 40 ℃ 이상인 동시에 연소점이 60 ℃ 이상인 것은 제외한다.

정답

(1), (5)

[해설]
제2석유류
- 등유, 경유, 그 밖에 1기압에서 인화점이 21 ℃ 이상 70 ℃ 미만인 것
- 도료류, 그 밖의 물품은 가연성 액체량이 40 wt% 이하이면서 인화점이 40 ℃ 이상인 동시에 연소점이 60 ℃ 이상인 것은 제외
- 인화성 액체로 물에 잘 녹는 수용성과 녹지 않는 지용성이 모두 존재
- 제4류 위험물 : 산화제가 아닌 산소를 받아 연소하는 환원제

02 제3류 위험물인 칼륨이 다음 물질과 반응하는 경우 반응식을 쓰시오.

(1) 이산화탄소

(2) 에탄올

정답

(1) $4K + 3CO_2 \rightarrow 2K_2CO_3 + C$
(2) $K + C_2H_5OH \rightarrow C_2H_5OK + 0.5H_2$

[해설]
칼륨(K)과 반응하는 물질
- 이산화탄소 : $4K + 3CO_2 \rightarrow 2K_2CO_3 + C$
- 에탄올 : $K + C_2H_5OH \rightarrow C_2H_5OK + 0.5H_2$

03 다음은 아세트알데하이드 등의 옥외탱크저장소에 대한 내용이다. 빈칸에 알맞은 답을 쓰시오.

(1) 옥외저장탱크의 설비는 동·(①)·은·(②) 또는 이들을 성분으로 하는 합금으로 만들지 아니할 것

(2) 옥외저장탱크에는 (③) 또는 (④) 그리고 연소성 혼합기체의 생성에 의한 폭발을 방지하기 위한 불활성의 기체를 봉입하는 장치를 설치할 것

정답

① 수은   ② 마그네슘   ③ 보냉장치   ④ 냉각장치

[해설]
아세트알데하이드 등의 옥외탱크저장소 저장 기준
- 옥외저장탱크의 설비는 수은·은·동(구리)·마그네슘 또는 이들을 성분으로 하는 합금으로 만들지 아니할 것   암 수은구루마
- 옥외저장탱크에는 냉각장치, 보냉장치, 그리고 연소성 혼합기체의 생성에 의한 폭발을 방지하기 위한 불활성 기체의 봉입장치를 설치할 것

04 옥외저장소에 지정수량의 150배 황을 저장하는 경우 공지의 너비를 쓰시오.

정답

12 m 이상

[해설]
옥외저장소 보유공지

위험물의 최대수량	공지너비
지정수량의 10배 이하	3 m 이상
지정수량의 10 ~ 20배 이하	5 m 이상
지정수량의 20 ~ 50배 이하	9 m 이상
지정수량의 50 ~ 200배 이하	12 m 이상
지정수량의 200배 초과	15 m 이상

제4류 위험물 중 제4석유류와 제6류 위험물 : 위의 표에 의한 보유공지의 1/3으로 할 수 있다.

05 과염소산칼륨은 400 ℃에서 서서히 분해가 시작되어 610 ℃에서 완전분해될 때 열분해반응식을 쓰시오.

정답

$KClO_4 \rightarrow KCl + 2O_2$

[해설]
과염소산칼륨($KClO_4$, 제1류) 열분해반응식
- 제1류 위험물 : 열분해 시 산소 발생
- $KClO_4 \rightarrow KCl + 2O_2$

06 이황화탄소 100 kg이 완전연소할 때 발생하는 이산화황의 체적 (m³)을 계산하시오. (단, 온도는 30 ℃이고, 압력은 800 mmHg이다)

정답

62.31 m³

[해설]
이황화탄소(CS_2) 완전연소 시 발생하는 기체부피
- $CS_2 + 3O_2 \rightarrow CO_2 + 2SO_2$(이황화탄소)
- 이황화탄소 몰 수 = 100 kg/(12 × 1 + 32 × 2) = 1.32 kmol
- 이산화황 몰 수 : 이황화탄소와 1 : 2 비율이므로 1.32 × 2 = 2.64 kmol
- 이산화황 부피 $V = \dfrac{nRT}{P} = \dfrac{2.64 \times 0.082 \dfrac{atm\ m^3}{kmol\ K} \times (30+273)K}{800 mmHg \times \dfrac{1 atm}{760 mmHg}} = 62.31$ m³

07 제4류 위험물인 특수인화물에 대한 정의이다. 다음 빈칸 안에 알맞은 답을 쓰시오.

"특수인화물"이라 함은 이황화탄소, 다이에틸에터, 그 밖에 1기압에서 발화점이 (①) ℃ 이하인 것 또는 인화점이 영하 (②) ℃ 이하이고, 비점이 (③) ℃ 이하인 것을 말한다.

정답

① 100   ② 20   ③ 40

[해설]
특수인화물 정의
이황화탄소, 다이에틸에터, 그 밖에 1기압에서 발화점이 100 ℃ 이하인 것 또는 인화점이 영하 20 ℃ 이하이고, 비점이 40 ℃ 이하인 것을 말한다.

08 다음 위험물이 제6류 위험물이 되기 위한 기준을 쓰시오. (단, 기준이 없으면 "없음"으로 쓰시오)

(1) 과염소산

(2) 과산화수소

(3) 질산

정답

(1) 없음   (2) 농도 36 wt% 이상   (3) 비중 1.49 이상

[해설]
제6류 위험물이 되기 위한 기준

품명	물질명	위험물이 되는 조건
과염소산	과염소산	모두 위험물
과산화수소	과산화수소	농도 36 중량% 이상
질산	질산	비중 1.49 이상

09 위험물을 취급하는 제조소에 옥내소화전 3개가 설치되어 있을 때 다음 물음에 답하시오.

(1) 수원의 양(m^3)   (2) 방수압력

정답

(1) 23.4 m^3 (2) 350 kPa 이상

[해설]
옥내소화전설비
- 옥내소화전설비 기준

구분	옥내소화전설비
수원량	가장 많이 설치된 층 소화전 수(최대 5개) × 7.8 m^3(260 L/min × 30 min)
방수압	350 kPa 이상

- 수원량 = 3개 × 7.8 m^3 = 23.4 m^3

10 휘황색의 침상결정이고 쓴맛과 독성이 있으며, 분자량이 229, 비중이 약 1.8이며 물보다 무거운 제5류 위험물에 대한 물음에 답하시오.

(1) 명칭

(2) 품명

(3) 폭발성 및 가열분해성 판정결과 2종일 때 해당 위험물의 지정수량

> 정답

(1) 트라이나이트로페놀   (2) 나이트로화합물   (3) 100 kg

[해설]

트라이나이트로페놀(피크르산)

- 분자식 : $C_6H_2OH(NO_2)_3$
- 제5류 위험물 중 나이트로화합물
- 지정수량 : 100 kg
- 휘황색 침상결정이고, 쓴맛과 독성이 있다.
- 분자량은 229이며, 비중은 1.8이다.

11 불활성 가스소화설비에 적응성이 있는 위험물을 모두 쓰시오.

> 정답

제2류 위험물 중 인화성 고체, 제4류 위험물

[해설]

불활성 가스소화설비 적응성 있는 위험물

- 불활성 가스 소화설비 : 질식소화

- 위험물별 소화방법

분류	소화방법
제1류 위험물(알칼리금속의 과산화물 제외)	냉각소화
제2류 위험물(철분·금속분·마그네슘, 인화성 고체 제외)	냉각소화
제2류 중 인화성 고체	냉각소화, 질식소화 모두 가능
제3류(금수성 물질 제외)	냉각소화
제4류 위험물	질식소화
제5류 위험물	냉각소화
제6류 위험물	냉각소화
알칼리금속의 과산화물(제1류)	탄산수소염류·건조사·팽창질석·팽창진주암
철분·금속분·마그네슘(제2류)	
금수성 물질(제3류)	

12 소화난이도 I에 해당하는 제조소 및 일반취급소의 기준이다. 다음 빈칸 안에 알맞은 답을 쓰시오.

(1) 연면적 (①) m² 이상인 것

(2) 지정수량의 (②)배 이상인 것 (고인화점 위험물만을 100 ℃ 미만의 온도에서 취급하는 것은 제외)

(3) 지반면으로부터 (③) m 이상의 높이에 위험물 취급설비가 있는 것

> **정답**

① 1,000 ② 100 ③ 6

[해설]

소화난이도 등급 I의 제조소 및 일반취급소
- 연면적 : 1,000 m² 이상인 것
- 지정수량 : 100배 이상인 것(고인화점 인화물만을 100 ℃ 미만의 온도에서 취급하는 것 및 화약류 위험물을 취급하는 것은 제외)

- 취급높이 : 지반면으로부터 6 m 이상의 높이에 위험물취급설비가 있는 것(고인화점 인화물만을 100 ℃ 미만의 온도에서 취급하는 것 제외)
- 일반취급소로 사용되는 부분 외의 부분을 갖는 건축물에 설치된 것

13 다음은 지정과산화물의 옥내저장소의 저장창고의 설치기준이다. 빈칸 안에 알맞은 답을 쓰시오.

저장창고는 (①) m² 이내마다 격벽으로 완전하게 구획할 것. 이 경우 당해 격벽은 두께 (②) cm 이상의 철근콘크리트조 또는 철골철근콘크리트조로 하거나 두께 (③) cm 이상의 보강 콘크리트블록조로 하고, 당해 저장창고 양측의 외벽으로부터 (④) m 이상, 상부의 지붕으로부터 (⑤) cm 이상 돌출하게 하여야 한다.

정답

① 150　② 30　③ 40　④ 1　⑤ 50

[해설]

옥내저장소 저장창고 격벽기준

저장창고는 150 m² 이내마다 격벽으로 완전하게 구획할 것. 이 경우 당해 격벽은 두께 30 cm 이상의 철근콘크리트조 또는 철골철근콘크리트조로 하거나 두께 40 cm 이상의 보강콘크리트블록조로 하고, 당해 저장창고 양측의 외벽으로부터 1 m 이상, 상부의 지붕으로부터 50 cm 이상 돌출하게 하여야 한다.

14 다음 제4류 위험물의 분자식(시성식)을 쓰시오.

(1) 산화프로필렌

(2) 메틸에틸케톤

(3) 초산메틸

(4) 클로로벤젠

(5) 사이안화수소

정답

(1) CH₃CH₂CHO
(2) CH₃COC₂H₅
(3) CH₃COOCH₃
(4) C₆H₅Cl
(5) HCN

[해설]
제4류 위험물 분자식
(1) 산화프로필렌(특수인화물) : CH_3CH_2CHO
(2) 메틸에틸케톤(제1석유류) : $CH_3COC_2H_5$
(3) 초산메틸(제1석유류) : CH_3COOCH_3
(4) 클로로벤젠(제2석유류) : C_6H_5Cl
(5) 사이안화수소(제1석유류) : HCN

15 제3류 위험물 중 물과 반응성이 없고 공기 중에서 자연발화하여 흰 연기를 발생시키는 물질에 대한 물음에 답하시오.

(1) 물질명

(2) 지정수량

(3) 연소반응식

정답

(1) 황린
(2) 20 kg
(3) $P_4 + 5O_2 \rightarrow 2P_2O_5$

[해설]
황린(P_4, 제3류 위험물 중 자연발화성 물질)
- 물과 반응하지 않고 자연발화하여 흰 연기(P_2O_5) 발생
- 지정수량 : 20 kg
- 연소반응식 : $P_4 + 5O_2 \rightarrow 2P_2O_5$(오산화인)

16 에탄올에 대하여 다음 물음에 답하시오.

(1) 완전연소반응식

(2) 칼륨과 반응할 때 발생되는 기체

(3) 에틸알코올의 구조이성질체로서 다이메틸에터의 시성식

정답

(1) $C_2H_5OH + 3O_2 \rightarrow 2CO_2 + 3H_2O$

(2) H_2(수소)

(3) CH_3OCH_3

[해설]

에탄올(C_2H_5OH) 반응

- 완전연소반응식 : $C_2H_5OH + 3O_2 \rightarrow 2CO_2 + 3H_2O$
- 칼륨과 반응 : $C_2H_5OH + K \rightarrow C_2H_5OK + 0.5H_2$
- 다이메틸에터 시성식 : CH_3OCH_3

17 다음 보기에서 인화점이 낮은 순서대로 쓰시오.

[보기]

이황화탄소, 아세톤, 메탄올, 산화프로필렌

정답

산화프로필렌, 이황화탄소, 아세톤, 메탄올

[해설]

제4류 위험물 인화점 순서

- 이황화탄소(특수인화물) : -30 ℃
- 아세톤(제1석유류) : -18 ℃
- 메탄올(알코올류) : 11 ℃
- 산화프로필렌(특수인화물) : -37 ℃

18 자체소방대에 관한 내용이다. 물음에 답하시오.

(1) 아래 [보기] 중 자체소방대 설치 대상으로 맞는 것을 찾아 번호를 쓰시오.

[보기]
① 염소산염류 250톤을 취급하는 제조소
② 염소산염류 250톤을 취급하는 일반취급소
③ 특수인화물 250kL를 취급하는 제조소
④ 특수인화물 250kL를 취급하는 충전하는 일반취급소

(2) 자체소방대의 화학소방자동차가 1대일 경우 자체소방대원의 인원을 몇 명 이상인가?

(3) 다음 [보기] 중 자체소방대에 대한 설비의 기준으로 틀린 것을 고르시오.

[보기]
① 다른 사업소 등과 상호협정을 체결 한 경우 그 모든 사업소를 하나의 사업소로 본다.
② 10만 L 이상의 포수용액을 방사할 수 있는 양의 소화약제를 비치할 것
③ 포수용액 방사 차는 자체 소방차 대수의 2/3 이상이어야 하고, 포수용액의 방사능력은 매분 3,000 L 이상일 것
④ 포수용액 방사 차에는 소화약액탱크 및 소화약액혼합장치를 비치할 것

(4) 자체소방대를 두지 아니하고 제조소 등의 허가를 받은 관계인의 벌칙은?

정답

(1) ③　　(2) 5명　　(3) ③　　(4) 1년 이하의 징역 또는 1,000만 원 이하의 벌금

[해설]
자체소방대 기준
(1) 자체소방대 설치 기준 : 제4류 위험물을 지정수량 3,000배 이상 취급하는 제조소 및 일반취급소
  • 염소산염류 : 제1류 위험물로 자체소방대가 필요 없다.
    특수인화물 : 지정수량 50 L
  • 일반취급소 중 자체소방대 설치 제외 대상
    - 보일러, 버너 그 밖에 유사한 장치로 위험물을 소비하는 일반취급소
    - 이동저장탱크 그 밖에 유사한 것에 위험물을 주입하는 일반취급소(충전하는 일반취급소)
    - 용기에 위험물을 옮겨 담는 일반취급소
    - 유압장치, 윤활유순환장치 그 밖에 이와 유사한 장치로 위험물을 취급하는 일반취급소
    - [광산안전법]의 적용을 받는 일반취급소

- 특수
  인화물 지정수량 배수 = 250,000 L / 50 L = 5,000 배수
- ①, ②, ④를 제외한 ③에 자체소방대 설치

(2) 화학소방자동차 대수별 자체소방대원 수

사업소 구분(제4류 위험물 지정수량)	화학소방자동차	자체소방대원
3천 배 이상 12만 배 미만	1대	5명
12만 배 이상 24만 배 미만	2대	10명
24만 배 이상 48만 배 미만	3대	15명
48만 배 이상	4대	20명

(3) 자체소방대 설비기준
- 2 이상의 사업소가 상호응원 협정을 체결하고 있는 경우 해당 사업소를 하나의 사업소로 본다.
- 포수용액 방사차의 포수용액 방수량은 매 분 2,000 L 이상일 것
- 포수용액 방사차는 10만 L 이상의 포수용액을 방사할 수 있는 소화약제를 비치할 것
- 포수용액 방사차에는 소화약액탱크 및 소화약액혼합장치를 비치할 것

(4) 자체소방대를 두지 아니하고 제조소 등의 허가를 받은 관계인
<u>1년 이하의 징역 또는 1,000만 원 이하의 벌금</u>

19
옥내소화전설비에서 압력수조를 이용한 가압송수장치를 사용할 때 압력의 빈칸을 채우시오.

$$P = (\,①\,) + (\,②\,) + (\,③\,) + (\,④\,)$$

정답

① 소방용 호스의 마찰손실압
② 배관의 마찰손실압
③ 낙차의 환산압
④ 0.35 MPa
(순서는 무관하다)

[해설]
옥내소화전설비 압력수조를 이용한 가압송수장치 압력
P = 소방용 호스의 마찰손실압 + 배관의 마찰손실압 + 낙차의 환산압 + 0.35 MPa

20 다음 위험물의 저장방법을 쓰시오.

(1) 황린

(2) 나트륨

(3) 이황화탄소

> **정답**
>
> (1) (pH 9의 약알칼리성) 물속에 저장
> (2) 등유, 경유, 유동파라핀 속에 저장
> (3) 물속에 저장
>
> [해설]
> 위험물 저장방법
> (1) 황린(제3류, 자연발화성 물질) : pH 9의 약알칼리성 물속에 저장
> (2) 나트륨(제3류, 금수성 물질) : 등유, 경유, 유동파라핀 속에 저장
> (3) 이황화탄소(제4류, 특수인화물) : 물속에 저장

2017 4회

01 외벽이 내화구조이고, 연면적이 500 m²인 위험물 제조소의 경우 소요단위를 계산하시오.

정답

5 소요단위

[해설]

제조소 소요단위 계산
- 1 소요단위 기준

구분	내화구조	비내화구조
제조소·취급소	연면적 100 m²	연면적 50 m²
저장소	연면적 150 m²	연면적 75 m²
위험물	지정수량 10배	

- 총 소요단위 = 500 m² / 100 m² = 5 소요단위

02 제3류 위험물인 트라이에틸알루미늄에 대하여 다음 각 물음에 답하시오.

(1) 연소 시 반응식
(2) 물과 접촉하는 경우 반응식

정답

(1) $2(C_2H_5)_3Al + 21O_2 \rightarrow 12CO_2 + 15H_2O + Al_2O_3$
(2) $(C_2H_5)_3Al + 3H_2O \rightarrow Al(OH)_3 + 3C_2H_6$

[해설]

트라이에틸알루미늄[$(C_2H_5)_3Al$, 제3류 위험물]
- 연소반응식 : $2(C_2H_5)_3Al + 21O_2 \rightarrow 12CO_2 + 15H_2O + Al_2O_3$
- 물과의 반응식 : $(C_2H_5)_3Al + 3H_2O \rightarrow Al(OH)_3 + 3C_2H_6$

03 위험물안전관리법령에 따른 위험물의 유별 저장·취급의 공통기준이다. 빈칸을 채우시오.

(1) 제(①)류 위험물은 불티·불꽃·고온체와의 접근 또는 과열을 피하고, 함부로 증기를 발생시키지 아니하여야 한다.

(2) 제(②)류 위험물은 가연물과의 접촉·혼합이나 분해를 촉진하는 물품과의 접근 또는 과열을 피하여야 한다.

정답

① 4 ② 6

[해설]

위험물 유별 저장·취급의 공통기준
- 제1류 위험물 : 가연물과의 접촉·혼합이나 분해를 촉진하는 물품과의 접근 또는 과열·충격·마찰 등을 피한다.
  제1류 위험물 중 알칼리금속의 과산화물 : 물과의 접촉을 피하여야 한다.
- 제2류 위험물 : 산화제와의 접촉·혼합이나 불티·불꽃·고온체와의 접근 또는 과열을 피한다.
  제2류 위험물 중 철분·금속분·마그네슘 : 물이나 산과의 접촉을 피한다.
  제2류 위험물 중 인화성 고체 : 함부로 증기를 발생시키지 아니하여야 한다.
- 제3류 위험물 중 자연발화성 물품 : 불티·불꽃 또는 고온체와의 접근·과열 또는 공기와의 접촉을 피한다.
  제3류 위험물 중 금수성 물품 : 물과의 접촉을 피한다.
- 제4류 위험물 : 불티·불꽃·고온체와의 접근 또는 과열을 피하고, 함부로 증기를 발생시키지 아니하여야 한다.
- 제5류 위험물 : 불티·불꽃·고온체와의 접근이나 과열·충격 또는 마찰을 피하여야 한다.
- 제6류 위험물 : 가연물과의 접촉·혼합이나 분해를 촉진하는 물품과의 접근 또는 과열을 피한다.

04 다음 설명하는 제4류 위험물의 화학식과 지정수량을 쓰시오.

- 무색 투명한 액체이다.
- 분자량은 58, 인화점은 -37 ℃, 연소범위가 2.5 ~ 38.5%이다.
- 저장용기를 구리, 마그네슘, 은, 수은 및 합금용기로 사용하면 위험하다.

정답

- 화학식 : CH_3CH_2CHO
- 지정수량 : 50 L

[해설]
산화프로필렌(CH_3CH_2CHO, 특수인화물)
- 무색 투명한 액체
- 지정수량 : 50 L
- 분자량 : 58
- 인화점 : -37 ℃
- 산화프로필렌, 아세트알데하이드 등의 저장용기 : 구리, 마그네슘, 은, 수은 등과 반응하여 위험하므로 저장용기로 사용하지 않는다.

05 다음은 제1종 판매취급소의 배합실 기준이다. 빈칸을 채우시오.

(1) 바닥면적은 (①) m^2 이상 (②) m^2 이하로 할 것
(2) (③) 또는 (④)로 된 벽으로 구획할 것
(3) 출입구에는 수시로 열 수 있는 자동폐쇄식의 (⑤)을 설치할 것
(4) 출입구 문턱의 높이는 바닥면으로부터 (⑥) m 이상으로 할 것

정답

① 6   ② 15   ③ 불연재료   ④ 내화구조
⑤ 60분+방화문 또는 60분방화문   ⑥ 0.1

[해설]
제1종 판매취급소 배합실 기준
(1) 바닥면적은 6 m^2 이상 15 m^2 이하로 할 것
(2) 불연재료 또는 내화구조로 된 벽으로 구획할 것

(3) 출입구에는 수시로 열 수 있는 자동폐쇄식의 60분+방화문 또는 60분방화문을 설치할 것
(4) 출입구 문턱의 높이는 바닥면으로부터 0.1 m 이상으로 할 것

06 과산화나트륨과 아세트산의 화학반응식을 쓰시오.

정답

$Na_2O_2 + 2CH_3COOH \rightarrow 2CH_3COONa + H_2O_2$

[해설]
과산화나트륨(Na_2O_2)과 아세트산(CH_3COOH) 반응
$Na_2O_2 + 2CH_3COOH \rightarrow 2CH_3COONa + H_2O_2$

07 다음 보기에서 위험물이 각각 1몰씩 완전열분해하는 경우 생성하는 산소의 부피가 큰 것부터 나열하시오.

[보기]
염소산칼륨, 염소산암모늄, 과염소산나트륨, 과염소산암모늄

정답

과염소산나트륨, 염소산칼륨, 과염소산암모늄, 염소산암모늄

[해설]
제1류 위험물 완전열분해 시 발생 산소
- 염소산칼륨 : $KClO_3 \rightarrow KCl + 1.5O_2$ (1 : 1.5 비율)
- 염소산암모늄 : $2NH_4ClO_3 \rightarrow N_2 + 4H_2O + Cl_2 + O_2$ (1 : 0.5 비율)
- 과염소산나트륨 : $NaClO_4 \rightarrow NaCl + 2O_2$ (1 : 2 비율)
- 과염소산암모늄 : $2NH_4ClO_4 \rightarrow N_2 + 4H_2O + Cl_2 + 2O_2$ (1 : 1 비율)

08 다음은 제2류 위험물 성질에 대한 설명이다. 옳은 번호를 모두 고르시오.

(1) 대부분 산화성 고체이다.
(2) 대부분 물에 녹는 수용성이다.
(3) 황화인, 적린, 황은 위험등급 Ⅱ이다.
(4) 고형알코올은 인화성 고체에 해당되며 지정수량은 1,000 kg이다.

정답

(3), (4)

[해설]
제2류 위험물 성질
- 가연성 고체
- 대부분 물에 녹지 않는 불용성
- 황화인, 적린, 황은 위험등급Ⅱ이며, 그 외는 위험등급Ⅲ이다.
- 고형알코올은 인화성 고체에 해당하며, 지정수량 1,000 kg

09 적재하는 위험물의 성질에 따라 일광의 직사 또는 빗물의 침투를 방지하기 위하여 기준에 따른 적당한 조치를 취해야 한다. 차광성이 있는 피복으로 가려야 하는 위험물의 유별 3가지만 쓰시오.

정답

제1류 위험물
제3류 위험물 중 자연발화성 물질
제4류 위험물 중 특수인화물
제5류 위험물
제6류 위험물 중 3가지

[해설]
운반 시 피복(덮개) 기준

차광성 피복을 사용해야 하는 위험물	방수성 피복을 사용해야 하는 위험물
• 제1류 위험물 • 제3류 위험물 중 자연발화성 물질 • 제4류 위험물 중 특수인화물 • 제5류 위험물 • 제6류 위험물	• 제1류 위험물 중 알칼리금속의 과산화물 • 제2류 위험물 중 철분·금속분·마그네슘 • 제3류 위험물 중 금수성 물질

10 제3류 위험물의 위험등급에 따른 품명을 모두 적으시오. (단, 없으면 "없음"이라고 쓰시오)

(1) 위험등급 Ⅰ
(2) 위험등급 Ⅱ

정답

(1) 칼륨, 나트륨, 알킬리튬, 알킬알루미늄, 황린
(2) 알칼리금속(칼륨, 나트륨 제외) 및 알칼리토금속, 유기금속화합물

[해설]
제3류 위험물의 위험등급

종류	위험등급	품명
제3류 위험물	Ⅰ	칼륨 나트륨 알킬리튬 알킬알루미늄
		황린
	Ⅱ	알칼리금속(칼륨, 나트륨 제외) 및 알칼리토금속 유기금속화합물
	Ⅲ	금속수소화물 금속인화물 칼슘탄화물 알루미늄탄화물

11 다음 표는 유별을 달리하는 위험물의 운반 시 혼재 가능한 기준이다. 빈칸에 혼재할 수 있으면 "○" 표시를, 혼재할 수 없으면 "×" 표시를 하여 표를 완성하시오. (단, 이 표는 지정수량의 1/10 이상의 위험물을 혼재하는 경우이다)

구분	제1류	제2류	제3류	제4류	제5류	제6류
제1류		×	(①)	×	×	○
제2류	×		×	(②)	(③)	×
제3류	×	×		○	×	×
제4류	×	(④)	○		○	×
제5류	×	○	×	(⑤)		×
제6류	○	×	×	×	×	

정답

① ×   ② ○   ③ ○   ④ ×   ⑤ ○

[해설]

운반 시 혼재 가능 위험물

위험물 종류			혼재 여부
1↓	6		혼재 가능
2↓	5↑	4	혼재 가능
3→	4↑		혼재 가능

TIP   1 2 3 4 5 6을 화살표 방향으로 적고 가운데에 4를 적어서 같은 줄이 혼재 가능 위험물

12 제1류 위험물 중 염소산칼륨에 대한 설명이다. 다음 각 물음에 답하시오.

(1) 이산화망간 촉매하에 염소산칼륨의 완전열분해반응식을 쓰시오.

(2) 염소산칼륨 24.5 kg이 열분해하여 생성되는 산소의 부피(m^3)를 계산하시오. (단, 표준상태이며, 칼륨 원자량 39, 염소 원자량 35.5이다)

> **정답**
>
> (1) $KClO_3 \xrightarrow{MnO_2} KCl + 1.5O_2$
>
> (2) $6.72 \ m^3$
>
> [해설]
>
> 염소산칼륨($KClO_3$) 열분해
>
> - $KClO_3 \xrightarrow{MnO_2} KCl + 1.5O_2$
> - 염소산칼륨 분자량 = 39 + 35.5 + 16 × 3 = 122.5 g/mol
>   염소산칼륨 몰 수 = 24.5 kg / 122.5 = 0.2 kmol = 200 mol
> - 산소 몰 수 : 염소산칼륨과 1 : 1.5 비율이므로 200 × 1.5 = 300 mol
>   산소 부피 = 300 × 22.4 L/mol = 6,720 L = 6.72 m^3

13 다음은 제4류 위험물 인화점에 관한 내용이다. 빈칸 안에 알맞은 답을 쓰시오.

(1) 특수인화물 : 발화점 (①) ℃ 이하거나, 인화점 영하 (②) ℃ 이하이고, 비점 (③) ℃ 이하인 것

(2) 제1석유류 : 인화점 (④) ℃ 미만인 것

(3) 제2석유류 : 인화점 (⑤) ℃ 이상 (⑥) ℃ 미만인 것

> **정답**
>
> ① 100   ② 20   ③ 40   ④ 21   ⑤ 21   ⑥ 70
>
> [해설]
>
> 제4류 위험물 분류
>
> (1) 특수인화물 : 1기압에서 발화점 100 ℃ 이하인 것 또는 인화점이 영하 20 ℃ 이하이고, 비점이 40 ℃ 이하인 것
> (2) 제1석유류 : 1기압에서 인화점이 21 ℃ 미만인 것
> (3) 제2석유류 : 1기압에서 인화점이 21 ℃ 이상 70 ℃ 미만인 것
> (4) 제3석유류 : 1기압에서 인화점이 70 ℃ 이상 200 ℃ 미만인 것
> (5) 제4석유류 : 1기압에서 인화점이 200 ℃ 이상 250 ℃ 미만인 것

14 제4류 위험물인 동식물유류의 아이오딘값에 대하여 다음 물음에 답하시오.

(1) 아이오딘값의 정의를 쓰시오.

(2) 동식물유류를 아이오딘값에 따라 분류하고 아이오딘값의 범위를 쓰시오.

정답

(1) 유지 100 g에 부가되는 아이오딘의 g 수
(2) 건성유 : 아이오딘값 130 이상, 반건성유 : 아이오딘값 100 ~ 130,
불건성유 : 아이오딘값 100 이하

[해설]
동식물유류의 아이오딘값
(1) 아이오딘값 : 유지 100 g에 녹는 아이오딘의 g 수
(2) 아이오딘값에 따른 동식물유류

구분	건성유	반건성유	불건성유
아이오딘값	130 이상	100~130	100 이하
위험도(불포화도)	크다	중간	작다
종류	동유·해바라기씨유·아마인유·들기름·정어리기름	채종유·참기름·목화씨기름	야자유·올리브유·피마자유·동백유

15 제5류 위험물인 피크르산의 구조식과 품명, 지정수량을 쓰시오.

(1) 구조식

(2) 품명

(3) 폭발성 및 가열분해성 판정결과 2종일 때 해당 위험물의 지정수량

정답

(1)

O₂N─⟨OH⟩─NO₂ (2,4,6-트라이나이트로페놀 구조식)
      │
     NO₂

(2) 나이트로화합물

(3) 100 kg

[해설]

피크르산(트라이나이트로페놀)

- 분자식 : $C_6H_2OH(NO_2)_3$

구조식	(피크르산 구조식: 페놀 고리에 OH와 2,4,6 위치에 NO₂ 3개)

- 품명 : 나이트로화합물
- 지정수량 : 100 kg

---

16 옥외저장소에 옥외소화전설비가 설치되어 있다. 다음 물음에 답하시오.

(1) 옥외소화전이 6개일 경우 수원의 양은 몇 m^3 이상이어야 하는지 계산하시오.

(2) 최소 방사압력

정답

(1) $54\ m^3$ (2) 350 kPa

[해설]
옥외소화전설비 수원량
- 옥외소화전 기준

구분	옥외소화전설비
수원량	가장 많이 설치된 층 소화전 수(최대 4개)×13.5 m^3 (450 L/min×30 min)
방수압	350 kPa 이상
방수량	450 L/min 이상

- 수원량 = 가장 많이 설치된 층 소화전 수(최대 4개)×13.5 m^3 (450 L/min×30 min)
  = 4×13.5 = 54 m^3

17 아세톤 200 g을 공기 중에서 완전연소시켰다. 다음 각 물음에 답하시오. (단, 표준상태이고 공기 중 산소농도는 21 vol%이다)

(1) 아세톤의 완전연소반응식

(2) 완전연소에 필요한 이론공기량(L)

(3) 완전연소 시 발생하는 이산화탄소의 부피(L)

정답

(1) $CH_3COCH_3 + 4O_2 \rightarrow 3CO_2 + 3H_2O$ (2) 1,471.90 L   (3) 231.84 L

[해설]
아세톤(CH_3COCH_3) 완전연소반응
- 완전연소반응식 : $CH_3COCH_3 + 4O_2 \rightarrow 3CO_2 + 3H_2O$
- 아세톤 몰 수 = 200 g / (12×3 + 16×1 + 1×6) = 3.45 mol
- 산소 몰 수 : 아세톤과 산소는 1 : 4 비율이므로 산소 3.45×4 = 13.8 mol
- 필요공기 몰 수 = 13.8 mol×100/21(농도 21 %) = 65.71 mol
- 필요공기 부피 = 65.71 mol×22.4 L/mol = 1,471.90 L
- 이산화탄소 몰 수 : 아세톤과 이산화탄소는 1 : 3 비율이므로 3.45×3 = 10.35 mol이므로
- 이산화탄소 부피 = 10.35 mol×22.4 L/mol = 231.84 L

18 옥내저장창고는 지면에서 처마까지의 높이가 6 m 미만인 단층건물로 하여야 하는데, 제2류 및 제4류 위험물만을 저장하는 창고로서 처마높이를 20 m 이하로 할 수 있는 조건을 3가지 쓰시오.

> **정답**
> ① 벽·기둥·바닥·보를 내화구조로 할 것
> ② 출입구를 60분+방화문 또는 60분방화문으로 할 것
> ③ 피뢰침을 설치할 것. 다만 주위상황이 안전상 지장이 없는 경우에는 그러하지 아니하다.
>
> [해설]
> 옥내저장소의 저장창고 처마높이 20 m 이하로 할 수 있는 조건
> 제2류와 제4류 위험물만을 저장하고 다음 기준에 적합한 경우 처마높이 20 m 이하로 할 수 있다.
> • 벽·기둥·바닥·보를 내화구조로 할 것
> • 출입구를 60분+방화문 또는 60분방화문으로 할 것
> • 피뢰침을 설치할 것. 다만 주위상황이 안전상 지장이 없는 경우에는 그러하지 아니하다.

19 옥외탱크저장소의 방유제에 대한 설명이다. [보기]를 참고하여 다음 물음에 답하시오.

> [보기]
> 옥외탱크저장소의 옥외저장탱크 2기 사이에 둑이 하나 설치되어 있다.
> ㉠ 내용적 5천만 L에 휘발유 3천만 L 저장탱크
> ㉡ 내용적 1억 2천만 L에 경유 8천만 L 저장탱크

(1) 옥외저장탱크 ㉠의 최대저장량은 몇 m^3인가?

(2) 옥외탱크저장소 방유제의 최소용량은 몇 m^3인가? (공간용적은 10 %로 한다)

> **정답**
> (1) 47,500 m^3
> (2) 118,800 m^3

[해설]
옥외탱크저장소의 방유제
(1) 옥외저장탱크 최대저장량 : 탱크용량 = 내용적 − 공간용적
- 공간용적 : 5 ~ 10 %이므로 5 %일 때 최대용량
- 옥외저장탱크 ㈀ 최대용량 = 50,000,000 × 0.95 = 47,500,000 L = 47,500 m^3
(2) 옥외탱크저장소 방유제 용량 : 최대탱크용량의 110 %
- 최대탱크는 ㈁, 최대탱크용량 = 120,000,000 × 0.9 (공간용적 10 %) = 108,000,000 L
- 방유제 용량 = 108,000,000 × 1.1 (110 %) = 118,800,000 L = 118,800 m^3

20 다음은 단층건물 옥내탱크저장소 제1석유류를 보관하는 옥내저장탱크 기준에 대한 물음에 답하시오.

(1) 두 옥내저장탱크 사이 간격
(2) 옥내저장탱크와 벽면 사이 간격
(3) 탱크 용량 합계의 최대량

정답

① 0.5 m 이상
② 0.5 m 이상
③ 20,000 L

[해설]
옥내저장탱크 구조와 용량 기준
1. 옥내저장탱크의 두께 : 3.2 mm 이상의 강철판
2. 옥내저장탱크와 탱크전용실 벽과의 사이 간격 : 0.5 m 이상
3. 옥내저장탱크 상호간의 간격 : 0.5 m 이상
4. 옥내저장탱크 용량(단층 건물) : 지정수량 40배 이하 (단, 제4석유류 및 동식물유 외의 제4류 위험물은 20,000 L 초과 시 최대 20,000 L까지 저장)

모아 위험물산업기사 실기(이론+과년도 8개년) [개정판]

발행일	2025년 3월 1일 개정판 1쇄
지은이	강단아
발행인	황모아
발행처	(주)모아교육그룹
주 소	서울특별시 영등포구 영신로 32길 29 세화빌딩 2층
전 화	02-2068-2393(출판, 주문)
등 록	제2015-000006호 (2015.1.16.)
이메일	moagbooks@naver.com
ISBN	979-11-6804-409-8 (13530)

이 책의 가격은 뒤표지에 있습니다.

Copyright ⓒ (주)모아교육그룹 Co., Ltd. All Rights Reserved.

이 책은 저작권법에 의해 보호를 받는 저작물이므로 저자와 출판사의 서면 허락 없이
내용의 전부 또는 일부를 이용하는 것을 금합니다.

위험물산업기사 합격!
여러분의 합격은 모아의 보람입니다.

끊임없이 변화를 추구하는 교육기업
모아교육그룹

모아를 선택해주신 여러분께 감사드립니다.

- ✔ 모아는 혁신적인 교육을 통해 인간의 사고(思考)를 확장 및 변화시킬 수 있다고 믿고 있습니다.

- ✔ 모아는 미래를 교육으로 변화시킬 수 있다고 믿고 있습니다.

- ✔ 모아는 청년부터 장년, 중년, 노년까지의 성인교육에 중점을 두고 사업을 진행하고 있습니다.

초고령화, 불확실성의 시대

모아는 당신의 미래를 함께 하는 혁신적인 교육 플랫폼이 되겠습니다.